表面科学与薄膜技术基础

Fundamentals of Surface Science and Thin Film Technology

张永平 著

科 学 出 版 社

北 京

内　容　简　介

现代半导体技术和先进材料研发的进步，促进薄膜材料和制备技术快速发展，要求薄膜制备技术和薄膜结构有精细控制，需要了解表面与薄膜方面的基本物理知识。本书着重介绍表面与薄膜相关的基本概念、基本原理，帮助理解掌握薄膜技术的基本知识，为工作和科研打下良好基础。本书内容包括真空物理基础、表面科学基础、薄膜物理基础、薄膜生长技术、薄膜结构、表面和薄膜分析技术，以及几种常见的薄膜材料。

本书适合作为高校材料类、物理类专业及相关专业本科生、研究生的教学参考书，亦可供从事相关领域研究的科学工作者参考。

图书在版编目(CIP)数据

表面科学与薄膜技术基础 / 张永平著. —北京：科学出版社，2022.10
ISBN 978-7-03-073128-9

Ⅰ. ①表…　Ⅱ. ①张…　Ⅲ. ①金属表面处理　②薄膜技术　Ⅳ. ①TG17
②TB43

中国版本图书馆 CIP 数据核字(2022)第 167059 号

责任编辑：贾　超　孙静惠 / 责任校对：杜子昂
责任印制：吴兆东 / 封面设计：东方人华

科学出版社 出版
北京东黄城根北街 16 号
邮政编码：100717
http://www.sciencep.com
北京中石油彩色印刷有限责任公司 印刷
科学出版社发行　各地新华书店经销
*
2022 年 10 月第　一　版　开本：720×1000 1/16
2023 年 1 月第二次印刷　印张：12
字数：240 000

定价：98.00 元

(如有印装质量问题，我社负责调换)

前　言

近年来，随着半导体器件的进步和先进材料的发展，薄膜技术和薄膜材料迅猛发展，各类新型薄膜材料大量涌现，包括纳米点、纳米线、纳米薄膜等低维材料。新材料和新技术层出不穷，使得“薄膜材料与技术”课程内容越来越多，学生在短时间内很难掌握薄膜技术的主要内容，难以对薄膜技术有全面了解。半导体器件微型化，各种新型薄膜器件显现出许多全新的物理现象，容易使学生眼花缭乱，迷失在纷繁复杂的表象中，使得了解表面和薄膜基本物理原理尤为重要。现有的薄膜材料教材大多注重各种材料和薄膜技术介绍，而对表面和薄膜物理基础知识讲解不够深入。有的教材强调薄膜材料最新进展，罗列各种薄膜材料及其制备方法，没有相关基础知识介绍，不便于学生理解。结合本科生“薄膜材料与薄膜技术”和研究生“现代材料改性技术”课程的教学体会和学生反馈，著者感觉应该加强基础理论、基础知识讲解，特撰写《表面科学与薄膜技术基础》一书，使学生对表面科学和薄膜技术基础理论有全面了解，为以后的学习和工作打下坚实的理论基础。

《表面科学与薄膜技术基础》是一部便于学生理解和掌握的基础理论图书，着重介绍基本概念、基本原理及主要应用，充分展示薄膜技术学科的深度和广度，帮助学生理解掌握这一迅速发展、充满活力的学科，为以后的工作和学习打好基础。为方便学生学习，更好地掌握课程内容，做了如下尝试：

(1)本书分成几个相对独立、自成体系的部分。第一部分(第 1 章)讲解真空物理基础，介绍真空、气体动力学、真空获得、真空测量和真空系统等；第二部分(第 2 章)介绍表面科学基础，弥补材料类学生表面科学知识的不足，使得学生更好地理解后续薄膜技术知识；第三部分(第 3 章)介绍薄膜物理基础，包括薄膜形核和生长；第四部分(第 4～6 章)介绍薄膜生长技术，包括热蒸发沉积、溅射镀膜和化学气相沉积；第五部分(第 7 章)介绍薄膜结构，包括不同生长技术对薄膜结构和形貌的影响等；第六部分(第 8 章)介绍几种常见的现代表面分析技术，包括薄膜结构、形貌、成分分析的基本知识；第七部分(第 9 章)介绍几种常见的薄膜材料。纷繁复杂的整体信息分成几个自成体系的“模块”介绍，运用这种“组块”策略，将大量信息分成“模块”信息储存。另外，“组块”策略便于学生阅读，更好地理解整个学科的知识。

(2) 编写上符合现代知识的传播方式，学生不会被宏大的目标吓倒，更容易攻克一个个自成体系的知识部分。比如，将一部长篇大部头故事分解成若干个短篇小说介绍，学生更愿意阅读短小、自成一体的故事。

(3) 本书组块式设计，不仅方便学生理解掌握基本概念和基本原理，也方便教师组织教学。每一部分为自成体系的教学单元，方便教师根据课时安排，自行裁剪教学内容。

(4) 课后列举主要名词术语、基本概念，学生如能准确理解这些基本概念，就可以较好地掌握课程内容。基本理论和应用问题作为课后作业，能够加深学生对基本原理的理解。

读者应熟悉“大学物理”和“大学普通化学”课程内容，或者学过“材料科学与工程基础”课程。“材料科学与工程基础”课程对传统块体材料的制备、结构、性质和应用作了详细介绍，如金属、半导体、陶瓷和多聚物材料，关注加工工艺-材料结构-性质-使用性能的相互关系。“薄膜材料与技术”课程主要关注加工工艺-薄膜结构-薄膜性质之间的关系，关注不同材料的制备工艺与薄膜结构的关系。

本书由西南大学材料与能源学院资助出版，特此感谢。

由于作者水平有限，书中难免存在疏漏和不妥之处，恳请读者批评指正。

作　者

2022 年 9 月

目　　录

前言
第 1 章　真空物理基础 …… 1
　1.1　真空基础知识 …… 1
　1.2　气体动力学理论 …… 3
　1.3　真空获得 …… 10
　1.4　真空测量 …… 19
　1.5　真空系统 …… 25
　1.6　本章小结 …… 26
　习题 …… 27
　参考文献 …… 28
第 2 章　表面科学基础 …… 29
　2.1　表面和体材料 …… 29
　2.2　表面重构 …… 33
　2.3　表面结构缺陷 …… 37
　2.4　表面张力和表面能 …… 40
　2.5　表面吸附 …… 43
　2.6　表面电子结构 …… 49
　2.7　本章小结 …… 52
　习题 …… 52
　参考文献 …… 52
第 3 章　薄膜物理基础 …… 53
　3.1　薄膜生长模式 …… 53
　3.2　形核的热力学模型 …… 55
　3.3　形核和生长的动力学过程 …… 61
　3.4　团簇的聚结与耗尽 …… 62
　3.5　形核与生长的实验研究 …… 65
　3.6　本章小结 …… 68

习题 …… 69
参考文献 …… 69
第 4 章 热蒸发沉积 …… 70
4.1 蒸发的物理化学特性 …… 70
4.2 薄膜厚度均匀性和纯度 …… 76
4.3 热蒸发硬件 …… 82
4.4 热蒸发技术的应用 …… 85
4.5 本章小结 …… 87
习题 …… 88
参考文献 …… 88
第 5 章 溅射镀膜 …… 89
5.1 等离子体和汤森放电 …… 90
5.2 等离子体中的反应 …… 94
5.3 溅射物理 …… 98
5.4 溅射沉积薄膜过程 …… 103
5.5 本章小结 …… 108
习题 …… 108
参考文献 …… 108
第 6 章 化学气相沉积 …… 109
6.1 反应类型 …… 110
6.2 CVD 热力学 …… 113
6.3 气体输运 …… 114
6.4 热 CVD 工艺 …… 118
6.5 等离子体 CVD 工艺 …… 120
6.6 激光 CVD 工艺 …… 122
6.7 金属有机 CVD 工艺 …… 123
6.8 本章小结 …… 124
习题 …… 124
参考文献 …… 125
第 7 章 薄膜结构 …… 126
7.1 薄膜结构演化 …… 126
7.2 热蒸发沉积薄膜结构和形貌 …… 129
7.3 溅射镀膜薄膜结构和形貌 …… 133
7.4 CVD 薄膜结构和形貌 …… 136

7.5　本章小结 …… 137
习题 …… 138
参考文献 …… 138
第 8 章　现代表面分析技术 …… 139
8.1　X 射线光电子能谱 …… 139
8.2　紫外光电子能谱 …… 149
8.3　X 射线衍射和低能电子衍射 …… 152
8.4　扫描隧道显微镜和原子力显微镜 …… 156
8.5　振动谱 …… 159
8.6　本章小结 …… 164
习题 …… 164
参考文献 …… 165
第 9 章　薄膜材料 …… 166
9.1　金刚石薄膜 …… 166
9.2　超硬薄膜 …… 173
9.3　半导体薄膜 …… 178
9.4　磁性存储薄膜 …… 181
习题 …… 184
参考文献 …… 184

第1章 真空物理基础

为什么我们要学习有关真空的基础知识？一方面表面结构表征和薄膜沉积大部分情况需要在真空环境下进行；另一方面很多现代表面分析技术涉及光子、电子，为了减少与气体分子之间的碰撞，需要在真空环境中进行。本章主要介绍真空的基础知识、气体动力学理论，以及真空获得和测量技术等。

1.1 真空基础知识

围绕地球周围的气体层称为大气(atmosphere)。气体密度(单位体积包含的分子数)随着离开地面的距离增大而逐渐减小，大气层逐渐变得越来越稀薄。大气层的厚度在 1000 km 以上，但没有明显的界线。如果将地球比作苹果，大气层的厚度大约比苹果皮还要薄。大气层将地球和外太空分割开来。人类生活在大气层靠近地面有限的范围内，生活、生产活动和大气的性质密切相关。干大气含有约 78%(体积分数，下同)N_2、21% O_2 和 1% Ar，实际大气中还含有 0%～4%水汽，少量的 CO 和 CO_2。

标准大气压(standard atmospheric pressure)定义为在标准大气条件下海平面的气压，即气体分子在单位面积上产生的总压力。它是 1644 年由物理学家托里拆利(Torricelli，1608—1647)提出，值为 1.01325×10^5 Pa，是压强的单位，记作标准大气压(atm)。标准大气压为 760 mmHg(= 760 Torr)。一个标准大气压是这样规定的：在纬度 45°的海平面上，当温度为 0℃时，760 mm 水银柱产生的压强称为标准大气压。既然是“标准”，在根据液体压强公式计算时就要注意各物理量取值的准确性。从相关资料中查得：0℃时水银的密度为 13.595×10^3 kg/m^3，纬度 45°的海平面上的 g 值为 9.80672 N/kg，于是可得 760 mm 高水银柱产生的压强为 1.01325×10^5 Pa，具体计算过程如下：

$$P=\frac{F}{A}=\frac{13.595\times\dfrac{10^3\,\text{kg}}{\text{m}^3}\times0.76\,\text{m}\times1\,\text{m}^2\times\dfrac{9.80672\,\text{N}}{\text{kg}}}{\text{m}^2}=1.01325\times\frac{10^5\,\text{N}}{\text{m}^2}$$
$$=1.01325\times10^5\ \text{Pa}=1\,\text{atm}$$

式中，P 为压强；F 为作用力；A 为面积。

真空(vacuum)是指在给定的空间内气体压强低于一个大气压的气体状态，是一种物理现象。在真空技术里，真空是针对大气而言，某一特定空间内的部分气体被排出，使得给定空间的气体密度低于地面上大气的气体密度，使其压力小于一标准大气压，则通常称此空间为真空或真空状态。气体密度越低，真空度越好。密度降低导致气体产生一些特殊的性质，在实际应用中得到了有效利用。例如，气体的化学活性大大降低，真空作为保护环境，用以储存反应性强的材料。真空环境中气体有一些特殊性质，如果气体密度足够低，样品表面可以保持干净几小时，而不形成单原子层气体吸附，因此可以研究原子级别的干净表面结构和对气体吸附层的影响。真空中可使非常小的运动粒子无障碍地穿过远的距离，这对带电粒子(如电子、离子和质子)尤为重要，在没有相互碰撞时精确的路径可以由电场和/或磁场控制。大气环境中声音和热量的传递，以及气体本身的物理性质与气体粒子相互作用密切相关，由于气体密度降低而大大改变，直到气体分子的相互作用不再是主要的传输机制。

特定空间中气体分子密度可以直接作为真空的度量。由于玻意耳(Boyle，1627—1691)的工作，人们知道气体密度与气体压强成正比，实际应用中气体压强作为真空的度量。现代真空技术获得的真空范围相比大气压可降低 15 个数量级。通常将真空区域划分为低真空(1 atm～10^2 Pa)、中真空(10～10^{-1} Pa)、高真空(10^{-2}～10^{-5} Pa)、超高真空(10^{-6}～10^{-10} Pa)，相应的压强单位为帕(Pa)。

理想气体状态方程：

$$PV = n_{\mathrm{m}}RT \text{ 或 } PV = Nk_{\mathrm{B}}T$$

在气体压强 P (Pa)、温度 T (K)、体积 V (m^3)状态下，含有气体的量可以由理想气体状态方程确定。式中，n_{m} 为气体摩尔数；R 为摩尔气体常量，R = 8.314 J/(K·mol)；N 为气体分子个数；k_{B} 为玻尔兹曼常量(Boltzmann constant)，$k_{\mathrm{B}} = 1.3806\times10^{-23}$ J/K。

气压常用单位：Pa 作为气体压强的国际单位；其他常用单位有 Torr，mmHg，bar(巴)，atm(标准大气压)，at(工程大气压)。真空科学与薄膜沉积技术中常用单位有 Pa 和 Torr。

1 atm = 760 Torr = 1.013 ×10^5 Pa =1.013 bar

1 bar = 1000 mbar = 100000 Pa = 0.98692327 atm = 750.06168 mmHg

1 at = 1 kgf/cm^2 = 9.80665 ×10^4 Pa

天气预报广播中经常听到的气压单位为毫巴(mbar)。长期以来世界各地的气象学者习惯使用毫巴作为测量大气压强的单位，它是用单位面积上所受大气柱压力大小来表示气压高低的单位。1 mbar = 1000 dyn/cm^2。因此，1 mbar 就表示在

1 cm^2 面积上受到 1000 dyn 的力。1 N = 10^5 dyn（达因），气压为 760 mmHg 时相当于 1013.25 mbar，这个气压值称为一个标准大气压。牛顿和达因的换算关系如下：

$$F = ma = 1\,\text{kg} \cdot \frac{1\,\text{m}}{\text{s}^2} = 1\,\text{kg} \cdot \frac{\text{m}}{\text{s}^2}(\text{N})$$
$$= 1000\,\text{g} \cdot \frac{100\,\text{cm}}{\text{s}^2} = 10^5\,\text{g} \cdot \frac{\text{cm}}{\text{s}^2}(\text{dyn})$$

1.2　气体动力学理论

1.2.1　麦克斯韦-玻尔兹曼分布

1 mol 原子或分子相当于阿伏伽德罗常量(Avogadro number) N_A 个原子或分子：

$$N_A = 6.022 \times 10^{23}$$

而在标准大气压下，1 mol 气体分子占据的体积为 22.4 L。由此可见，在一定空间内含有大量的气体分子。描述气体的运动状态，不会关心单个分子的具体情况，需要用到气体动力学理论来描述气体分子的运动状态。真空容器中每一个分子的运动速度大小和方向是无规则的，但大部分的分子运动服从麦克斯韦速率分布定律。

定义速率分布函数，速度在υ到 $\upsilon+\mathrm{d}\upsilon$ 范围内分子分数为 $f(\upsilon)\mathrm{d}\upsilon$（图 1.1）。位于 υ 到 $\upsilon+\mathrm{d}\upsilon$ 之间的分子占据速率空间的球壳体积为 $4\pi\upsilon^2\mathrm{d}\upsilon$，速率分布函数和玻尔兹曼因子成正比，即

$$f(\upsilon)\mathrm{d}\upsilon \propto \upsilon^2\mathrm{d}\upsilon\mathrm{e}^{-m\upsilon^2/2k_BT} \tag{1.1}$$

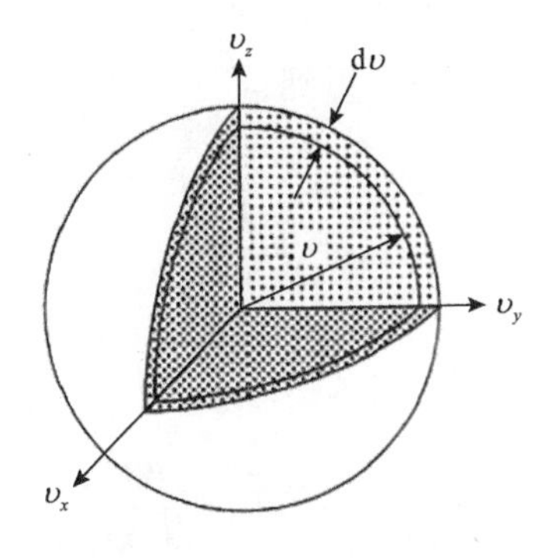

图 1.1　速率位于 υ 到 $\upsilon+\mathrm{d}\upsilon$ 之间的分子占据速率空间的球壳(半径 υ 和厚度 dυ)体积

式(1.1)中 4π因子由比例号吸收。归一化处理：

$$\int_0^\infty f(\upsilon)\mathrm{d}\upsilon = 1 \tag{1.2}$$

得到

$$\int_0^\infty \upsilon^2 \mathrm{d}\upsilon \mathrm{e}^{-\frac{m\upsilon^2}{2k_\mathrm{B}T}} = \frac{1}{4}\sqrt{\frac{\pi}{(m/2k_\mathrm{B}T)^3}} \tag{1.3}$$

因此

$$f(\upsilon)\mathrm{d}\upsilon = \frac{4}{\sqrt{\pi}}\left(\frac{m}{2k_\mathrm{B}T}\right)^{3/2} \upsilon^2 \mathrm{d}\upsilon \mathrm{e}^{-m\upsilon^2/2k_\mathrm{B}T} \tag{1.4}$$

这个速率分布函数称为麦克斯韦-玻尔兹曼速率分布，简称麦克斯韦速率分布(图 1.2)。得到麦克斯韦速率分布后，就可以推导出一系列气体分子的性质。

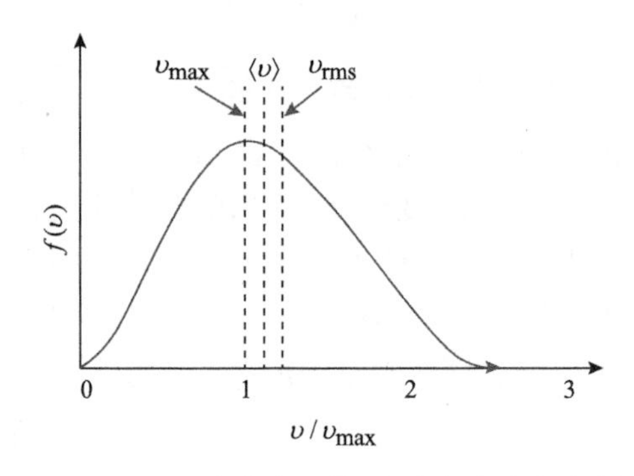

图 1.2 分子速率分布函数(麦克斯韦速率分布)

(1) 最可几速率：υ_{max} 表示气体分子运动中具有这种速率的分子数最多，它通过对速率分布函数求导，令 $\frac{\mathrm{d}f}{\mathrm{d}\upsilon}=0$，得到

$$\upsilon_{max} = \sqrt{\frac{2k_\mathrm{B}T}{m}}$$

(2) 两个重要的平均速率：

$$\langle\upsilon\rangle = \int_0^\infty \upsilon f(\upsilon)\mathrm{d}\upsilon = \sqrt{\frac{8k_\mathrm{B}T}{\pi m}}$$

$$\langle\upsilon^2\rangle = \int_0^\infty \upsilon^2 f(\upsilon)\mathrm{d}\upsilon = \frac{3k_\mathrm{B}T}{m}$$

(3)分子速率均方根：

$$\upsilon_{\mathrm{rms}}=\sqrt{\langle\upsilon^2\rangle}=\sqrt{\frac{3k_{\mathrm{B}}T}{m}}$$

由于 $\sqrt{2}<\sqrt{\frac{8}{\pi}}<\sqrt{3}$，因此，$\upsilon_{\max}<\langle\upsilon\rangle<\upsilon_{\mathrm{rms}}$。

(4)气体分子平均动能：

$$\langle E_{\mathrm{KE}}\rangle=\frac{1}{2}m\langle\upsilon^2\rangle=\frac{3}{2}k_{\mathrm{B}}T$$

这表明气体分子平均动能只和温度有关，这是一个重要结果。

1.2.2　气体压强

气体压强是气体最重要的变量之一。气体压强 P 定义为垂直方向的压力和接触面积之比。如果所有气体分子在各个方向运动概率相同，则在单元角 $\mathrm{d}\Omega$ 中运动轨迹的分数为 $\frac{\mathrm{d}\Omega}{4\pi}$。如果选择特定方向，单元角 $\mathrm{d}\Omega$ 对应于在角度 θ 和 $\theta+\mathrm{d}\theta$ 的分子(图1.3)，等于球面上阴影的圆环面积为

$$\mathrm{d}\Omega=2\pi\sin\theta\mathrm{d}\theta$$

即

$$\frac{\mathrm{d}\Omega}{4\pi}=\frac{1}{2}\sin\theta\mathrm{d}\theta$$

因此，单位体积内分子个数为 $nf(\upsilon)\mathrm{d}\upsilon\frac{1}{2}\sin\theta\mathrm{d}\theta$。其中，$f(\upsilon)$ 为速率分布函数，这些分子速率介于 υ 和 $\upsilon+\mathrm{d}\upsilon$ 之间，在 θ 到 $\theta+\mathrm{d}\theta$ 角度范围内运动。

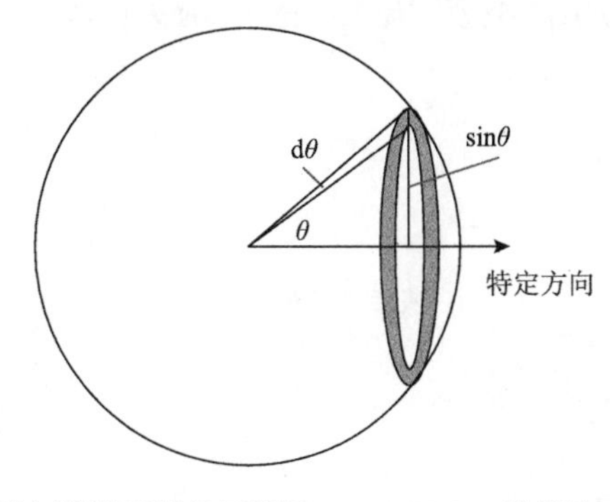

图1.3　单位半径球面上阴影区域的面积为 $2\pi\sin\theta\mathrm{d}\theta$，半径为 $\sin\theta$ 的圆周长乘以 $\mathrm{d}\theta$

如果选择特定方向，分子的运动方向和容器壁法线呈θ角，单位时间 dt 内扫过的体积为$A\upsilon \mathrm{d}t\cos\theta$。该体积乘以 d$t$ 意味着在 dt 时间内的分子个数，即得到碰撞到容器壁面积 A 的分子个数：$A\upsilon \mathrm{d}t\cos\theta nf(\upsilon)\mathrm{d}\upsilon\frac{1}{2}\sin\theta\mathrm{d}\theta$（图 1.4）。这样，速率$\upsilon$到$\upsilon$+d$\upsilon$，角度$\theta$到$\theta$+d$\theta$范围内，单位时间 d$t$ 碰撞到单位面积 A 上的分子数为$\upsilon\cos\theta nf(\upsilon)\mathrm{d}\upsilon\frac{1}{2}\sin\theta\mathrm{d}\theta$。

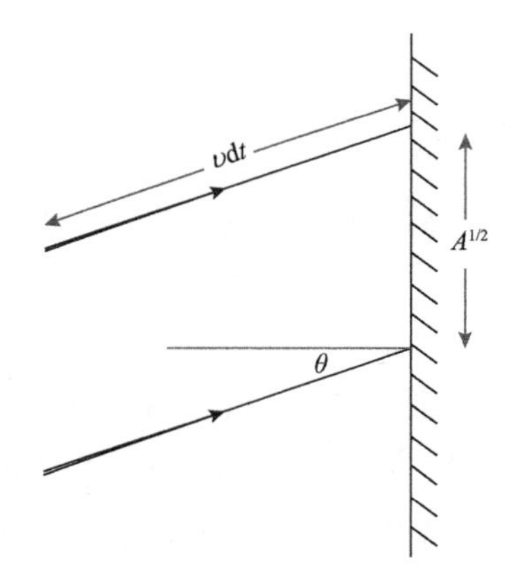

图 1.4　分子以角度θ碰撞到面积 A 的容器壁上的概率，dt 时间碰撞的分子数为阴影区域体积（$A\upsilon \mathrm{d}t\cos\theta$）乘以$nf(\upsilon)\mathrm{d}\upsilon\frac{1}{2}\sin\theta\mathrm{d}\theta$

每个分子碰撞到容器壁动量改变为$2m\upsilon\cos\theta$，方向垂直于容器壁。如果用每个分子的动量改变乘以分子个数，对所有速率和所有角度积分，就可以得到气体压强：

$$\begin{aligned}P&=\iint(2m\upsilon\cos\theta)\left(\upsilon\cos\theta nf(\upsilon)\mathrm{d}\upsilon\frac{1}{2}\sin\theta\mathrm{d}\theta\right)\\&=mn\int_0^{\infty}\mathrm{d}\upsilon\upsilon^2f(\upsilon)\int_0^{\frac{\pi}{2}}\cos\theta\cos\theta\sin\theta\mathrm{d}\theta\end{aligned}\tag{1.5}$$

由于$\int_0^{\frac{\pi}{2}}\cos\theta\cos\theta\sin\theta\mathrm{d}\theta=\frac{1}{3}$，积分得到：

$$P=\frac{1}{3}nm\langle\upsilon^2\rangle\tag{1.6}$$

将$\langle\upsilon^2\rangle=\frac{3k_{\mathrm{B}}T}{m}$代入式(1.6)，得

$$P=nk_{\mathrm{B}}T$$

$$PV = \frac{1}{3}Nm\left\langle \upsilon^2 \right\rangle = Nk_B T \tag{1.7}$$

式中，N 为气体分子总个数；$n = N/V$，为单位体积内的分子个数。这就是理想气体状态方程，完全由理想气体动力学理论导出。

$$N = n_m N_A \tag{1.8}$$

式中，n_m 为气体分子摩尔数；N_A 为阿伏伽德罗常量。

$$PV = Nk_B T = n_m N_A k_B T = n_m RT \tag{1.9}$$

式中，R 为摩尔气体常量，$R = 8.31447\ \mathrm{J/(K \cdot mol)}$。

理想气体状态方程 $P = nk_B T$ 表明气体压强和分子质量 m 无关，只和单位体积中的分子个数($n = N/V$)及温度 T 有关。

如果混合气体达到热平衡，气体总压强是各组分产生的压强之和，即

$$n = \sum_i n_i \tag{1.10}$$

$$P = nk_B T = \sum_i n_i k_B T = \sum_i P_i \tag{1.11}$$

式中，$P_i = n_i k_B T$，为第 i 种气体的分压。式(1.11)为道尔顿(Dalton)分压定律。

1.2.3　气体分子与表面的相互作用

气体分子从一个小孔逃出的过程称为泻流，经验关系表明泻流速率和分子质量的平方根成反比。平衡状态下，器壁受到分子的频繁碰撞，分子泻流密度(molecular flux)定义为单位时间内单位面积上碰撞的分子数目(碰撞于表面的分子数)(图 1.5)，即

$$分子泻流密度 = \frac{分子数目}{面积 \times 时间}$$

如图 1.5 所示，速率 υ 到 $\upsilon+\mathrm{d}\upsilon$，角度 θ 和 $\theta+\mathrm{d}\theta$，φ 和 $\varphi \mathrm{d}\varphi$ 范围内，单位时间 $\mathrm{d}t$ 碰撞到单位面积 A 上的分子数为

$$\upsilon \cos\theta \times nf(\upsilon)\mathrm{d}\upsilon \sin\theta \mathrm{d}\theta \mathrm{d}\varphi \times \frac{1}{4\pi}$$

方位角 φ 绕一周为 2π，即

$$\upsilon \cos\theta nf(\upsilon)\mathrm{d}\upsilon \frac{1}{2}\sin\theta \mathrm{d}\theta$$

对所有 υ 和 θ 积分，这样，

$$\Phi=\int_{0}^{\infty}\upsilon f(\upsilon)\mathrm{d}\upsilon\int_{0}^{\frac{\pi}{2}}\frac{n}{2}\mathrm{d}\theta\sin\theta\cos\theta \tag{1.12}$$

因此，

$$\Phi=\frac{1}{4}n\langle\upsilon\rangle \tag{1.13}$$

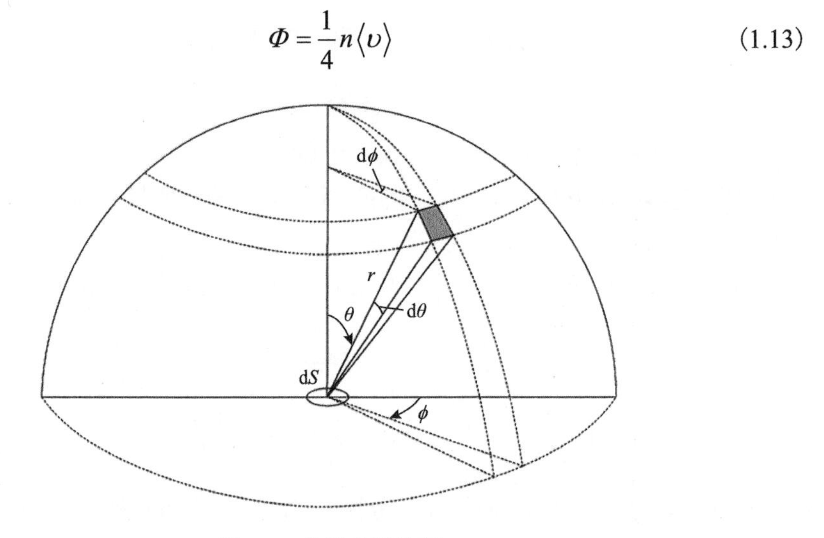

图 1.5　分子碰撞几何

已知 $n=\dfrac{P}{k_{\mathrm{B}}T}$，$\langle\upsilon\rangle=\sqrt{\dfrac{8k_{\mathrm{B}}T}{\pi m}}$，得

$$\Phi=\frac{1}{4}n\langle\upsilon\rangle=\frac{P}{\sqrt{2\pi mk_{\mathrm{B}}T}}=\frac{PN_{\mathrm{A}}}{\sqrt{2\pi MRT}} \tag{1.14}$$

$$\Phi=3.513\times10^{22}\frac{P}{(MT)^{\frac{1}{2}}}[\mathrm{mol}/(\mathrm{cm}^{2}\cdot\mathrm{s})]$$

对于表面分析，分子碰撞吸附到表面造成表面污染是研究者关心的问题。形成单原子层需要的时间 t_{c} 和 Φ 成反比，形成单原子层包含的原子数约为 10^{15} 个/cm^{2}，因此

$$t_{\mathrm{c}}=\frac{10^{15}}{3.513\times10^{22}}\frac{(MT)^{\frac{1}{2}}}{P}=\frac{2.85\times10^{-8}}{P}(MT)^{\frac{1}{2}}\,(\mathrm{s}) \tag{1.15}$$

式中，P 的单位为 Torr；M 为分子的摩尔质量，$M=mN_{\mathrm{A}}$。

1.2.4　气体分子平均自由程

假设要考察的分子以速度υ运动，其余分子静止，分子碰撞截面为σ，在分子碰撞平均时间τ内，分子扫过的体积为$\upsilon\sigma\tau$。如果在$\upsilon\sigma\tau$内存在其他分子，就会发生碰撞，即 $n\upsilon\sigma\tau=1$，如图 1.6 所示。

$$\tau=\frac{1}{n\upsilon\sigma} \tag{1.16}$$

$$\sigma=\pi d^2 \tag{1.17}$$

分子平均自由程$\lambda=\langle\upsilon\rangle\tau=\dfrac{\langle\upsilon\rangle}{n\upsilon\sigma}$，考虑分子相对运动，$\langle\upsilon_{\rm r}\rangle\approx\sqrt{\langle\upsilon_{\rm r}^2\rangle}\approx\sqrt{2}\langle\upsilon\rangle$，则

$$\tau=\frac{1}{n\langle\upsilon_{\rm r}\rangle\sigma}=\frac{1}{n\sqrt{2}\langle\upsilon\rangle\sigma} \tag{1.18}$$

因此

$$\lambda=\frac{1}{\sqrt{2}n\sigma}=\frac{k_{\rm B}T}{\sqrt{2}P\sigma} \tag{1.19}$$

气体分子平均自由程和压强成反比。由此可见，平均自由程和气压成反比。

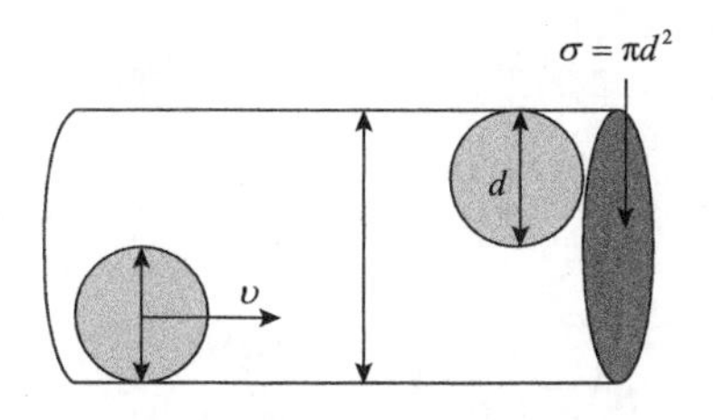

图 1.6　平均自由程示意图

直径 d 的分子扫过横截面σ的圆柱体，如果圆柱体中存在一个分子就会发生碰撞

1 个大气压时，气体被认为是流体，以压力/密度波形式在空气中传播声音是可能的，本质上是分子-分子之间的碰撞决定气体的性质。也就是说，气体的平均自由程λ远小于真空容器的尺寸。当气压降低到一定程度时，λ大于容器尺寸，分子-分子之间的碰撞可以忽略，分子-表面之间的碰撞占主导地位，称为分子状态。用克努森数(Knudsen number)来表征，$Kn = \lambda/D$，其中 D 为容器的特征尺寸。

当 $Kn < 0.01$ 时，气体为连续流；当 $Kn > 1$ 时，气体为分子流；当 $0.01 < Kn < 1$ 时，气体为过渡状态。

图 1.7 简单明了地总结了分子密度(molecular density)、平均自由程(mean free path)、单原子层形成时间(monolayer formation time)、分子入射速率(molecular incidence rate)和气体压强(pressure)的关系。薄膜制备所涉及的范围超过 13 个数量级，压强大致上分为低真空、中真空、高真空、超高真空，每一范围需要不同的真空硬件，如真空泵、真空规、阀、垫圈、真空穿通密封件。图 1.7 中左边的量和气压成正比，右边的量和气压成反比。对于薄膜沉积，热蒸发需要在高真空和超高真空环境中进行，而溅射和低压化学气相沉积则需要在中真空和高真空之间环境中进行。对于分析仪器，电子显微镜需要在高真空条件下工作。对于表面分析仪器，如扫描隧道显微镜和 X 射线光电子能谱等，表面清洁要求更严格，必须在超高真空条件下工作。

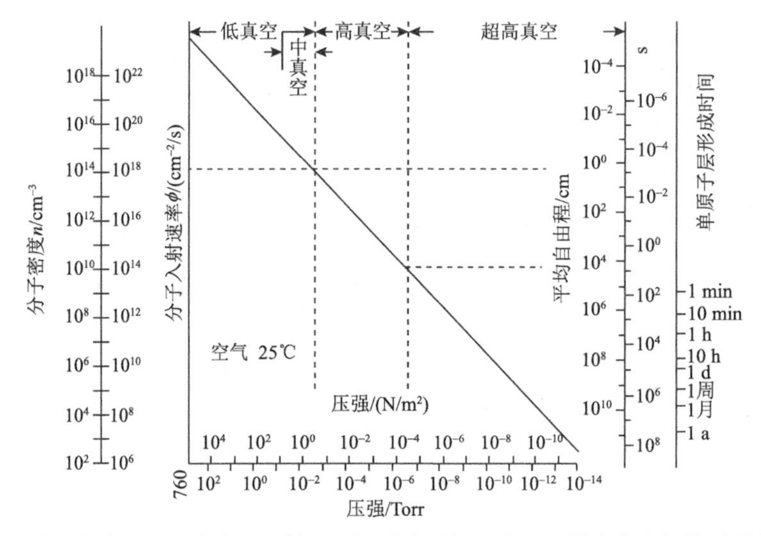

图 1.7　分子密度、平均自由程、单原子层形成时间、分子入射速率和气体压强的关系

1.3　真空获得

1.3.1　流量和泵的抽速

由于气体是可压缩的，从高压力区流向低压力区时气体会膨胀。图 1.8 描绘了一个管道连接两个大的容器，气体在管道中呈定态流动。P_U 和 P_D 分别为上流和下流的压强，P_1 和 P_2 是管道截面 1 和截面 2 处的压强。气体流过截面 1 的体积 V_1，流过截面 2 处较低的压强 P_2 时，相应的体积 V_2 会变大。在等热流动条件下，$P_1V_1=P_2V_2$。在静态等热条件下，PV 可以作为气体的量。同样，气体流量 Q 定义为

$$Q = P \times \dot{V} \tag{1.20}$$

$$Q = P \times S \tag{1.21}$$

式中，S 为抽气速率，m^3/s；Q 为流量，$Pa \cdot m^3/s$。

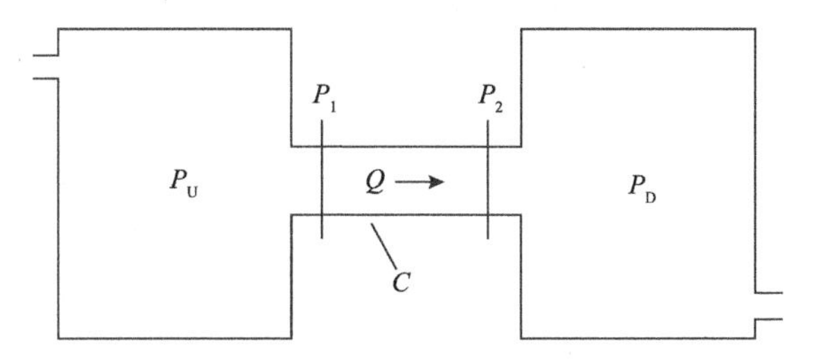

图 1.8　通过管道的气流

同样，流量也和管道上下流压强差相关，即

$$Q = C\left(P_U - P_D\right) \tag{1.22}$$

式中，C 为流导，m^3/s。

类比电路中串联电阻、并联电阻，对于并联流导 C_1、C_2、C_3，总的有效流导 $C= C_1+C_2+C_3$；对于串联流导 C_1、C_2、C_3，总的有效流导 C 为

$$\frac{1}{C} = \frac{1}{C_1} + \frac{1}{C_2} + \frac{1}{C_3} \tag{1.23}$$

真空室通常需要通过管道连接，管道连接后会对真空泵的抽速有影响。如图 1.9 所示的真空系统，压强 P 的真空室通过流导 C 的管道连接到真空泵，真空泵的抽气速率为 S^*，真空泵端的压强为 P^*。真空室端的压强为 P，抽速为 S，则

$$Q = C\left(P - P^*\right) = S^* \times P^* = S \times P \tag{1.24}$$

整理可得

$$S = \frac{S^* \times C}{S^* + C} \tag{1.25}$$

由此可见，S 小于 S^*。显然，只有当 $C \gg S^*$时，真空室端的抽速才可能接近真空泵端的抽速，如图 1.10 所示。

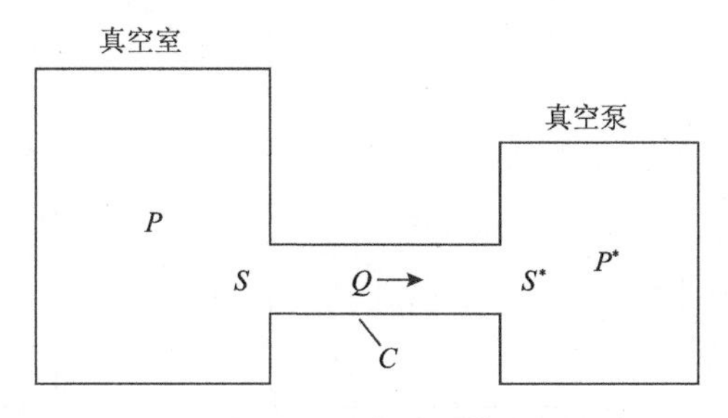

图 1.9　流导 C 对真空泵抽速的影响

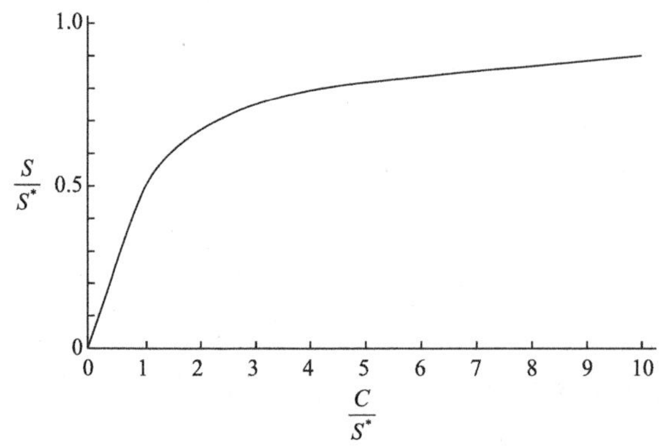

图 1.10　真空室一侧泵的抽速随流导的变化

真空系统包括待抽空的容器(真空室)、真空泵、真空测量仪(真空规)及连接管道。如图 1.11 所示，体积 V 的真空室，连接流导 C 的管道，泵的抽速为 S^*。实际真空室有多种气源，包括真空室内表面气体脱附 Q_G、真空泄漏 Q_L、真空室内蒸发源 Q_P。总的气体流量 Q_T 为

$$Q_T = Q_G + Q_L + Q_P \tag{1.26}$$

$$V\mathrm{d}P = Q_T\mathrm{d}t - SP\mathrm{d}t \tag{1.27}$$

$$-V\left(\frac{\mathrm{d}P}{\mathrm{d}t}\right) = SP - Q_T \tag{1.28}$$

当 $\frac{\mathrm{d}P}{\mathrm{d}t} = 0$ 时，得

$$P_u = \frac{Q_T}{S}$$

这是真空系统可以达到的极限真空。这说明，对应一定的真空泵抽速，如果气体的流入较少，可以达到的真空压强较低。同样，对于一定的气体流入，抽速大的真空泵可以达到较好的极限真空。

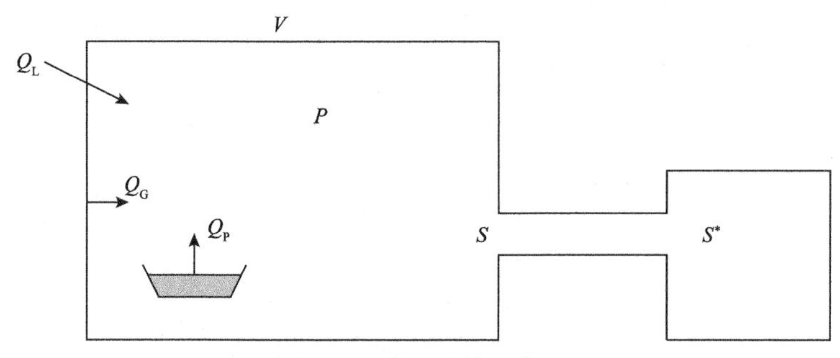

图 1.11　真空系统示意图

在抽气的初始阶段，$SP \gg Q_T$，则

$$\frac{dP}{P} = -\left(\frac{S}{V}\right)dt \tag{1.29}$$

$$P = P_0 \exp\left[-\left(\frac{S}{V}\right)t\right] \tag{1.30}$$

式中，P 为时间 t 时的压强；P_0 为初始压强。压强随时间呈指数下降。压强随着时间的变化如图 1.12 中曲线 A 所示，压强以对数坐标表示。直线区域对应于恒定泵速。随后，由于真空室内壁脱气，压强下降速率变慢。最后，系统气压下降到极限真空。

$$t = \left(\frac{V}{S}\right)\ln\left(\frac{P_0}{P}\right) \tag{1.31}$$

该式可以计算压强从 P_0 降到 P 所需要的时间。

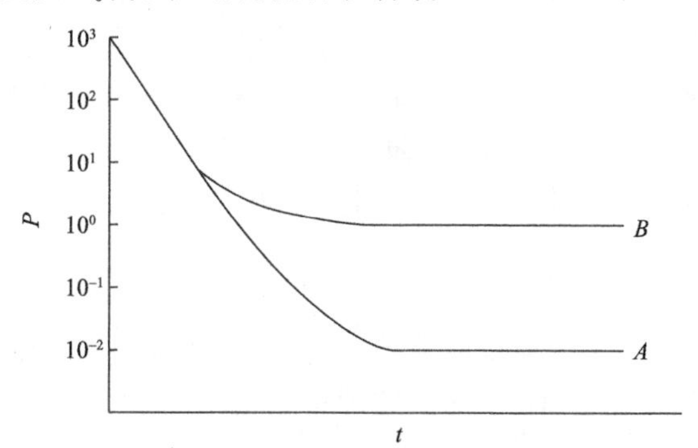

图 1.12　气体压强随时间的变化

曲线 A 没有泄漏，曲线 B 有泄漏

如果系统故意引入相对较大的气体负荷 Q_L，则 $Q_L/S=P_L$。系统的极限真空由下式计算：

$$\frac{dP}{P - P_L} = -\left(\frac{S}{V}\right)dt \tag{1.32}$$

$$P = P_L + (P_0 - P_L)\exp\left[-\left(\frac{S}{V}\right)t\right] \tag{1.33}$$

因此，系统达到的极限真空为 P_L，压强随时间的变化如图 1.12 中曲线 B 所示。

1.3.2 真空泵

真空系统的极限真空一方面和气体的流入有关，另一方面和真空泵的抽气有关。实际应用中，真空泵的抽速小于理论极限，并且和真空室的真空压强有关。大多数真空泵只在有限的真空范围内工作，超过该范围抽速会显著降低，直到为零。因此，最重要的是根据真空系统的要求选择合适的真空泵，没有一个真空泵可以覆盖从大气到超高真空这么大的范围，必须选择合适的真空泵组合。

真空泵的作用是从特定空间(真空室)排出气体，使其压力降低到满足应用要求的合适值。真空泵按照其与气体的相互作用机理分成以下三大类：

(1)变容真空泵：依靠重复的机械运动，每次从入口截取少量气体，压缩使其从出口排出。这是机械泵的工作原理，也包括罗茨真空泵等。

(2)动量传递泵：气体分子与高速旋转的固体表面作用，使其定向移动的动量增加，从泵的出口排出，通常在远低于大气压的状态下工作。这是分子泵的工作原理。

(3)捕获泵：分子由固体表面的物理吸附和化学吸附、凝聚作用捕获而离开气相。这包括低温泵、升华泵、离子泵，这些泵没有出口，气体以凝聚态储存在泵和真空室的内表面。

变容真空泵的工作范围通常在 1 atm～0.1 Pa，气体处在连续流的状态。为了获得更高的真空度，真空泵在分子流状态工作，真空泵无法“吸入”气体，当有气体分子到达表面时，通过动量传递从出口排出。

1. 旋片式机械泵

旋片式机械泵噪声小、运行速度高，故在真空镀膜机中广泛使用。旋片式机械泵的基本构造如图 1.13 所示，主要组成部分包括定子、转子、嵌于转子的两个

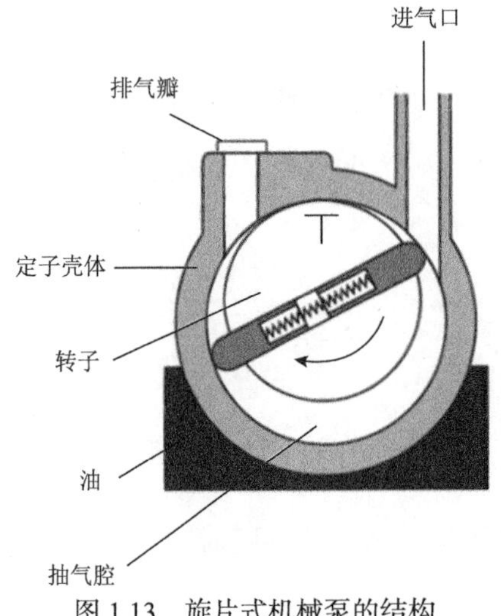

图 1.13 旋片式机械泵的结构

旋片及弹簧。定子浸在油中，泵的腔体中安装有偏心的转子，转子带动滑动旋片运动，弹簧的作用是使旋片紧贴定子内壁。部件的运动和重力作用使得少量油进入泵的内部，起到润滑和密封的作用，在“T”位置密封转子和定子，分隔开入口处和出口处。气体由出气阀排出。转子由电机带动，离心力的作用使得叶片和定子内壁保持接触。

机械泵的工作原理基于玻意耳定律，即在一定温度下，$PV = K$，其中 K 是与温度有关的常数。图 1.14 显示机械泵转子在连续旋转半周过程中的四个典型位置。旋片将泵腔分为三个部分：从进气口到旋片分割的吸气空间；由两个旋片与泵腔分隔出的压缩空间；排气阀到旋片分隔出的排气空间。图 1.14(a)表示正在吸气，同时将上一个周期吸入的气体逐步压缩；图 1.14(b)表示吸气截止，气体和进气口隔离，泵的吸气量达到最大，并开始压缩；图 1.14(c)表示吸气空间的下一次吸气，而排气空间继续压缩；图 1.14(d)表示排气空间内的气体已经被压缩到压强超过一个大气压，气体推开排气阀由排气管排出。如此不断循环，随着转子的旋转，进行吸气—压缩—排气的循环过程，使得真空室内的气体逐渐排出，获得真空。

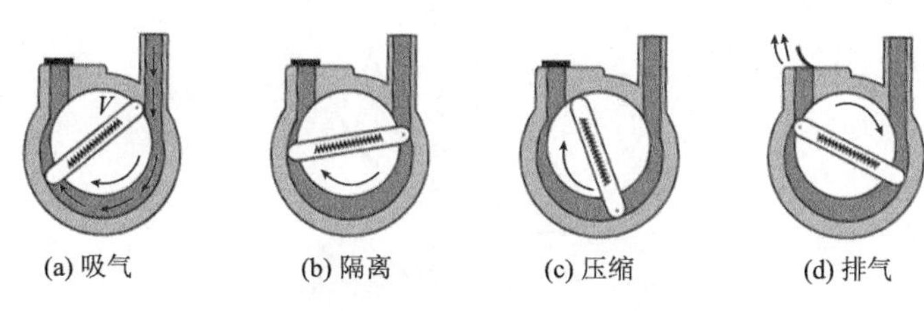

图 1.14　旋片机械泵的工作过程

假设真空腔体的体积为 V，初始压强为 P_0，机械泵的空腔体积为ΔV，在理想情况下，旋片经过半周后腔体压强 P_1 为

$$P_1\left(V + \Delta V\right) = P_0 \cdot V \tag{1.34}$$

n 个循环后，

$$P_n = P_0\left(\frac{V}{V + \Delta V}\right)^n \tag{1.35}$$

当 $n \to \infty$时，$P_n \to 0$，但实际上这是不可能的。当 n 足够大时，P_n 只能达到极限值 P_{m}，称为极限真空。机械泵的极限真空受到下列因素影响而不能无限提高：①泵结构上存在着有害空间，少量气体受压后漏到吸气空间；②部分受压的气体由于气压差的作用从间隙窜回到吸气空间；③泵中的油气。

2. 动量传递泵

动量传递泵如牵引分子泵、涡轮分子泵、扩散泵，这些泵的特点在于入射的气体分子获得高的速度由出口排出。

1）牵引分子泵

牵引分子泵依赖于气体分子和快速移动表面相互作用，结构示意图如图 1.15 所示。圆柱体转子 R 在定子 S 内高速旋转，拖拽分子沿着 R 和 S 之间的通道移动。突出的挡板 C 几乎接触到转子 R，对气体分子圆周运动起到阻挡作用，将出口和入口隔开。出口和入口的压强差（P_2-P_1）与转子转速、气体黏度、通道长度成正比，与通道深度 h 成反比。

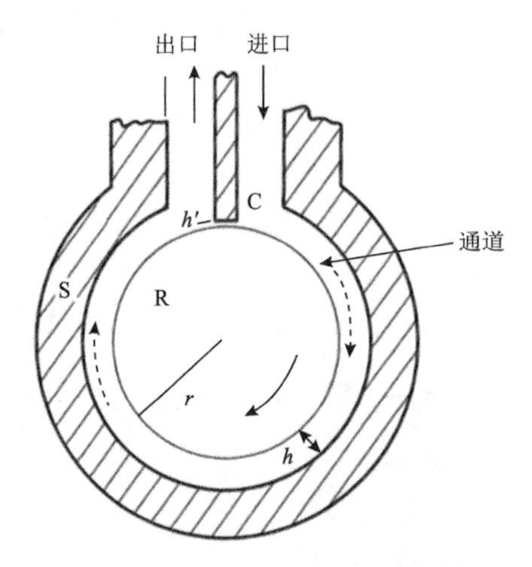

图 1.15　牵引分子泵的结构示意图

牵引分子泵很少单独应用，广泛地作为高压出口级和涡轮分子泵结合在一起，构成涡轮牵引泵。

2）涡轮分子泵

涡轮分子泵利用气体分子与高速旋转的叶片相互作用，使得气体分子向特定方向运动将其导出排气口，结构示意图如图 1.16 所示。当气体分子碰撞到高速移动的叶片表面时，总会停留很短的时间，并且在离开表面时获得与固体表面速率相近的相对切向速率，这就是动量传输作用。涡轮分子泵的转子叶片具有特定的形状，以 10^4 r/min 量级高速旋转，叶片将动量传给气体分子，并将它驱向排气口，由前级泵抽走。

$$\frac{P_{\text{out}}}{P_{\text{in}}}=\exp(A\upsilon) \tag{1.36}$$

式中，υ 为叶片的角速度，在 10^4 r/min 量级；A 为常数，由泵的几何构造和气体性质决定，要获得大的 A 值，叶片和气体的接触面积要大，叶片之间、叶片和泵壳体间隙要小，并且前级压强要小于 100 Pa，保证气体处于分子流状态。

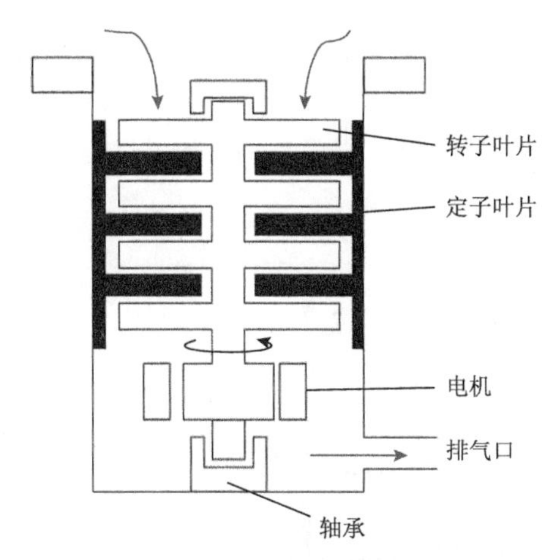

图 1.16　涡轮分子泵的结构示意图

为了获得高真空，涡轮分子泵装有多级叶片，其中转子叶片和定子叶片交互布置，如图 1.16 所示。上一级叶片输送过来的气体分子又会受到下一级叶片的作用继续被压缩到更下一级。涡轮分子泵的极限真空可以达到 10^{-8} Pa 数量级，而达到最大抽速的压强区间为 $1\sim10^{-8}$ Pa，使用时需要以旋片机械泵作为其前级泵。由于在高速旋转状态工作，因此加工精度要求高。吸入小的固体颗粒可能造成损坏，安装操作过程中要小心仔细。涡轮分子泵广泛应用于电子显微镜，需要大的抽气量，能短时间达到高真空，并且没有油污染。

涡轮分子泵必须在分子流状态下工作。在分子流范围内，气体分子的平均自由程长度远大于涡轮分子泵叶片之间的间距。当器壁由不动的定子叶片与运动着的转子叶片组成时，气体分子就会较多地射向转子和定子叶片，为形成气体分子的定向运动打下基础。涡轮分子泵的转子叶片必须具有与气体分子速度相近的线速度。具有这样高的速度才能使气体分子与动叶片相碰撞后改变随机散射的特性而做定向运动。

3. 捕获泵

捕获泵捕获住气体分子并使其保持凝聚状态，因此具有一定的容量，饱和后需要重新恢复其吸气能力。捕获泵包括靠低温捕获的吸附泵、靠吸气作用的升华泵和溅射离子泵。

1) 溅射离子泵

离子化的气体更容易被捕获。这是由于离子化的气体分子，如 O_2、N_2、H_2、CO_2，具有更高的化学活性；离子在电场作用下获得更高的动能，碰撞后可以穿透表面。溅射产生的金属粒子和气体分子反应将其捕获。溅射离子泵的结构如图 1.17 所示，基本单元是“潘宁放电”单元，圆柱筒阳极 A 由不锈钢制成；两个阴极板 K 由金属钛制成，表面和圆筒轴垂直(图 1.18)。一般潘宁放电很小，阳极圆筒直径 15 mm，长 20 mm，阳极离开阴极 4 mm。永磁强磁场强度 B 为 0.15 T，电场强度 E 方向平行于圆筒轴线，阴极接地，电势为 3～7 kV。

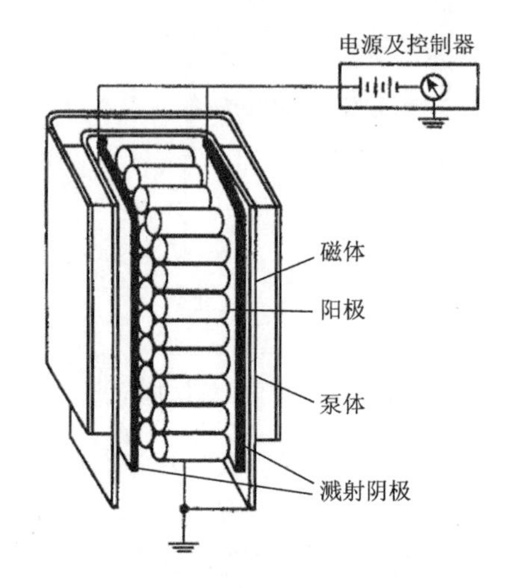

图 1.17　溅射离子泵的结构

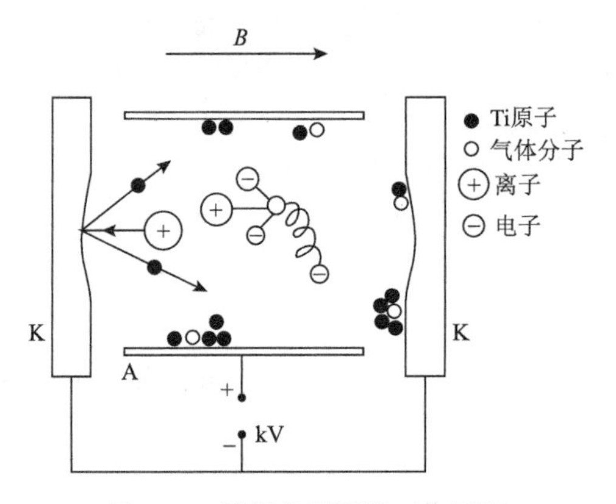

图 1.18　溅射离子泵的工作原理

溅射离子泵工作原理分三个阶段：磁控放电产生离子；离子轰击由活性金属钛制成的阴极表面，产生溅射；被溅射的金属形成的薄膜对气体进行吸附，空间中的气体分子与被溅射的钛金属形成化合物等从空间除去，如图 1.18 所示。因此，溅射离子泵对排出反应性气体(如 O_2、N_2 等)十分有效，但只能排出惰性气体中的极小部分。

溅射离子泵的优点：一是一种完全不用油的清洁泵；二是完全没有机械运动部分，是一种没有震动的泵，这对震动要求高的仪器来说尤为重要。

2) 吸附泵

吸附泵将气体分子物理吸附在冷却到液氮温度的分子筛表面。吸附泵具有一定的容量，清洁而不污染真空腔，为“一次”使用的初级泵。通常会两个或多个吸附泵接续使用。典型的吸附泵如图 1.19 所示，不锈钢圆筒 C，底部凹进去的部分，构成环形部分 N，里面填充多孔分子筛。整体浸入装有液氮的聚乙烯桶 P 内。管道 T 使得液氮填充到 N 部分，S 为安全阀，用于释放吸附气体，A 区域填充分子筛，分子筛 Z 由合成的小粒沸石构成。每立方厘米分子筛的有效表面积为 600 m^2，冷却后可以物理吸附大量的气体分子。吸附泵可以有效地吸附水汽分子，加热到 250℃使其脱附，其他分子在室温下脱附。高温加热可以恢复吸附泵的能力，再次使用。

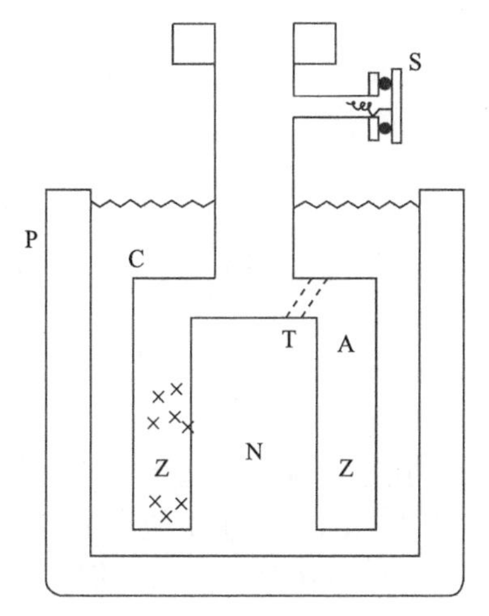

图 1.19　吸附泵的示意图

由于沸石的导热性差和颗粒之间的接触面小，需要 20 min 使整个吸附泵完全冷却到工作温度。分子筛吸附泵从大气压力开始抽气，其极限压力主要由大气中的氖气、氦气分压决定。如果两个吸附泵接续使用，可以使 100 L 的体积降低到 10^{-3} mbar。当第一个吸附泵降到 1 mbar 时快速关闭进气阀，使随同气体流到泵内的氖气、氦气保留在泵内来不及返回真空腔，显著降低第二个吸附泵要处理的惰性气体量。

1.4　真 空 测 量

虽然测量真空度的仪器常称为压力计，但大多数情况下，这与压强是单位面积承受压力这个概念是不相关的。只有在少数低真空应用中，才利用真空和大气之间的压力差来测量真空度。在大多数真空应用中，气体分子密度 n 和真空性质密切相关，如平均自由程 λ、气体在表面上的碰撞速率 J。但是 $P = nk_BT$，压强 P

常用于真空的量度。

真空技术涉及的压强范围很广，覆盖范围达 16 个数量级，即 $760 \sim 10^{-13}$ Torr ($10^{5} \sim 10^{-11}$ Pa)。找不出一种压力计能够覆盖整个压强范围，针对具体的被测压强范围，可设计出不同的测量手段，真空规是基于不同气体的物理参数而制造的。如何选择适合于具体的真空条件的真空规是非常重要的。真空规可以分为两大类，其中能够从它本身测得的物理量直接换算成气体压强的大小的称为绝对真空规；大多数仪器是先测量随气体压强而变化的参量，如气体的热传导、黏滞性、密度或电离能，再换算成气体压强。

1.4.1 麦克劳德(McLeod)真空规

麦克劳德真空规的结构如图 1.20 所示，左边由一个体积为 V 的玻璃泡(V)和毛细管 L 组成，右边连接到真空腔体，旁边有一个旁路毛细管 R。测量时，把水银池上升到 X 时，玻璃泡 V 被隔开，水银继续上升到 Y 时，毛细管 L 和 R 两个区域的压强有差别，则

$$PV = (h + P)Ah$$

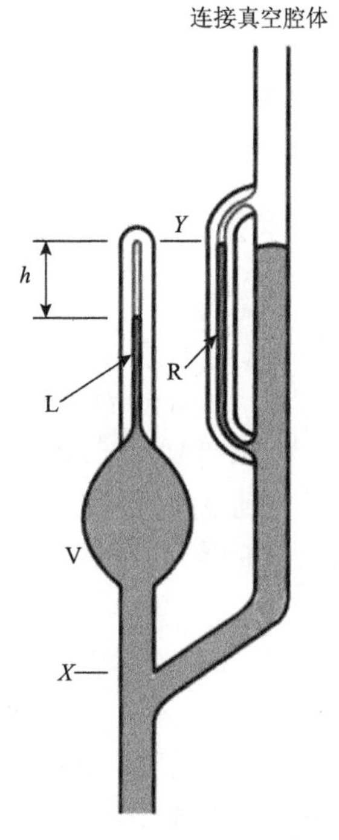

图 1.20 麦克劳德真空规

由于 $P \ll h$，因此

$$P = h^2 A / V \tag{1.37}$$

由于 V 不能超过 500 cm^3，毛细管截面直径不能小于 0.5 mm，h 也不能小于 0.5 mm，这样可以估算出能测出的最低气压 P，即

$$P = \frac{h^2 A}{V} = \frac{\frac{\pi}{4} D^2 h^2}{V} = \frac{\frac{\pi}{4} \times (0.5)^2 \times (0.5)^2}{500000} = 1 \times 10^{-7} \text{(Torr)}$$

1.4.2 隔膜真空规

隔膜真空规采用 0.05 mm 左右的金属隔膜或陶瓷隔膜作感压元件，该元件在压力作用下产生微小变形。将隔膜弹性体的微小变形(位置的变化)转变为电容量的变化，并以电气方式进行显示，由此构成隔膜真空规。图 1.21 显示隔膜真空规的原理。考虑到隔膜的耐腐蚀性和弹性的要求，它一般由 Ni 系合金及 Al_2O_3 制成。其测量范围从 1 atm 到 0.1 Pa，特别适用于发生化学反应的真空测量。

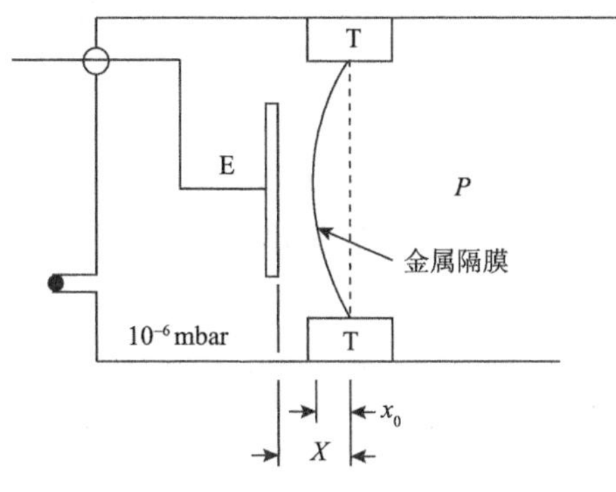

图 1.21　隔膜真空规

E 表示测量电极；P 表示真空室压强；x_0 表示隔膜位移；T 表示金属隔膜的固定位置；
X 表示金属隔膜与测量电极 E 之间的距离

1.4.3　热传导真空规

热传导真空规是利用热传导随压强而变化的现象来测量压强的相对真空规，如图 1.22 所示。

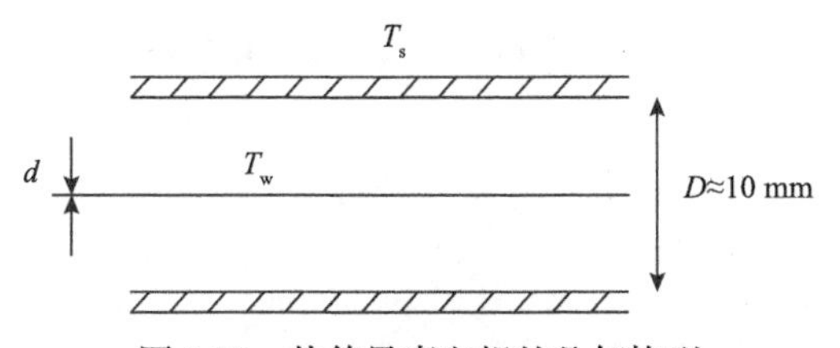

图 1.22　热传导真空规的几何构型

热传导导致的热量损失率等于分子碰撞到表面带来的热量和带走热量之差。分子碰撞到表面的速率为

$$J = P / \sqrt{2\pi mkT} \tag{1.38}$$

则热传导导致的热量损失率为

$$\begin{aligned}\dot{Q} &= J \times 2k\alpha\left(T_w - T_s\right) = \sqrt{\frac{2k}{\pi m T_s}}\alpha\left(T_w - T_s\right)P \\ &= \sqrt{\frac{2R}{\pi M T_s}}\alpha\left(T_w - T_s\right)P\end{aligned} \tag{1.39}$$

式中，T_w 和 T_s 分别为电阻丝和周围环境的温度；α 为和热传导有关的系数。

除了气体分子与热丝碰撞导致的热量损失率 $\dot{Q}$，还有热辐射消耗的热量 Q_{rad}、加热丝支持支架的热传导 Q_{end}，即

$$\sqrt{\frac{2R}{\pi MT_s}}\alpha\left(T_w - T_s\right)P + Q_{rad} + Q_{end} = V \times I \tag{1.40}$$

式中，V 和 I 分别为加在热丝上的电压和电流，保持温度恒定。用这一工作原理工作的真空规统称为热传导真空规。测量热量损失率有两种方法：直接测量加热丝的温度，称为热偶式真空规(图 1.23)；测量电阻随温度的变化，称为皮拉尼真空规(图 1.24)。

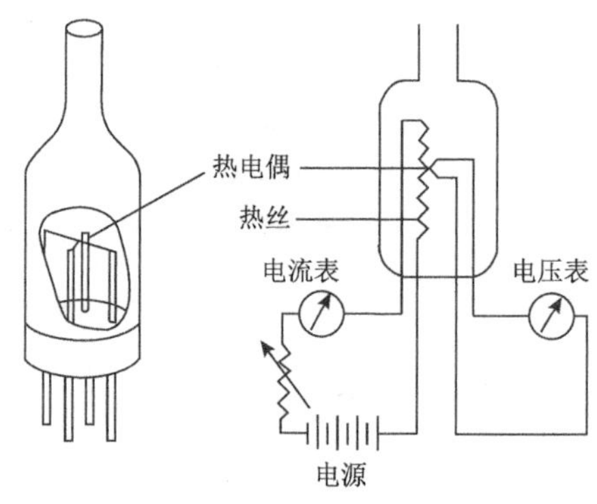

图 1.23　热偶式真空规的构造图

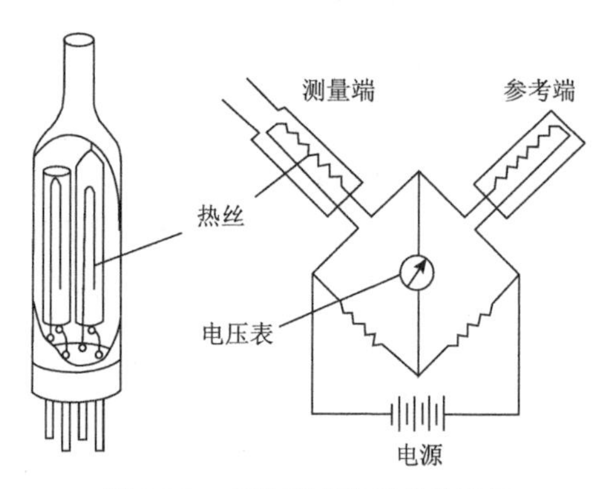

图 1.24　皮拉尼真空规的构造图

热偶式真空规利用热电偶测量金属丝的温度，而在恒定电流条件下，热丝表面温度的高低和其所处的真空状态有关。真空度高，与热丝碰撞的气体分子数目少，则热丝表面温度高，热电偶输出的电势就高；反之，真空度低，与热丝碰撞的气体分子数目多，带走的热量多，则热丝表面温度就低，热电偶输出的电势就低。

皮拉尼热传导真空规原理:真空度的不同决定单位体积内空气分子数的不同，影响发热电阻丝的散热能力，即影响电阻丝的温度。由于电阻率是温度的函数，所以不同的真空度会引起电阻率不同，则电阻不同。测量加热丝的电阻就可以得到真空度。这种真空规利用电阻值随气压的变化来测量气压，它实际上是一个惠斯通电桥。

1.4.4 电离规

热阴极离子规的灯丝发出的热电子电流(i_e)，在加速过程中激发气体分子产生正离子。离化率和气体分子密度成正比，也就是和气体压强成正比。灯丝到栅极距离为 l，通过测量产生的离子电流(i_+)就可以测量气压。

$$i_+ = nl\sigma i_e \tag{1.41}$$

$$n = P / kT \tag{1.42}$$

$$i_+ = \frac{P}{kT} l\sigma i_e = KPi_e \tag{1.43}$$

因此

$$P = \frac{1}{K}\frac{i_+}{i_e} \tag{1.44}$$

如果维持 i_e 不变，则压强 P 和 i_+ 成正比。这便是普通热阴极离子规所依据的离子流正比于气压的关系。

热阴极离子规规管类似一支三极管，如图 1.25(a)所示，由筒状板极(离子收集极)C、阳极栅网 G 和位于栅网中心的阴极灯丝 F 构成，筒状板极在阳极栅网外面。

图 1.25(b)是其外控电路，栅极电势在+100～+300 V 之间，板极的电势在 0～−50 V 之间。阴极灯丝 F 通电发热后便发射电子，由于阳极栅网 G 为正电压，发射出的电子被加速，电子与内部的气体分子相碰，使气体分子发生电离，气体压强越大，气体的密度就越大，碰撞机会越多，产生的正离子也越多。

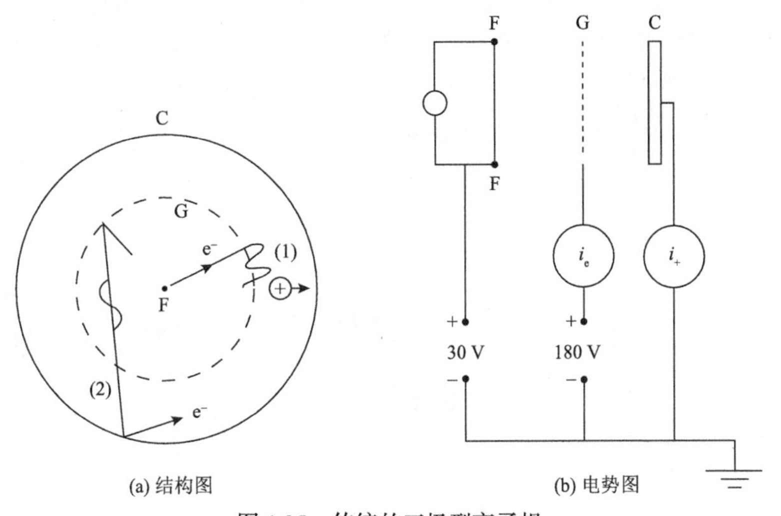

图 1.25 传统的三极型离子规

Bayard-Alpert 提出从电极结构上减少离子收集极被软 X 射线辐照的面积，用很细的金属丝充当收集极，设计 B-A 型电离真空规，如图 1.26 所示。发射电子的灯丝和离子收集极相互交换位置，并且把收集极改成针状。为了保证有足够的离子收集效率，收集极被置于栅网电子加速极内，栅网内所有的离子都将被收集极收集。收集极改为细丝后，接收软 X 射线的面积变为 1/100，测量下限可达 10^{-8} Pa。

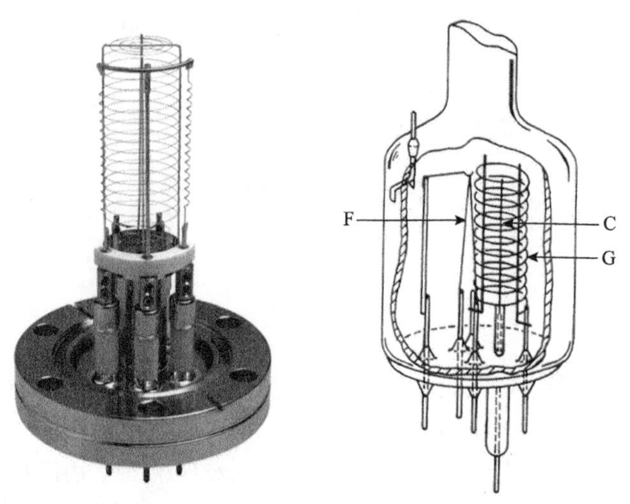

图 1.26　B-A 型电离真空规

由于热灯丝的存在，温度变化会引起被测空间压力发生变化。为了克服这个缺点，人们研制了多种高真空量具。

冷阴极电离真空规仍旧利用气体分子电离来测得气压。但改成冷阴极，并在垂直于平面方向加上磁场 B，阴极产生的电子在电场和磁场的联合作用下迂回曲折地向阳极运动，阳极是一个丝圈，形成了电子在两个阴极和阳极之间的震荡运动，与气体分子碰撞的概率大大增加。产生的离子被阴极吸收，形成可测的离子电流，用放电电流作为真空度的测量指示，如图 1.27 所示。

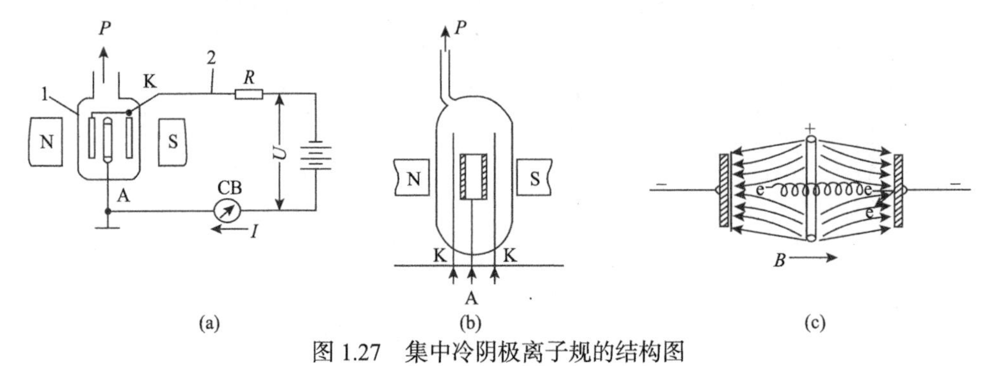

图 1.27　集中冷阴极离子规的结构图

(a)冷阴极离子规结构原理图，1 表示离子规，2 表示电路；(b)离子规结构；(c)电离形成的粒子流

与已知的真空压力比较来标定真空规的准确性，这对科学研究和生产实际是很重要的，尤其是对于半导体工业生产。标定真空规有三个基本程序：①与绝对真空规比较；②连接到特定设计的已知压力的真空室；③与已经标定的参考真空规比较。

要与已知气体压强比较，可以采用气体等热膨胀方法，实现不同的压强范围。图 1.28 所示是一个三级气体膨胀系统，大体积容器 V_1、V_2、V_3 连接三个小体积容器 v_1、v_2、v_3。首先抽空系统，将已知压强的氮气或氩气充入 v_1，然后打开气阀，充入 V_1 和 v_2；隔离 v_2，然后充入 V_2 和 v_3；隔离 v_3，然后充入 V_3，最终的压强 P_3 为

$$P_3 = P_1 \times \frac{v_1}{v_1 + V_1 + v_2} \times \frac{v_2}{v_2 + V_2 + v_3} \times \frac{v_3}{v_3 + V_3} \tag{1.45}$$

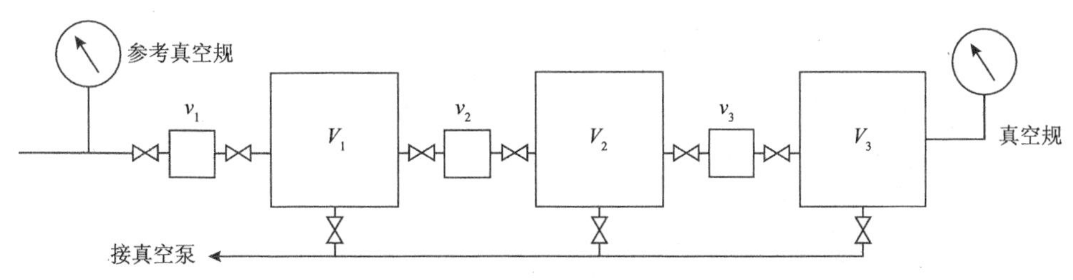

图 1.28　三级气体膨胀系统示意图

1.5　真 空 系 统

1.5.1　分子泵高真空系统

分子泵抽气的高真空系统如图 1.29 所示。整个系统处在充分充气状态，所有阀处在关闭状态。首先打开阀 V2，打开机械泵 R 和分子泵 T 电源。打开阀 V1，粗抽真空腔到 1 mbar，如果分子泵达到全速运行，关闭阀 V1，打开门阀 V3，分子泵通路开始工作。粗真空不要低于 1 mbar，以免油蒸气进入真空腔。大约 2 h，达到工作压强 10^{-6} mbar。工作结束后，关闭门阀 V3 和门阀 V1，关闭分子泵电源，关闭门阀 V2，关掉机械泵电源。分子泵转速降到半速时充气。

1.5.2　离子泵超高真空系统

离子泵超高真空系统如图 1.30 所示。开始由机械泵 R 和分子泵 T 组合抽到 10^{-3} mbar，可以开启离子泵。离子泵使整个系统真空降到 10^{-6} mbar，同时加热整个系统到 220～250℃，保温 15 h，使整个系统脱气。

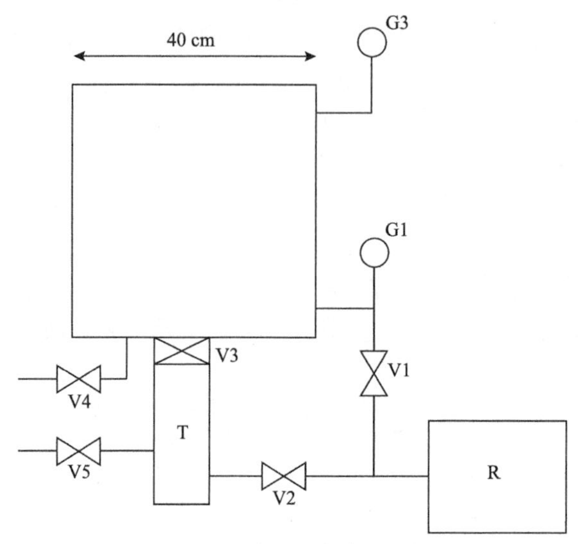

图 1.29　分子泵高真空系统

G1、G3 代表真空规

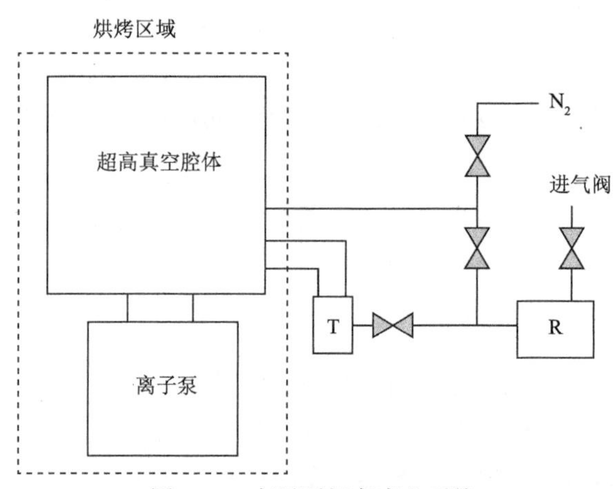

图 1.30　离子泵超高真空系统

1.6　本 章 小 结

气体分子的麦克斯韦-玻尔兹曼分布给出分子速率的分布：

$$f(\upsilon) \propto \upsilon^2 e^{-m\upsilon^2/2k_B T}$$

由此得出两个重要的平均值：

$$\langle \upsilon \rangle = \sqrt{\frac{8k_B T}{\pi m}}$$

$$\langle \upsilon^2 \rangle = \frac{3k_B T}{m}$$

理想气体压强和分子质量无关，只与单位体积分子个数和温度有关，即

$$P = nk_B T$$

平均碰撞时间：

$$\tau = \frac{1}{n\sigma\langle \upsilon_r \rangle}$$

式中，$\sigma = \pi d^2$，为碰撞截面；$\langle \upsilon_r \rangle$为平均相对速率。

平均自由程：

$$\lambda = \frac{1}{\sqrt{2}n\sigma} = \frac{k_B T}{\sqrt{2}P\sigma}$$

分子泻流速率：

$$\Phi = \frac{1}{4}n\langle \upsilon \rangle = \frac{P}{\sqrt{2\pi m k_B T}} = \frac{PN_A}{\sqrt{2\pi MRT}}$$

真空泵：旋片式机械泵、涡轮分子泵、溅射离子泵。

真空规：皮拉尼真空规和热偶式真空规。

真空系统设计原则：超高真空的获得和维护。

习　题

1. 转换 400 mbar 压强单位为(a) Torr，(b) Pa。
2. 一个高压气瓶装有 8 g 氦气，容积 2 L，温度为 22℃，计算其气压(Pa)。
3. 混合气体中含有 40 g 氩气和 48 g 甲烷，压强为 40 mbar，计算各自分压。
4. 计算氮气分子在(a) 300℃、(b) 77 K 时的平均速率。
5. 计算氮气分子在 0.1 mbar 的 2 s 碰撞次数。
6. 证明气体压强：

$$P = \frac{1}{3}nm\langle \upsilon^2 \rangle$$

7. 证明：

(1) N 个理想气体分子，速率在 υ 到 $\upsilon + \mathrm{d}\upsilon$ 之间的分子数为

$$f(\upsilon) \propto \upsilon^2 \mathrm{e}^{-m\upsilon^2/2k_B T}$$

(2)计算最可几速率 υ_{max} 、算术平均速率 υ 、均方根速率 $\sqrt{\langle \upsilon^2 \rangle}$ 。

8. 说明机械泵、涡轮分子泵、溅射离子泵的工作原理和应用范围。

9. 叙述皮拉尼真空规和热偶式真空规的工作原理。

10. 如何获得并维持超高真空状态。

参 考 文 献

田民波，李正操. 2011. 薄膜技术与薄膜材料. 北京：清华大学出版社.

Blundell S J, Blundell K M. 2012. Concept in Thermal Physics. 2nd ed. 北京：清华大学出版社.

Chamber A. 2004. Modern Vacuum Physics. London: Chapman & Hall/CRC.

Ohring M. 2006. Materials Science of Thin Films. Singapore: Elsevier.

Weston G F. 1985. Ultrahigh Vacuum Practice. London: Butterworths.

第 2 章　表面科学基础

表面科学的发展是由于真空技术的进步、表面分析技术的发展和高速计算机的出现而有了极大进步。现代表面科学主要研究具有明确晶体结构和成分的表面，包括原子级干净表面和原子级可控的吸附层。表面科学实验通常在超高真空环境进行，因此，现代表面科学主要涉及固体-真空和固体-气体界面。

2.1　表面和体材料

每一个固体都以表面为边界。但是，不考虑表面的无限固体模型对材料的很多物理性质效果良好。原因在于：①通常讨论的性质，如力学、热学、光学和磁学性质，所有原子的贡献相差不大；②对于宏观固体材料，固体材料体内原子数目远远多于表面原子数。例如，1 cm^3 的 Si 立方块含有 5×10^{22} 个体原子和 4×10^{15} 个表面原子。

表面原子结构对表面敏感的分析仪器，或表面原子决定的性质、过程来说是很重要的，这些现象包括晶体生长、表面吸附、氧化或催化，再用无限固体模型描述就不适用了。在通常状态下，室温和大气环境中，实际的固体表面与物理研究想要的理想体系相差甚远。刚刚获得的材料表面与环境中的分子和原子有极强的反应性，由强的化学吸附和弱的物理吸附作用在固体的最上层形成一层吸附层。例如，在新剥离的单晶硅表面会立即形成非常薄的氧化层。最简单的得到干净表面的方法必须在超高真空（ultra-high vacuum，UHV）环境实现。UHV 条件制备干净表面的常用方法有：①脆性材料 UHV 劈裂；②加热；③化学反应；④离子轰击和退火处理，如图 2.1 所示。

UHV 中劈裂是目前获得干净表面最直观的方法（图 2.1），常用于脆性材料，如氧化物（ZnO、TiO_2）、卤化物（NaCl）、元素半导体（Si、Ge）和化合物半导体（GaAs、InP）。劈裂方法只适用于脆性材料，且仅沿一定的晶体学方向解离，解离得到的表面往往有高密度台阶。

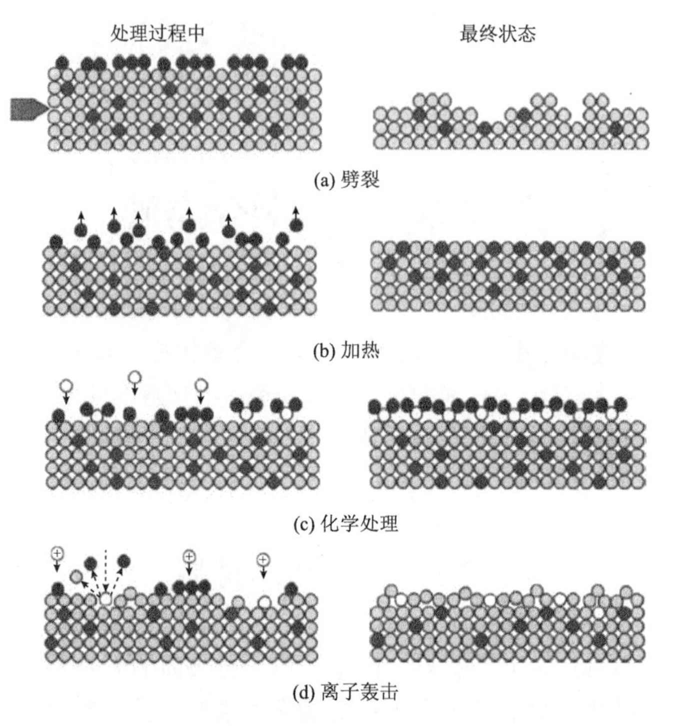

图 2.1 原位清理样品的方法

一些晶面可以通过在样品上加电流加热得到干净表面。这要求吸附基团或表面氧化物在材料熔点温度以下蒸发得以除去，这只适合高熔点材料，如 W 和 Si。一些杂质和表面结合很强，如 C，很难用加热的方法除去。

原位的化学处理是在真空室中引入少量反应性气体,样品在这种气氛下退火。气体和表面杂质反应形成可挥发的化合物，例如，要除去 W 表面的 C，可以在氧气气氛下退火，使得 C 转变成 CO。

离子轰击加退火处理可以得到原子级干净表面。离子轰击去除表面原子层，随后的退火过程可以有效地恢复表面晶体学结构和去除吸附的 Ar 原子。总之，没有一种处理过程适合所有的材料表面，对于所研究的特定材料，需要特定的处理工艺和工艺参数。

特定原子面的取向常用米勒指数表示，其中米勒晶面指数的确定步骤如下：

(1)确定晶面和坐标轴的截距分别为 a、b、c；

(2)取这些数字的倒数；

(3)简化成三个最小整数。

(hkl)构成晶面的米勒指数。图 2.2 表示立方晶体的一些常见晶面的米勒指数。对称性相同的一套晶面用大括号表示，如{100}。

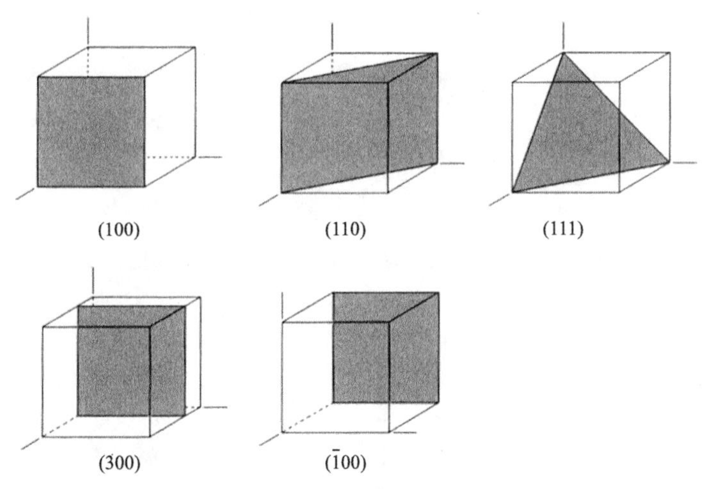

图 2.2　立方晶体常见晶面的米勒指数

图 2.3、图 2.4、图 2.5 和图 2.6 分别表示面心立方(*fcc*)、体心立方(*bcc*)、密排六方(*hcp*)和金刚石结构主要低指数面的原子排列。图中最上面的原子用圆圈表示，下面的原子用灰色的圆圈表示，越下面的原子，颜色越深，并且用虚线标出了表面元胞。

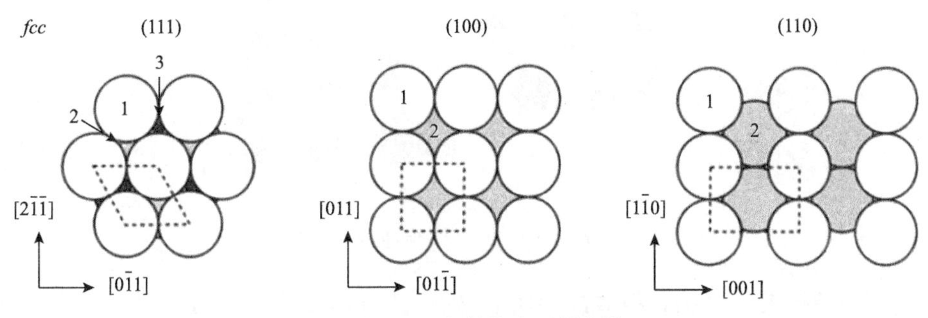

图 2.3　面心立方晶体主要低指数面

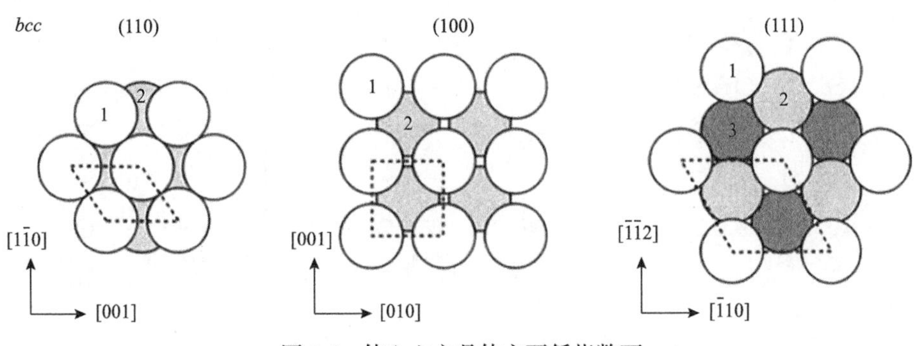

图 2.4　体心立方晶体主要低指数面

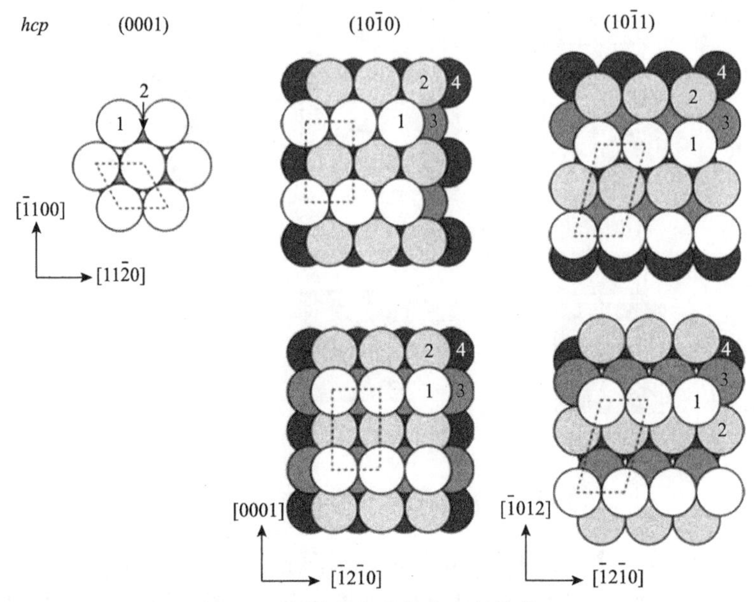

图 2.5　密排六方晶体主要低指数面

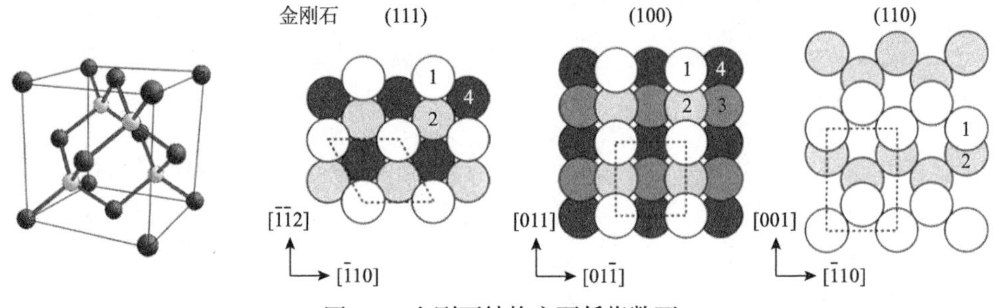

图 2.6　金刚石结构主要低指数面

表面结构的表示法：将表面结构的 2D 晶格和下面衬底原子面的晶格联系在一起。如图 2.7 所示，衬底的 2D 晶格用黑点表示，表面重构原子用圆圈表示。如

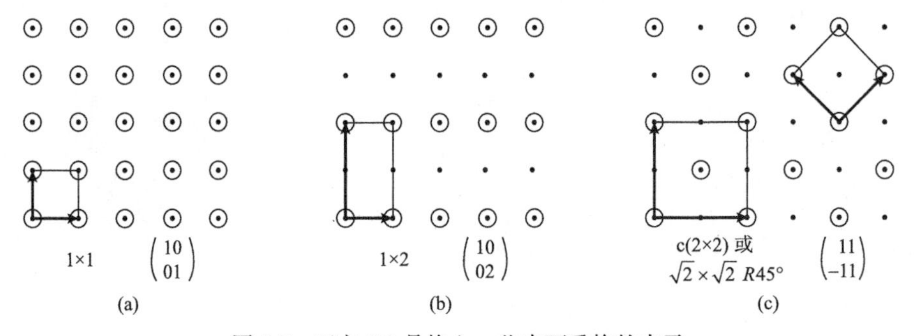

图 2.7　正方 2D 晶格上一些表面重构的表示

果表面结构和衬底晶胞大小一致，两个晶格相吻合，表面重构表示为 1×1。如果表面重构在一个方向是衬底晶格的 2 倍，另一个方向和衬底晶格大小一样，表面重构表示为 1×2。图 2.7(c)中的重构可以表示为 c(2×2)，可以看作(2×2)晶格在中心有一个额外原子，也可以表示为 $\sqrt{2}\times\sqrt{2}R45°$。

2.2 表面重构

想象一个无限的晶体沿特定的晶面断开，形成半无限晶体表面的原子结构。由于邻近原子的缺失，作用在表面上的力发生改变。因此，表面最上层的原子的平衡结构不同于相应体结构的原子平面。常见的两类原子重排为：弛豫和重构。

(1)弛豫。最上层的原子结构和体结构是一样的，层间距发生改变，称为法线弛豫。通常，第一个层间距缩短，层间距偏离体结构的程度随离开表面的距离变大而逐渐变小。除了法线弛豫，有时最上层原子发生平行于表面的位移，称为平行弛豫。弛豫通常发生在原子密度低的高指数面。法线弛豫和平行弛豫如图 2.8 所示。

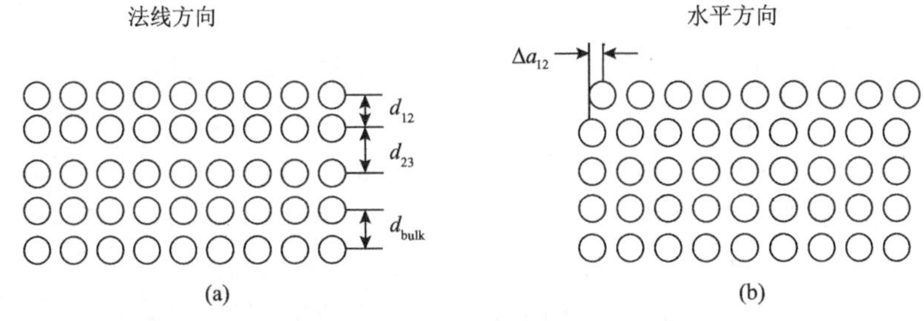

图 2.8　半无限晶体上层原子的法线弛豫(a)和平行弛豫(b)

(2)重构。大多数情况下，表面最上层原子的结构会发生改变，称为重构。重构通常与体结构的对称性和周期性不同。金属表面很少发生重构，重构常见于半导体表面。半导体中大量表面悬挂键使得理想体结构的表面不稳定。为了降低表面能，表面原子形成新键以减少悬挂键的数目，剩余悬挂键之间发生电荷转移来进一步降低表面能，这使得一些悬挂键是空的，其他的是满的。另外，原子位移会引起晶格应变，增加表面自由能。这些因素的相互作用形成了特定的表面重构。

按照顶层原子数是否保持不变，重构可以分成两类：守恒重构和非守恒重构。对于守恒重构来说，原子数保持不变，重构只涉及表面原子偏离理想位置。因此，守恒重构有时也称为位移重构。如图 2.9(a)所示，重构是表层原子配对。较复杂的例子如图 2.9(c)所示，上面三层原子数是体原子层的整数倍(这里是 2 倍)。对于非守恒重构来说，重构层原子数发生变化。如图 2.9(b)所示，每隔一排移去一排原子，保留一半表面原子。图 2.9(d)表示重构设计表层原子重排，重构层的原子总数不等于体原子层的整数倍。

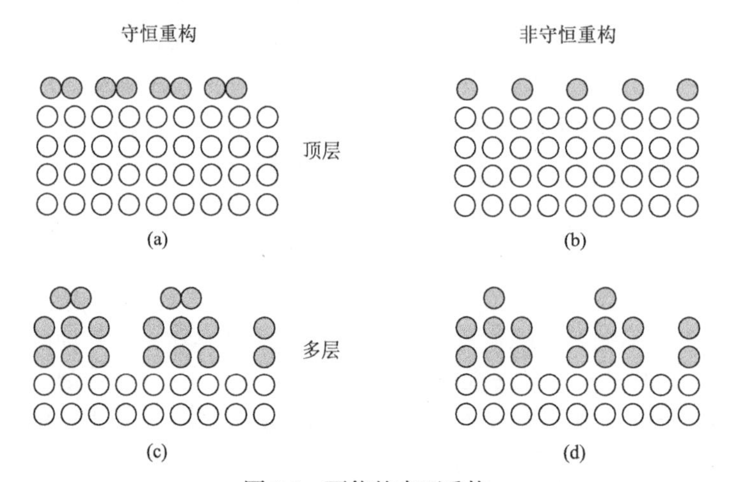

图 2.9　可能的表面重构

(a)和(c)代表守恒重构；(b)和(d)代表非守恒重构；(a)和(b)重构只涉及最上一层原子；(c)和(d)重构涉及几层原子

1. 金属表面

大多数金属表面不发生重构。一些面心立方结构的贵金属和近贵金属，如 Au、Ir、Pt，以及一些体心立方结构的过渡族金属，如 W 和 Mo，表面会发生重构。

Pt 是面心立方金属，理想的非重构 Pt(100) 由原子阵列构成四方晶格。理想的 Pt(100) 面松散排列，承受大的拉应力，不稳定。其倾向于高的面内原子密度，重构成密排类六方层，重构使得原子密度增加约 20%。重构的另一个结果是表层和下面一层原子键发生改变。因此，重构是原子密度增加带来的能量降低和原子重配带来的能量增加两方面的综合结果。Pt(100) 表面原子结构示意图如图 2.10 所示，相应的扫描隧道显微镜(STM)图像如图 2.11 所示。

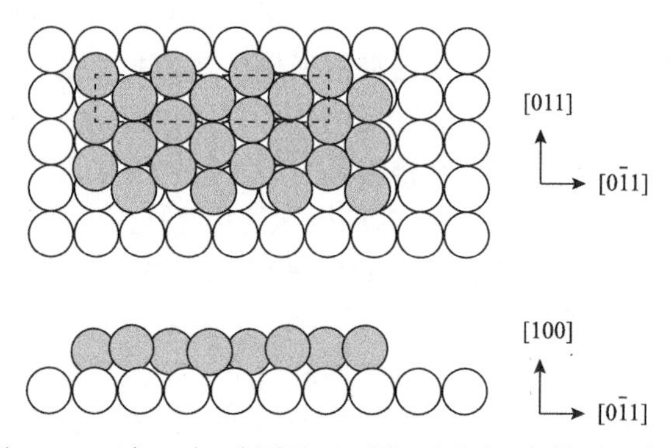

图 2.10　正方 Pt(100)原子面上层 Pt 原子六方排列示意图

图 2.11　Pt(100)表面六方重构的 STM 图像

理想的 Pt(110)表面由沿[110]方向的原子列构成，实际的干净 Pt(110)表面会失去一个原子链，周期增加一倍。Pt(110)2×1 重构表面原子结构示意图和 STM 图像如图 2.12 和图 2.13 所示，失去一个原子链会构成(111)微小晶面，而(111)面能量最低，使得整个表面能量降低。

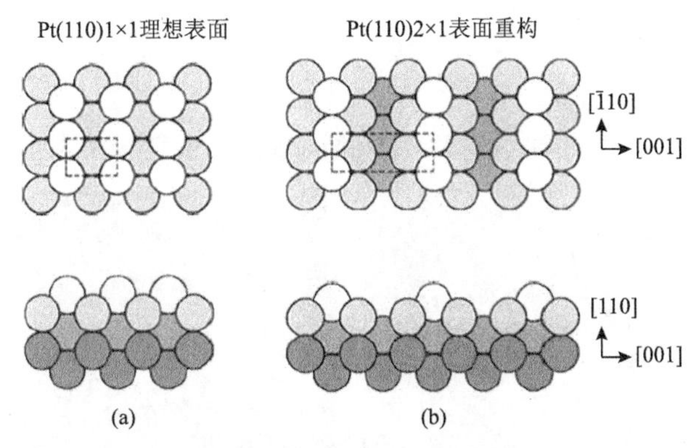

图 2.12　理想的 Pt(110)1×1 表面(a)和 Pt(110)2×1 重构表面(b)的原子排列示意图

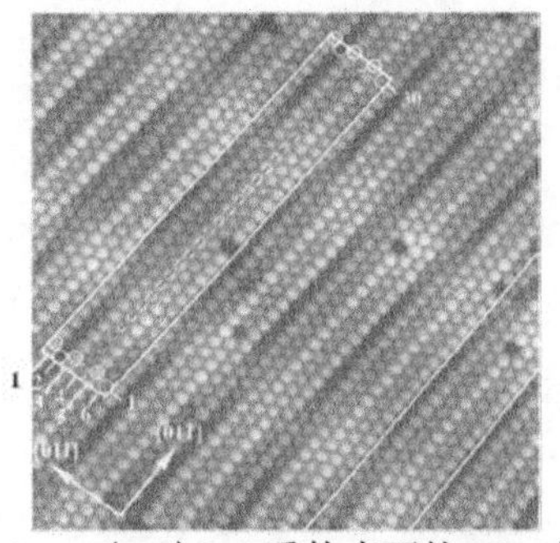

图 2.13　Pt(110)2×1 重构表面的 STM 图像

2. 半导体表面

硅和锗有相似的金刚石结构(diamond structure)。金刚石结构的空间晶格是面心立方，在(000)和$\left(\frac{1}{4}\frac{1}{4}\frac{1}{4}\right)$位置包含两个原子。金刚石结构原子具有四面体配位，每个原子有四个最近邻原子。硅的晶格常数是 0.543 nm，锗是 0.565 nm。

理想的体结构 Si(100)面由顶层 Si 原子构成正方晶格，每个 Si 原子和面下两个原子键合，有两个悬挂键。Si(100)的重构表面原子成对结合形成二聚体，使得表面悬挂键数目减少一半。二聚体排列成行，表面具有 2×1 周期(图 2.14)。STM 图像中可以清楚地分辨二聚体链，如图 2.15 所示。

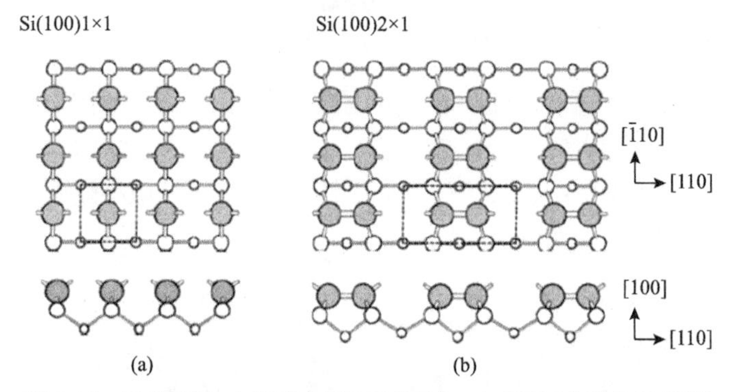

图 2.14　Si(100)1×1 表面(a)和 Si(100)2×1 表面(b)重构示意图

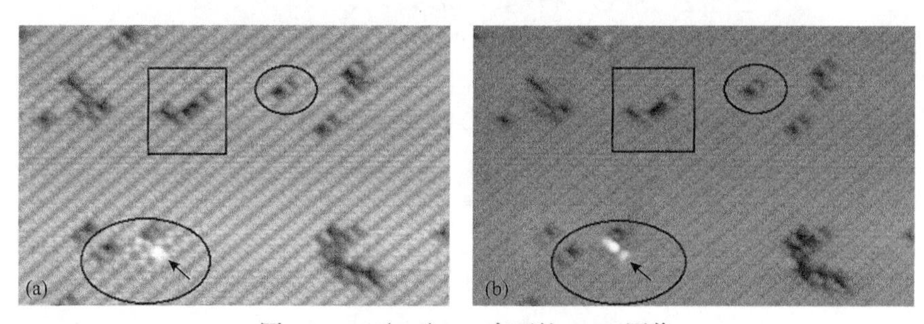

图 2.15　Si(100)2×1 表面的 STM 图像

(a)占据态的 STM 图像；(b)空态的 STM 图像；图中的椭圆和正方形分别标出 Si(100)2×1 表面的几种缺陷

Si(111)7×7 表面重构比较复杂。Si(111)7×7 表面低能电子衍射(LEED)观察可追溯到 1959 年，但是直到 1985 年 Takayanagi 才提出著名的 DAS(dimer-adatom-stacking fault)模型。STM 图像表明每个元胞有 12 个顶戴原子(adatom)和角上的深洞。Takayanagi 利用透射电子衍射(TED)结果给出 DAS 模型，如图 2.16(c)所示。每个元胞包括：12 个顶戴原子，2 个半元胞堆垛层错(stacking fault)，三角形半元胞周围有 9 个二聚体(dimer)，1 个深的角空洞(corner hole)。第一层 42 个原子中的 36 个和顶戴原子键合，剩余的 6 个保留了悬挂键，称为静止原子(rest atom)。整个 Si(111)7×7 元胞共有 19 个悬挂键，包含 12 个顶戴原子，6 个静止原子，角空洞中的 1 个悬挂键。

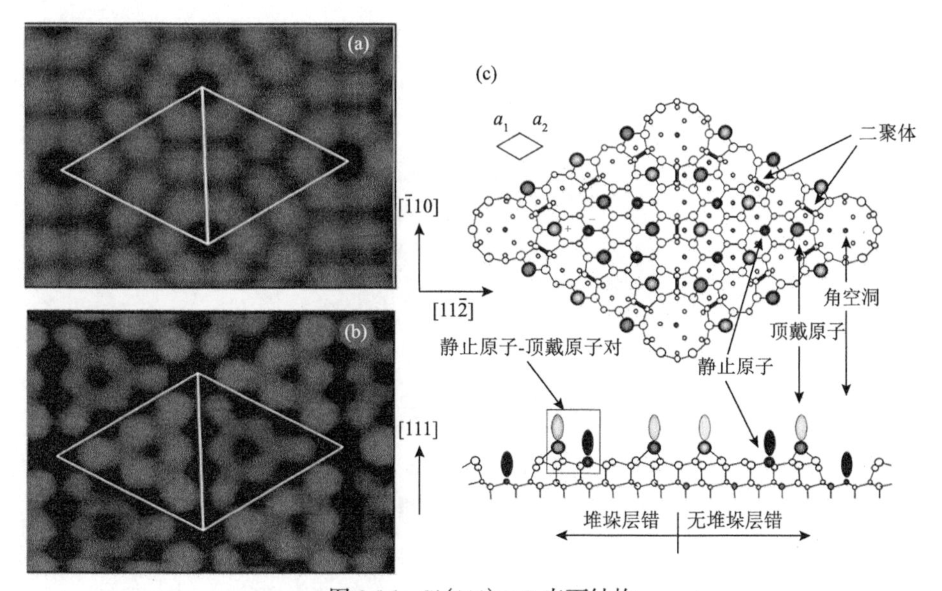

图 2.16　Si(111)7×7 表面结构

(a)样品正偏压+1.5 V；(b)样品负偏压−1.5 V；(c)(7×7)DAS 模型

2.3　表面结构缺陷

显然，理想状态的平整干净、规则的具有完全平移对称性的表面是得不到的，实际的表面总会偏离完美的平整度和纯度。每一个实际表面总会包含一些结构缺陷，点缺陷包括吸附原子、空位、平面上的位错露头、台阶上的吸附原子和空位等。线缺陷有台阶和畴界。多数表面缺陷可以用 TSK(terrace-step-kink)模型来描述，如图 2.17 所示，实际的表面存在平台(terrace)原子、台阶(step)原子、台阶上的弯曲(kink)原子，还有一些空位、吸附原子等。

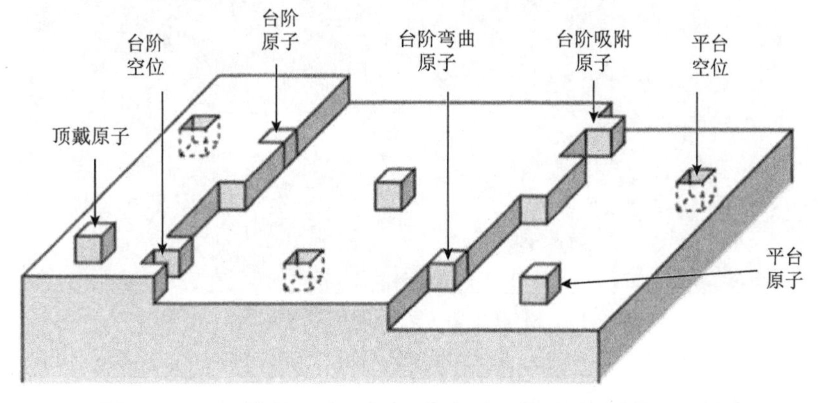

图 2.17　TSK 模型显示立方(100)表面上典型的原子位置和缺陷

高分辨 STM 图像(图 2.18)显示 Si(100)2×1 表面主要缺陷是空位型的，A 型和 B 型缺陷分别为单个二聚体空位和两个二聚体空位。C 型一般认为是两个二聚体空位之间有一个分离的二聚体。

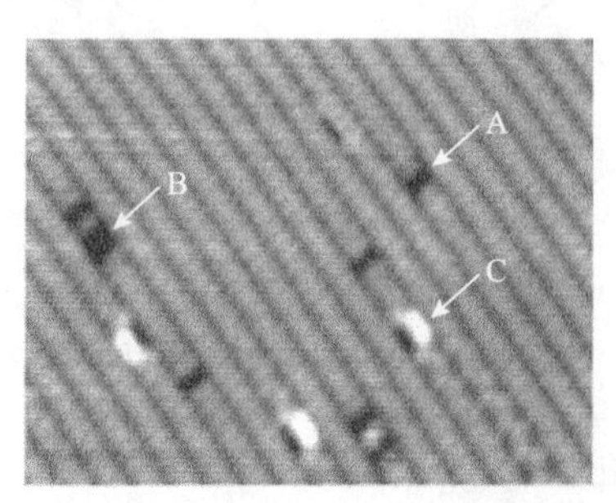

图 2.18 Si(100)2×1 表面 STM 图像

缺陷 A、B、C 类型

由于在 Si(100)表面形成 2×1 重构时引入一些应变，在二聚体链的方向上是压应变，而在垂直于二聚体链的方向上是张应变，因此在形成 2×1 表面时，经常会出现一些台阶来减少这种应变的积累。图 2.19 是 Si(100)2×1 表面的两种单原子层台阶，即 A 台阶和 B 台阶。图中从左上方到右下方是上台阶。二聚体链平行于台阶边缘的面为 A 台面，二聚体链垂直于台阶边缘的面为 B 台面。从下面的台面到上面的台面是从 B 台面到 A 台面，称为 A 台阶，记为 S_A，否则为 B 台阶，记为 S_B。S_A 台阶的形成能较低，约为 0.01 eV/a(a = 3.84 Å)，S_B 台阶的形成能较高，约为 0.15 eV/a，因此 S_A 台阶比较直，弯折结构少，而 S_B 台阶则弯弯曲曲，有许多弯折结构。台阶对表面的生长具有重要的影响。

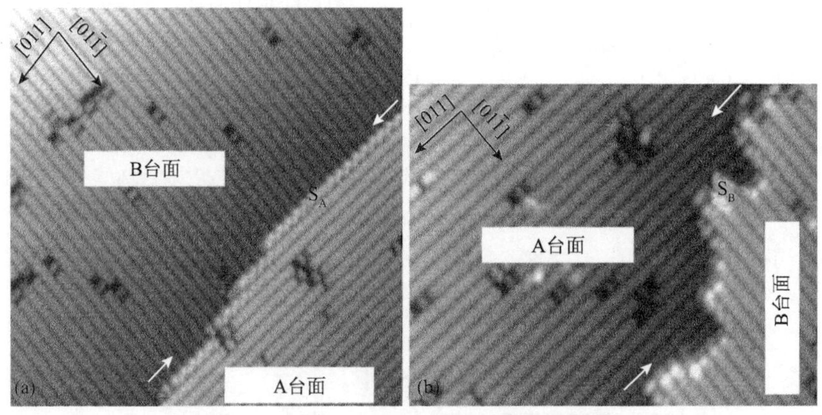

图 2.19 Si(100)2×1 表面的单原子层台阶

白箭头指示台阶的位置；(a) A 台阶，S_A 表示单原子 A 台阶；(b) B 台阶，S_B 表示单原子 B 台阶

Si(100)2×1 表面二聚体空位密度和样品处理方法有关，介于 1%～10%之间。

少量 Ni 或其他金属的存在会显著增加空位缺陷密度，这些空位规则排列成一条沟槽，构成 Si(100)2×n 表面重构，$6 \ll n \ll 10$，如图 2.20 所示。

图 2.20　Si(100)表面(a)；随着二聚体缺陷增多，二聚体空位构成垂直于二聚体链的空位带，形成 Si(100)2×n 重构(b)

图 2.21 显示条状的 Si(111)4×1-In 表面结构在 Si(111)表面形成三个畴，这是由于表面重构对称性低于下面 Si(111)基底的三度对称。

图 2.21　Si(111)4×1-In 表面形成三个等同畴的 STM 图像

2.4 表面张力和表面能

表面张力γ 定义为产生单位面积新的表面所需要做的功，即

$$\gamma = \lim_{dA \to 0} \frac{dW}{dA} = \left(dF_t / dA \right)_{T,V} \tag{2.1}$$

如图 2.22 所示，体材料劈裂产生两个表面，如果这个过程可逆，热力学上所做的功是 $2\gamma A$。自由能变化为

$$\Delta F = F_1 - F_0 = 2\gamma A$$

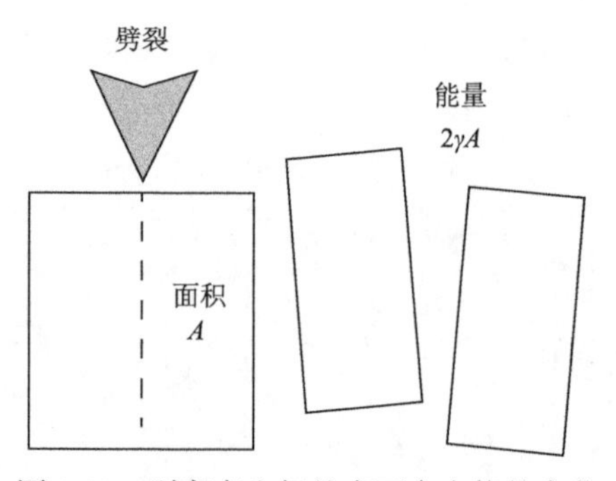

图 2.22 剥离产生新的表面自由能的变化

增加表面 dA，自由能变化 dF_t 为

$$dF_t = \gamma dA$$

当 T 和 V 一定时，有

$$dF_t = -SdT - pdV + \sum \mu_i dN_i + f_S dA = \sum \mu_i dN_i + f_S dA \tag{2.2}$$

因此

$$\gamma dA = f_S dA + \sum \mu_i dN_i \tag{2.3}$$

对于一元体系，如金属-气体，可以选择分界面使 $dN_i = 0$，γ 和 f_S 是一样的。对于复杂体系，引入表面使得 N_i 变化，体原子移向表面，则

$$\gamma = f_S - \sum \Gamma_i \mu_i \tag{2.4}$$

式中，Γ_i 为第 i 种原子的表面浓度。第二项是原子由体相到表面的自由能贡献。

产生表面时，体相原子移向表面使得表面原子浓度发生变化。

(1)水面上的肥皂膜降低水的表面张力。这是由于肥皂分子从溶液出来在水表面形成单分子层。

(2)超高真空中形成的干净表面比氧化物具有高的表面能。如果不是这样，就没有氧吸附的驱动力，反应就不会发生。氧化物的表面能要远低于相应的金属表面。

在平衡状态，一定温度 T 下，小晶体形成一定形状。如图 2.23 所示，由于 $\mathrm{d}F=0$，即 $\gamma\mathrm{d}A=0$ 或者 $\int\gamma\mathrm{d}A$ 最小，积分是对整个表面积分，平衡状态对应 $\int\gamma(hkl)\mathrm{d}A(hkl)$ 取最小值。如果$\gamma(0)$是单个平台的表面自由能，$\gamma(L)$是台阶的自由能，一个斜的小偏角平面的表面自由能为

$$\gamma(\theta)=\left(\frac{\gamma_L}{a}\right)\sin\theta+\gamma(0)\cos\theta=\left(\frac{\Phi}{2a^2}\right)(\sin\theta+\cos\theta) \tag{2.5}$$

式中，Φ 为每个最近邻键的能量。

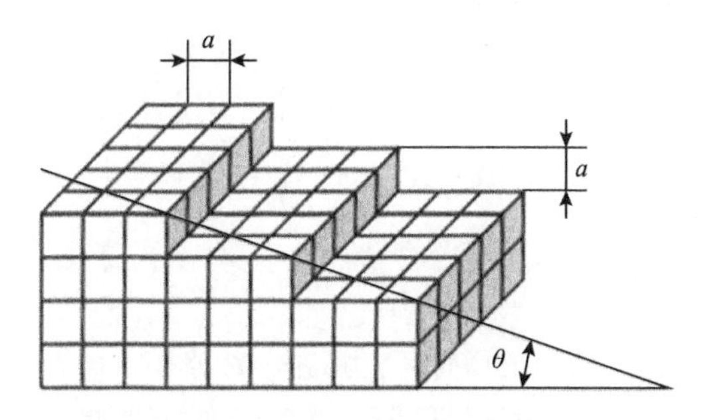

图 2.23　利用 TSK 模型计算偏离(100)面θ角的邻位面(小偏角表面)的表面自由能

图 2.24(a)表示表面自由能γ随θ的变化，这里只考虑最近邻的影响。当 $\theta=0,\pm\frac{\pi}{2},\pm\pi,\cdots$ 时，表面自由能γ取最小值。导数 $\frac{\partial\gamma}{\partial\theta}$ 为奇点，称为奇异面。图 2.24(b)是极坐标中表面自由能分布。三维坐标中，表面自由能分布为八个球面包围，六个奇点对应$\{100\}$面，如图 2.24(c)所示。

图 2.25 是考虑到第一近邻(γ_1)和第二近邻(γ_2)的相互作用时自由能($\gamma_1+\gamma_2$)的分布。新的最低点对应于$\{110\}$面。利用γ分布图，可以构建平衡状态下晶体形状，称为 Wulff 构建，其示意图如图 2.26 所示。在γ分布图的各点垂直于半径矢量的平面，这些平面里面构成平衡态晶体形状，此时晶体总的表面自由能是最小的。

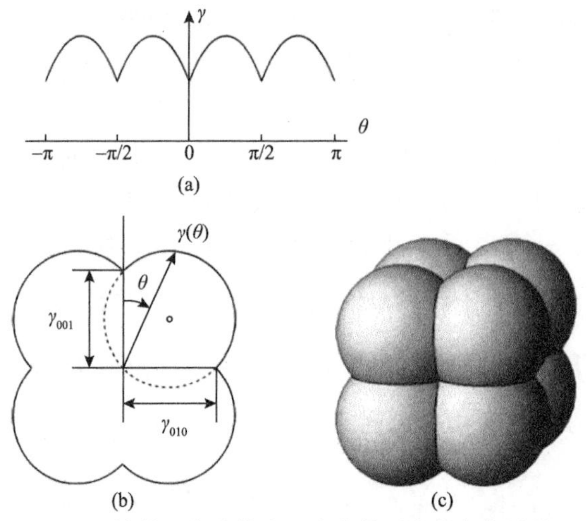

图 2.24　简单立方晶体表面自由能$\gamma(\theta)$的各向异性

正交配位(a)、极坐标(b)和球坐标(c)的$\gamma(\theta)$图示，只考虑最近邻的相互作用

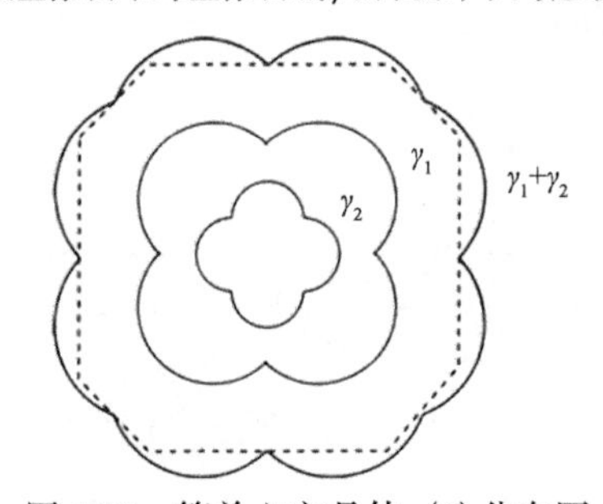

图 2.25　简单立方晶体$\gamma(\theta)$分布图

考虑第一和第二近邻的相互作用，平衡状态晶体形状如虚线所示

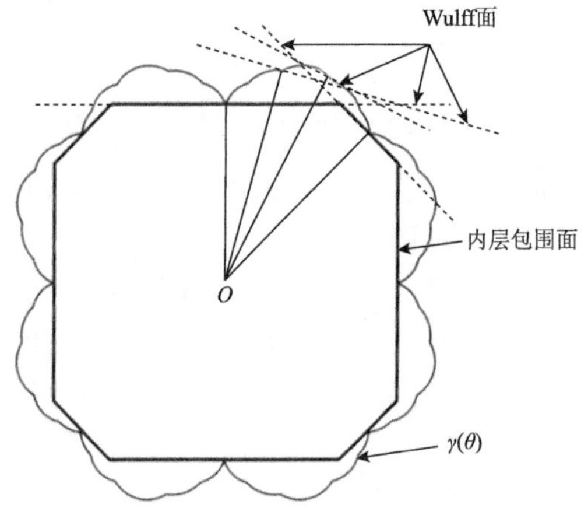

图 2.26　Wulff 构建示意图

晶体平衡态形状如粗实线所示，Wulff 面如虚线所示，$\gamma(\theta)$分布如细实线所示

图2.27为不稳定斜面小晶面化示意图。虽然总的表面积增加，$S_1+S_2>S_0$，但是总的表面自由能降低，即$\gamma_1S_1+\gamma_2S_2<\gamma_0S_0$。

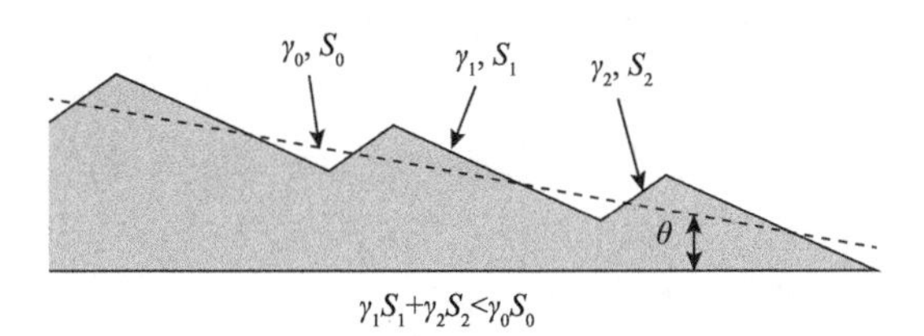

图2.27　不稳定斜面小晶面化示意图

2.5 表 面 吸 附

在薄膜沉积和表面催化过程中，首先发生的就是固体表面吸附，干净的基体表面暴露于气体环境下与气体分子之间相互作用。原子或分子冲向表面进入基体表面和气相的过渡区，并发生相互作用，就会发生表面吸附。表面吸附可以分为物理吸附和化学吸附，区别在于原子之间相互作用力的大小。如果原子或分子保持自身的特性，只是发生伸长或弯曲变形，由弱的范德瓦耳斯力的作用和表面键合，称为物理吸附，吸附原子和基底之间没有电荷转移，引力来自吸附原子和邻近表面原子的即时偶极矩。当原子或分子通过离子键或共价键的作用和表面键合，其本身特性发生改变，吸附分子和表面发生电荷转移，称为化学吸附。可用吸附能来定量区分这两种吸附形式，用E_p和E_c分别表示物理吸附能和化学吸附能，通常物理吸附能E_p约为0.25 eV，而化学吸附能E_c为1～10 eV。

图2.28给出了物理吸附过程和化学吸附过程的势能和吸附原子或分子与基底

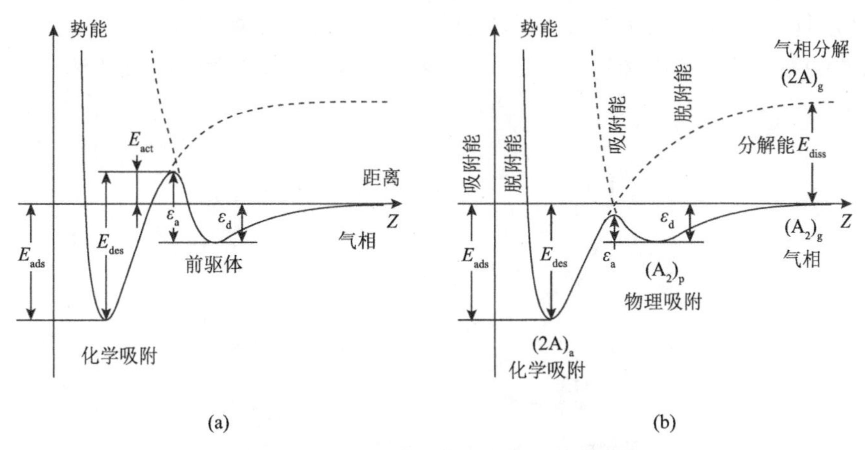

图2.28　物理吸附和化学吸附的势能曲线

(a)有激活势垒的化学吸附；(b)非激活的化学吸附，前驱体的分解吸附路径$(A_2)_g$—$(A_2)_p$—$(2A)_a$

表面作用距离关系示意图，图中物理吸附和化学吸附曲线分别表示物理吸附和化学吸附过程。从图中可以看出，物理吸附距表面的平衡距离($r = r_p$)远大于化学吸附距表面的平衡距离($r = r_c$)。当物理吸附和化学吸附过程曲线重合时，则会形成一过山车形状的有效势垒 E_a，该势垒控制着物理吸附向化学吸附的转变速率。

物理吸附时，被吸附物和基底的键合作用是长程的、弱的范德瓦耳斯力的相互作用。键的特征是被吸附物和基底各自的电子密度重新分布，两者之间的电子交换可以忽略不计。化学吸附(chemisorption)涉及化学成键，吸附质分子与吸附剂之间有电子的交换、转移或共有。物理吸附提供了测定催化剂表面积、平均孔径及孔径分布的方法。而化学吸附是多相催化过程的关键中间步骤。

化学吸附时，吸附质与表面的距离比物理吸附时近。当分子 A_2 接近表面时，首先吸附于 P 点，分子进一步接近表面时电子间的互斥使势能急剧上升。只有能量越过ε_a点的分子才有可能由物理吸附转变为化学吸附。化学吸附时，势能进一步降至 A 点，此点的势能远低于 P 点的。对于非活化的化学吸附，ε_a势能将是零或负值。由此可见，物理吸附是化学吸附的前奏，而且很可能是化学吸附进行的重要原因。

1. 表面吸附动力学

对于 Langmuir 吸附，气相分子转变为化学吸附态的直接吸附，分子不分解吸附概率称为黏附概率：

$$S = S_0\left(1-\theta\right)$$

式中，$S = \dfrac{\text{分子吸附在表面的速率}}{\text{分子碰撞到表面的速率}(Z)}$；$S_0$ 为 $\theta = 0$ 时的黏附概率。这样，表面上空的吸附位置越多，黏附概率越大。如图 2.29 所示，实际观察到的 S 通常与θ不是直线关系，甚至 S 会超过 Langmuir 吸附值，这和吸附过程中“前驱体”态的存在有关。

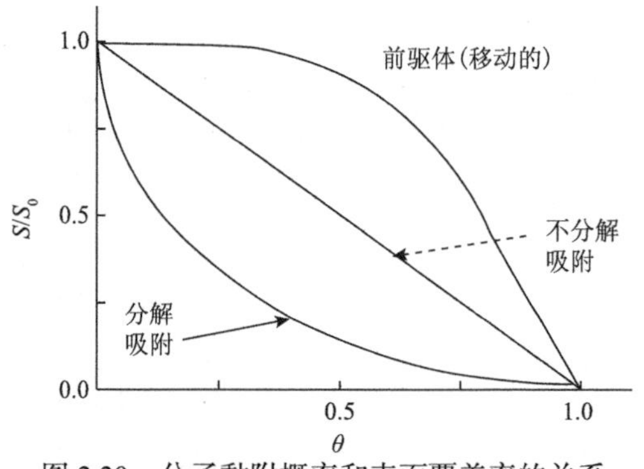

图 2.29　分子黏附概率和表面覆盖率的关系

如果分子碰撞在表面上的已吸附位置，会通过弱的范德瓦耳斯力停留在表面上并扩散一定时间，直到找到合适的可化学吸附的位置。在此过程中，分子逐渐失去能量，便于吸附。“前驱体”分子在表面上的停留时间 τ 由 τ_0 和吸附态的吸附焓来定义：

$$\tau = \tau_0 e^{-\Delta H_{AD}^{\ominus}/RT} \tag{2.6}$$

如果由弱的分子-基底相互作用而形成物理吸附，振动寿命 τ_0 是单原子的振动周期，数值大约为 10^{-13} s，这样停留时间就可以估算出来。式(2.6)是一简单的 Arrhenius 表达式，停留时间主要依赖于形成化学/物理吸附的势能。

Langmuir 吸附等温线：特定温度下，平衡状态吸附分子覆盖率 θ 依赖于气体压强 P。常温下 θ 随 P 的变化依赖关系称为吸附等温线。在足够低的 P 值下，吸附等温线呈线性关系：$P = K\theta$，K 为常数，如图 2.30 所示。

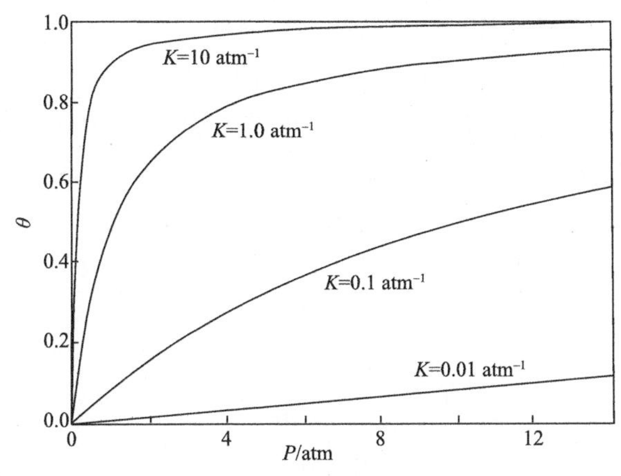

图 2.30　分子覆盖率 θ 与气体压强 P 的关系

Langmuir 吸附等温线用于测定固体表面的总表面积 S_A。假设：①固体表面每一个等效位置只可吸附一个分子，并且分布均匀；②在恒定温度下，气体和吸附层存在动态平衡；③来自气相的吸附分子不断和表面碰撞，如果碰撞到空位就和表面形成键，碰撞到填满的位置就反射回去；④一旦吸附，分子固定不动，每个位置的吸附热焓保持不变，与吸附量无关。

假定气相分子和表面处于动态平衡：

$$M_{(g)} + S_{(surface\ site)} \rightleftharpoons M\text{-}S \tag{2.7}$$

$$吸附速率 = k_a P(1-\theta) \tag{2.8}$$

$$脱附速率 = k_d \theta \tag{2.9}$$

在平衡态，吸附速率等于脱附速率，即

$$k_a P(1-\theta)=k_d\theta \tag{2.10}$$

整理得

$$\theta=\frac{N_s}{N}=\frac{k_a P}{k_d+k_a P}=\frac{KP}{1+KP} \tag{2.11}$$

$$NKP=N_s+N_s KP \tag{2.12}$$

$$\frac{P}{N_s}=\frac{1}{NK}+P\left(\frac{1}{N}\right) \tag{2.13}$$

2. 吸附等温线

图 2.31 给出实际表面几种不同类型的等温线。Ⅰ型等温线在较低的相对压强下吸附量迅速上升，达到一定相对压强后吸附出现饱和值，是典型的 Langmuir 吸附。只有在非孔性或者大孔吸附剂上，该饱和值相当于吸附剂表面形成单分子层吸附，大多数情况下，Ⅰ型等温线往往反映的是固体“微孔”填充情况，一些活化的木炭、硅胶，尤其是分子筛的吸附表现为Ⅰ型吸附。

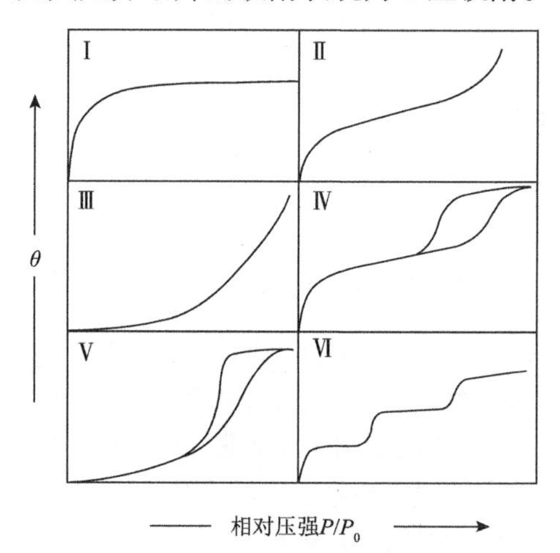

图 2.31　六种吸附等温线

Ⅰ～Ⅴ型吸附等温线和台阶形的Ⅵ型吸附等温线

Ⅱ型吸附被认为是异质衬底非限制单层-多层吸附，可以通过等温线得到表面积。例如，非孔或大孔（孔径大于 50 nm）的碳或氧化物粉体材料在 77 K 的氮气吸附。由于吸附分子和表面较强的相互作用，在较低的相对压强下吸附量迅速上升，曲线上凸。等温线拐点出现于单层吸附附近，随着相对压强的继续增加，多层吸附逐步形成，达到饱和蒸气压时，吸附无限层。

Ⅲ型比较少见，属于吸附物和吸附剂的相互作用较弱。等温线下凹，且没有拐点。吸附气体量随组分分压增加而上升。曲线下凹是因为吸附质分子间的相互作用比吸附质与吸附剂之间的作用强，第一层的吸附热比吸附质的液化热小，以致吸附初期吸附质难以吸附，而随吸附过程的进行，吸附出现自加速现象，吸附层数也不受限制。BET 公式中 C 值小于 2 时，可以描述Ⅲ型吸附等温线。

Ⅳ型吸附等温线与Ⅱ型吸附等温线类似，但曲线后一段再次凸起，且中间段可能出现吸附迟滞环，其对应的是多孔吸附剂出现毛细凝聚的体系。具有“滞后”特征的Ⅳ型吸附表示体系存在窄的孔分布(2～5 nm)，有利于凝聚。如果孔的分布变宽，会观察到Ⅱ型吸附。

Ⅴ型吸附等温线与Ⅲ型吸附等温线类似，但当达到饱和蒸气压时吸附层数有限，吸附量趋于一极限值。同时由于毛细凝聚的发生，在中等相对压强时吸附等温线上升较快，并伴有迟滞环。

Ⅵ型吸附出现在惰性气体吸附在石墨基底上，每一个台阶分别对应形成第一层、第二层、第三层等，反映的是无孔均匀固体表面多层吸附的结果，实际固体表面大多是不均匀的，因此很难遇到这种情况。综上所述，吸附等温线的类型可以定性地反映有关吸附剂的表面性质。吸附等温线的开始阶段反映吸附质与表面相互作用的强弱；中高相对压强段反映固体表面有孔或无孔，以及孔径分布和孔体积等。

若吸附-脱附不完全可逆，则吸附-脱附等温线是不重合的，这一现象称为迟滞效应，即结果与过程有关，多发生在Ⅳ型吸附平衡等温线。低比压区与单层吸附有关，由于单层吸附的可逆性，在低比压区不存在迟滞现象。吸附时由孔壁的多分子层吸附和在孔中凝聚两种因素产生，而脱附仅由毛细管凝聚所引起。吸附时首先发生多分子层吸附，只有当孔壁上的吸附层达到足够厚度时才能发生凝聚现象。在与吸附相同的比压下，脱附时仅发生在毛细管中的液面上的蒸气，却不能使相同比压下吸附的分子脱附。要使其脱附，就需要更小的比压，故出现脱附的滞后现象。

回滞环多见于Ⅳ型吸附等温线，根据最新的国际纯粹与应用化学联合会(IUPAC)的分类，有以下六种(图 2.32)。H1 和 H2 型回滞环等温线有饱和吸附平台，反映孔径分布较均匀。H1 型迟滞回线表示吸附时吸附质一层一层地吸附在孔的表面(孔径变小)。H1 反映的是两端开口的管径分布均匀的圆筒状孔，H1 型迟滞环等温线可在孔径分布相对较窄的介孔材料及尺寸均匀的球形颗粒聚集体中观察到。H2 型迟滞环等温线显示吸附分支由于发生毛细凝聚现象而逐渐上升；吸附时凝聚在孔口的液体为孔体的吸附和凝聚提供蒸气。脱附分支在较低的相对压强下突然下降；脱附时，孔口的液体阻挡孔体蒸发出的气体，必须等到压强小到一定程度。等小孔径瓶颈中的液氮脱附后，束缚于瓶中的液氮气体会骤然逸出。孔的形状可能包括典型的“墨水瓶”孔、孔径分布不均的管形孔和密堆积球形颗粒间隙孔等。H2(a)型中脱附支很陡峭，主要是由于窄孔颈处的孔堵塞/渗流(pore-blocking/percolation in a narrow range of pore necks)或者空洞效应引发的挥发(cavitation-induced evaporation)。H2(a)型回滞环常见于硅凝胶及一些有序三维介孔材料。H2(b)型相对于H2(a)型来说，孔颈宽度(neck width)的尺寸分布要宽得多，常见于介孔泡沫硅(MCFs)和一些经过水热处理后的有序介孔硅材料。

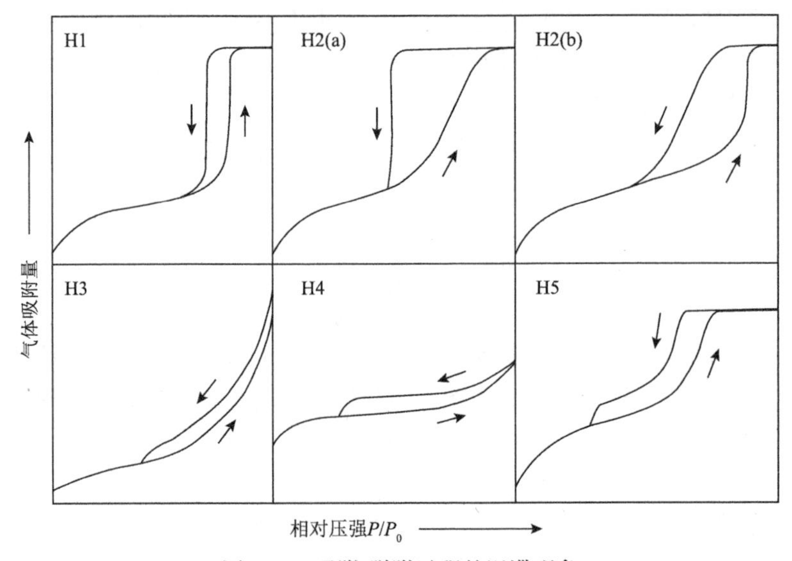

图 2.32 吸附-脱附过程的迟滞现象

H3 和 H4 型回滞环等温线没有明显的饱和吸附平台，表明孔结构很不规整。非均匀的孔呈现H3型迟滞环，H3型与H4型相比高压端吸附量大，研究认为是片状粒子堆积形成狭缝孔；只有当压强接近饱和蒸气压时才开始发生毛细孔凝聚，蒸发时，由于板间不平行，曲率半径是变化的，根据 Kelvin 公式，附加蒸气压和曲率半径成反比，因此，曲线并不像平行板孔那样急剧下降，而是缓慢下降。H4 型也是狭缝孔，区别于粒子堆积，是一些类似由层状结构产生的孔。开始凝聚时，由于气液界面是大平面，只有当压强接近饱和蒸气压时才发生毛细凝聚(吸附等温线类似Ⅱ型)。蒸发时，气液界面是圆柱状，只有当相对压强满足时，蒸发才能开始。常出现在微孔和中孔混合的吸附剂上，以及含有狭窄的裂隙孔的固体中，如活性炭。

H5 型迟滞环较为少见，一般同时包含两端开口的和一端堵塞的孔。

Langmuir 吸附等温线成功地描述Ⅰ型单层吸附。吸附量θ用体积分数表示，等于吸附体积 V 占形成一层体积 V_m 的比值，即

$$\theta = \frac{V}{V_{\mathrm{m}}} = \frac{KP}{1+KP} \tag{2.14}$$

$$\frac{P}{V} = \frac{P}{V_{\mathrm{m}}} + \frac{1}{KV_{\mathrm{m}}} \tag{2.15}$$

以 P/V 对 P 作图为一直线，斜率为 $1/V_{\mathrm{m}}$，截距为 $1/KV_{\mathrm{m}}$。已知 V_{m}，就可以计算材料的比表面积。

对于多层吸附，假定总的吸附量为各层吸附的总和，每一层都符合 Langmuir 公式，可以推导出 BET 方程的一般形式，即

$$\theta = \frac{C\left(\frac{P}{P_0}\right)}{\left(1-\frac{P}{P_0}\right)\left[1+(C-1)\frac{P}{P_0}\right]} \tag{2.16}$$

$$\theta = \frac{V}{V_{\mathrm{m}}}$$

整理得

$$\frac{P}{V(P_0-P)} = \frac{1}{V_{\mathrm{m}}C} + \frac{C-1}{V_{\mathrm{m}}C} \cdot \frac{P}{P_0} \tag{2.17}$$

式中，V 为达到平衡时的平衡吸附量；V_{m} 为第一层单分子层的饱和吸附量；P 为吸附分子的平衡分压；P_0 为吸附温度下分子的饱和蒸气压；C 为和吸附热相关的常数。以 $\frac{P}{V(P_0-P)}$ 对 $\frac{P}{P_0}$ 作图，直线斜率为 $\frac{C-1}{V_{\mathrm{m}}C}$，截距为 $\frac{1}{V_{\mathrm{m}}C}$。

$$S_{\mathrm{BET}} = \frac{V_{\mathrm{m}} \cdot N_{\mathrm{A}} \cdot A_{\mathrm{m}}}{22400W} \times 10^{-18}\left(\mathrm{m^2/g}\right) \tag{2.18}$$

式中，N_{A} 为阿伏伽德罗常量；V_{m} 为单分子层饱和吸附量，$\mathrm{mm^3}$；A_{m} 为每个吸附分子所覆盖的面积(N_2 为 0.162 $\mathrm{nm^2}$)；W 为所测固体的质量，g。

$$S_{\mathrm{BET}} = \frac{4.36 \times V_{\mathrm{m}}}{W} \times 10^{-18}\left(\mathrm{m^2/g}\right) \tag{2.19}$$

2.6　表面电子结构

固体表面在垂直于表面的方向上周期条件被破坏。在表面上离子势垒的突然中断使表面出现均匀的正电势，从而导致表面电子密度增加。在低电子密度的固

体中，电荷的震荡消失较慢。图 2.33 给出了镍的电子电荷密度轮廓线。表面上电荷密度被抹开，但是随着接近离子核而变得具有周期性。表面电荷的平滑是电子向体内渗透和向表面伸展使其势能和动能降低两者折中的结果。

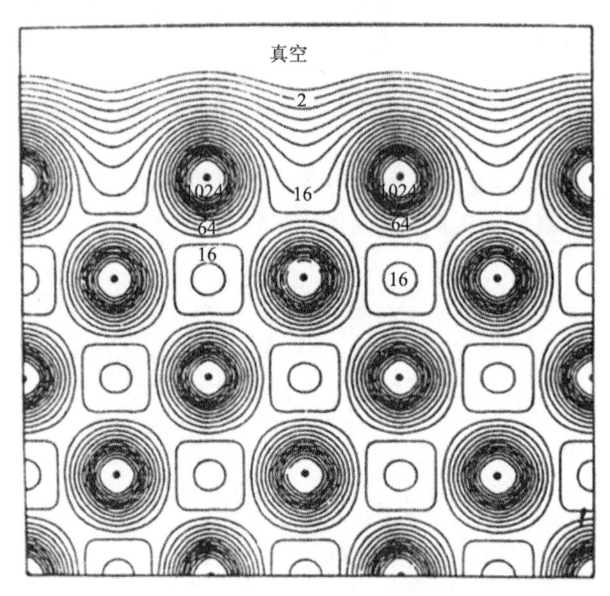

图 2.33　理论计算的 Ni(001)电荷密度轮廓线

表面态最早是基于中断的周期晶格内电子的薛定谔方程的解提出的。从量子力学的角度来看，表面上三维晶格的周期性缺失允许体内能隙出现量子态。局域化的表面态可以用平行于表面传播的电子波来表征。当电子或空穴电荷占据这些表面态时，静电场将向体内渗透并产生一个势能变化，表现为能带弯曲。吸附的杂质、自发生成的位错和表面弛豫(或者表面重构)都将形成表面态。但在所有情况下，金属中的能带弯曲程度是可以忽略不计的，因为金属中有足够的可移动电子来屏蔽和补偿表面态电荷。对半导体来说通常不是这种情况。

对于半无限凝胶模型，Z 垂直于表面，表面正电荷分布在表面处出现一个台阶，即

$$n^{+}(r)=\begin{cases}\overline{n}, Z \leqslant 0 \\ 0, Z>0\end{cases}$$

通常背景正电荷密度 $\overline{n}$ 可以由无量纲的电子间的平均距离 r_s、玻尔半径 $a_0=\frac{\hbar}{me^2}=0.529\ \text{Å}$ 来表示，定义半径 $r_s a_0$ 的球体内含有一个电子，即 $\frac{4}{3}\pi\left(r_s a_0\right)^3=\frac{1}{\overline{n}}$。

对半无限凝胶模型计算得到的基态电子密度如图 2.34 所示，可以看出两个主要特征：

(1) 电子分布逃逸出表面进入真空，在离开表面 1～3 Å 处降低到零。电子溢出导致正负电荷不平衡，形成表面静电偶极层，偶极矩负的一端向外。

(2) 向体材料内电子密度逐渐接近体电子密度，表面缺陷也会引起这种震荡。

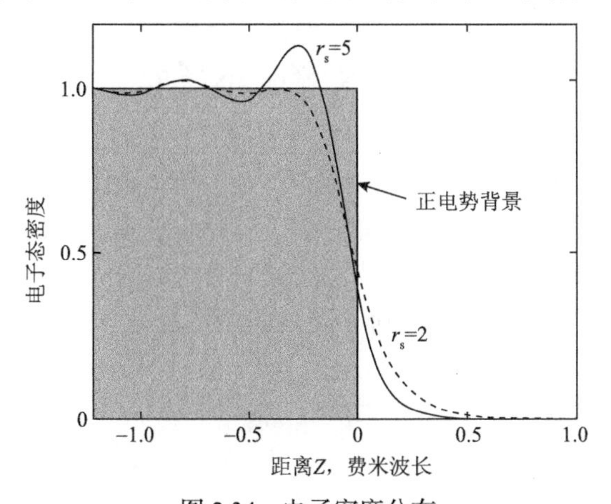

图 2.34　电子密度分布

$r_s = 2$（实线）接近 Al，$r_s = 5$（虚线）接近 Cs

表面的出现打破了晶体的周期性，改变了 Schrödinger 方程的边界条件。对于一维问题，势垒如图 2.35 所示，可以得到两类解：

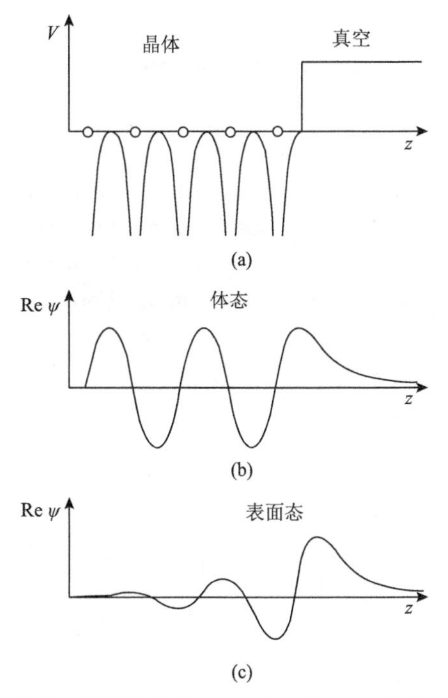

图 2.35　一维半无限晶格势垒(a)；波函数：(b)体态和(c)表面态

(1)第一类解对应于体态，波函数向体内扩展，向着真空指数衰减。

(2)第二类解对应于表面态，波函数在表面区域局域化，向着体内和真空指数衰减。

2.7 本章小结

干净表面的结构有别于体材料的结构，为了降低表面自由能，表面一般会发生弛豫和表面重构。扫描隧道显微镜的出现使我们对表面结构有了深入了解，确定了很多金属和半导体材料的表面结构。表面结构的深入研究有助于对薄膜生长的理解，有助于在原子尺度了解薄膜的形核与生长。

习　　题

1. 画出简单立方晶体(133)和(113)面，它们是否是等效面?
2. 简述在超高真空环境里获得干净表面的几种方法。
3. 解释表面弛豫、表面重构。
4. 简述表面缺陷种类。
5. 解释物理吸附、化学吸附。

参 考 文 献

田民波，李正操. 2011. 薄膜技术与薄膜材料. 北京：清华大学出版社.

Bracco G, Holst B. 2013. Surface Science Techniques. Berlin: Springer.

Ohring M. 2006. Materials Science of Thin Films. Singapore: Elsevier.

Oura K, Lifshits V G, Saranin A A, et al. 2003. Surface Science: An Introduction. Berlin: Springer.

Zangwill A. 1988. Physics at Surfaces. New York: Cambridge University Press.

第 3 章　薄膜物理基础

当吸附分子或原子覆盖超过一个单层，就是薄膜生长。单晶基底上晶态薄膜定向生长称为外延生长，薄膜和基底材料相同的为同质外延，薄膜和基底不同时为异质外延。薄膜生长由热力学和动力学共同作用来控制，薄膜生长的一般趋势由热力学相关的表面和界面能来理解。另外，表面生长是动力学非平衡过程，速率限制步骤影响薄膜的生长模式。

3.1　薄膜生长模式

原子在表面聚集形核，逐渐生长形成薄膜。薄膜的生长模式通常有三种典型的形式，分别为层状生长模式、岛状生长模式和层状加岛状的生长模式，如图 3.1 所示。

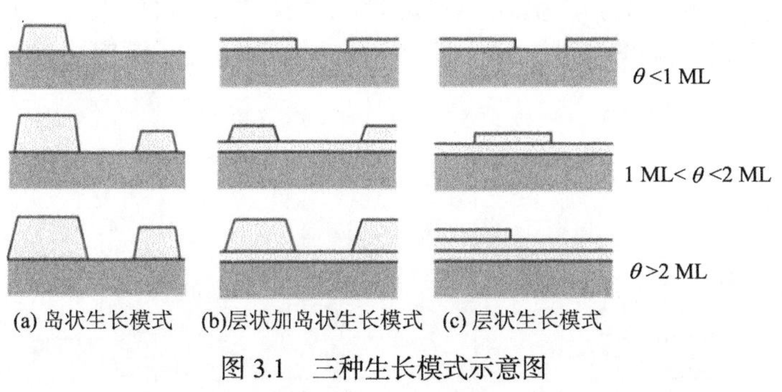

图 3.1　三种生长模式示意图

θ表示覆盖率；ML 表示单原子层

层状（layer-by-layer）生长模式指的是薄膜原子和基底的结合要比薄膜自身原子结合力强，被沉积物质的原子更倾向于和基底原子键合。薄膜的生长采取二维扩展模式，即层状生长模式。蒸发原子首先在基底表面以单原子层的形式均匀地覆盖一层，第一层生长完全后，第二层才开始生长，以此类推，严格地二维生长。

岛状（island）生长模式指的是薄膜原子相互之间的结合力要比薄膜与基底之间的结合力强，在基底表面上三维的岛状形核和生长。到达基底表面的原子首先凝聚成大量的不连续的小的晶核，后续碰撞到表面的原子不断通过表面扩散聚集在已有晶核上，使得晶核在三维方向不断长大，最终形成连续的薄膜。

层状加岛状(layer-plus-island)生长模式代表介于层状生长和岛状生长之间的状态。首先形成一层或几层二维单原子层，由于晶格常数的差异，这种二维结构受到基底晶格的影响产生晶格畸变，应力逐渐累积。之后在这层原子层上吸附的入射原子开始形成三维岛状晶核，逐渐生长成连续薄膜。

不同生长模式可以由表面和界面张力γ来定性解释，考虑到表面和基底的接触，如果岛的润湿角为φ，力的平衡可以表达成：

$$\gamma_S = \gamma_{S/F} + \gamma_F \cos\varphi \tag{3.1}$$

式中，γ_S为基底表面的表面张力；γ_F为薄膜表面的表面张力；$\gamma_{S/F}$为薄膜与基底之间的界面张力。

对于层状生长，$\varphi = 0$，对应$\gamma_S \geqslant \gamma_{S/F} + \gamma_F$。

对应岛状生长，$\varphi > 0$，对应$\gamma_S < \gamma_{S/F} + \gamma_F$。

对于层状加岛状生长，起初满足层状生长条件，润湿层的形成改变了γ_S和$\gamma_{S/F}$的值，导致随后满足岛状生长的条件。

这三种生长模式在热力学上有相对应的吸附等温线，如图 3.2 所示。对于岛状生长[图 3.2(a)]，被沉积原子和基底键合力弱造成快速再蒸发，大的化学势变化($\Delta\mu$)和成核所需的浓度超过过饱和度，使得吸附原子密度低。开始二维层状生长可以和稀释的三维相在负$\Delta\mu$(欠饱和)平衡存在，如图 3.2(c)所示。层状加岛状生长的吸附等温线如图 3.2(b)所示，$\Delta\mu = 0$线在某一厚度被切断，超过这一厚度，开始岛状生长。

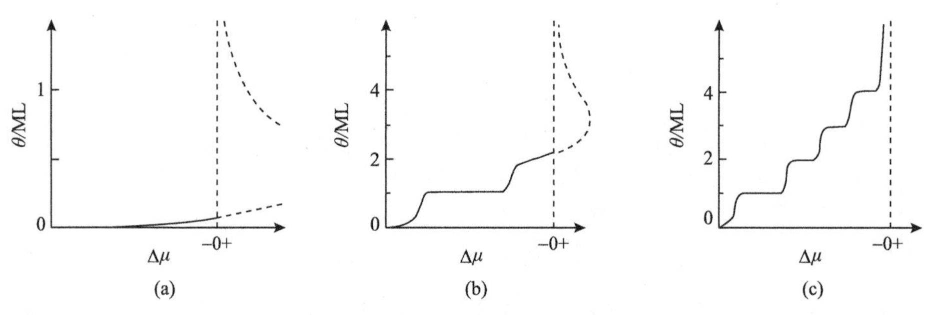

图 3.2　对应图 3.1 的吸附等温线

$\Delta\mu$为被沉积原子的化学势变化；θ为覆盖率

表面上吸附和晶体生长的单个原子过程如图 3.3 所示。压强为P的理想气体入射到基底表面的速率$R\left(\mathrm{m^{-2}\cdot s^{-1}}\right)=\dfrac{P}{\sqrt{2\pi mkT}}$，单个原子入射到$N_0$位置的基底表面，则单个原子的浓度为$n_1/N_0$。这些单个原子通过表面扩散而逐渐消失，这些过程包括：

(1)从蒸发源蒸发出的气相原子入射到基底表面上,其中有一部分因能量较大而弹性反射回去，另一部分则吸附在基底表面上。在吸附的气相原子中有一小部分因能量稍大而再蒸发出去。

(2)吸附的气相原子在基底表面上扩散迁移,互相碰撞结合成原子对或原子团簇，并凝结在基底表面上。

(3)这些原子团和其他吸附原子碰撞结合,一旦原子团中的原子数目超过某一临界值，原子团进一步和其他原子碰撞结合，只向着长大方向发展形成稳定的原子团。

(4)稳定晶核再捕获其他吸附原子,或者与入射气相原子结合进一步长大成为小岛。

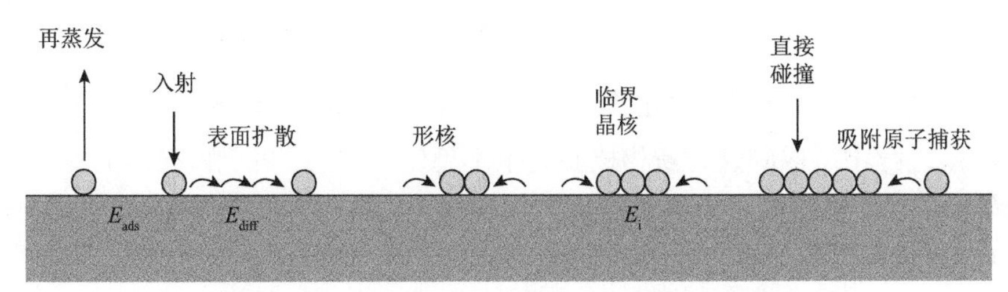

图 3.3　表面上形核和生长的原子过程示意图

3.2　形核的热力学模型

热力学界面能理论建立在热力学基础上，利用宏观物理量讨论薄膜的形成过程。模型比较直观，所用物理量能从实验中直接测得，适用于原子数较大的粒子。这种理论将气体在固体表面上凝结成微液滴理论应用到薄膜形成过程分析，采用蒸气压、界面能和润湿角等宏观物理量，从热力学角度定量分析形核条件、形核率及核生长速率等。

在薄膜沉积的初始阶段，被沉积的原子吸附在薄膜，通过表面扩散聚集在一起形成团簇，成为新相的核心。新相的形核过程按照其形成环境分为两种类型：自发形核(均质形核)和非自发形核(异质形核)。

恒温可逆体系做有用功时，系统自由能为

$$\Delta G_v = V\mathrm{d}P \tag{3.2}$$

对于理想气体而言，$PV = NkT$，因此

$$\Delta G_v = \int_{P_s}^{P_v} V\mathrm{d}P = \int_{P_s}^{P_v} \frac{NkT}{P}\mathrm{d}P = NkT\ln\frac{P_v}{P_s} = NkT\ln(1+S) \tag{3.3}$$

式中，P_s 和 P_v 分别为固相的平衡蒸气压和气相实际的过饱和蒸气压；$S=(P_v-P_s)/P_s$，为气相的过饱和度。当气相存在过饱和现象时，$\Delta G<0$，即系统的过饱和蒸气压 P_v 要大于平衡蒸气压 P_s，它就是新相形核的驱动力。在新的晶核形成的同时，将伴随新的固-气界面的生成，导致相应的界面能增加，其数值为 $4\pi r^2\gamma$，其中 γ 为单位面积的界面能。综合考虑体积自由能的降低和表面能的增加，得到系统自由能的变化为

$$\Delta G=\frac{4}{3}\pi r^3\Delta G_v+4\pi r^2\gamma \tag{3.4}$$

将其对 r 微分，求出使得自由能 ΔG 为零的条件为

$$r^*=-\frac{2\gamma}{\Delta G_v} \tag{3.5}$$

它是能够平衡存在的最小的固相核心半径，称为临界晶核半径。当 $r<r^*$ 时，在热涨落过程中形成的这个新相核心处于不稳定的状态，可能再次消失。当 $r>r^*$ 时，新相的核心将处于可以继续稳定生长的状态，并且生长过程会使自由能下降。可以求出形成临界晶核时系统自由能的变化：

$$\Delta G^*=\frac{16\pi\gamma^3}{3\Delta G_v^2} \tag{3.6}$$

图 3.4 给出形核自由能随晶核半径的变化曲线，形成临界晶核自由能变化 ΔG^* 相当于形核过程的能垒。热激活过程提供的能量起伏使得某些原子团簇具备了 ΔG^* 大小的自由能涨落，从而导致新相核心的形成。

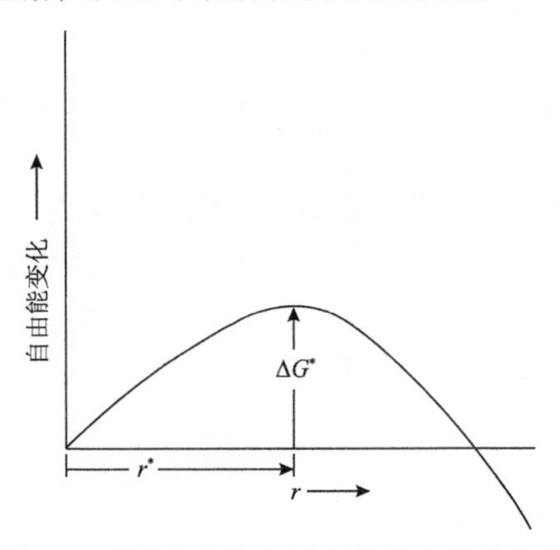

图 3.4　形核自由能（ΔG）随晶核半径的变化

在新相晶核的形成过程中，晶核的形成速率可以表达为

$$dN_n / dt = N_n^* A^* J \tag{3.7}$$

式中，$A^* = 4\pi r^{*2}$，为每个临界晶核的表面积；N_n^*为临界晶核的密度；J为单位时间内流向单位核心表面的原子数。由统计热力学理论可知：

$$N_n^* = n_s \exp\left(-\frac{\Delta G^*}{kT}\right) \tag{3.8}$$

式中，n_s为所有可能形核点的密度。J等于气相原子流向新相晶核的净通量，即

$$J = \frac{\alpha_c (P_v - P_s) N_A}{\sqrt{2\pi\mu RT}} \tag{3.9}$$

式中，μ为分子的摩尔质量；α_c为描述原子附着在固相晶核表面能力大小的一个常数；P_v和P_s分别为气相原子的实际压强和沉积物质的饱和蒸气压。由此可以得到：

$$dN_n / dt = \frac{4\pi r^{*2} \alpha_c n_s (P_v - P_s) N_A}{\sqrt{2\pi\mu RT}} \exp\left(-\frac{\Delta G^*}{kT}\right) \tag{3.10}$$

其中影响最大的是式中的指数项，它是气相过饱和度的函数。当气相过饱和度大于零时，气相开始均匀地自发形核。通过控制气相的过饱和度，来控制气相在基底上的形核密度。

在大多数固体相变过程中，特别是薄膜沉积过程中薄膜在基底薄膜上形核长大，涉及的形核一般是非均质形核过程。考虑一个原子团在基底表面形核初期的自由能变化，如图3.5所示，这时原子团的尺寸很小，从热力学的角度讲是处于不稳定的状态。可能吸收外来原子而长大，也可能失去已拥有的原子而消失。首先假设由气相入射到基底表面原子形成核心的平均半径为r，形成这样一个原子团时自由能变化为

$$\Delta G = a_3 r^3 \Delta G_v + a_1 r^2 \gamma_{fv} + a_2 r^2 \gamma_{fs} - a_2 r^2 \gamma_{sv} \tag{3.11}$$

式中，和均质形核一样，ΔG_v为单位体积自由能变化，是发生凝聚的驱动力；γ_{fv}、γ_{fs}和γ_{sv}分别为薄膜(f)、基底(s)与气相(v)三者之间的界面能；a_1、a_2和a_3则为与晶核具体形状有关的常数。对于图3.5所示的球冠状晶核来说，曲面面积($a_1 r^2$)、投射到基底表面圆面积($a_2 r^2$)、球冠体积($a_3 r^3$)，相应的体积常数是$a_1 = 2\pi(1-\cos\theta)$，$a_2 = \pi\sin^2\theta$，$a_3 = \frac{\pi}{3}\left(2 - 3\cos\theta + \cos^3\theta\right)$。

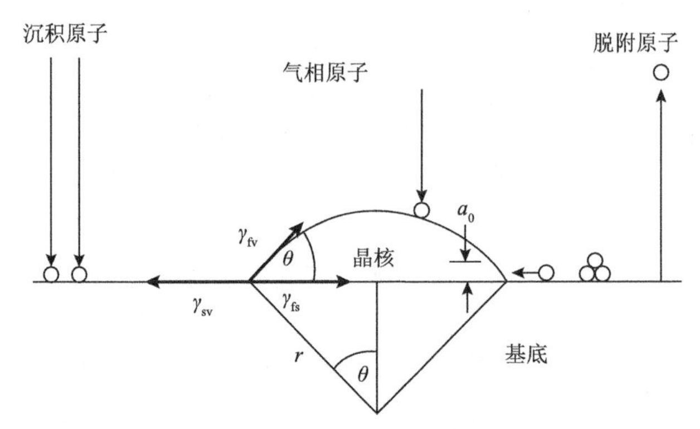

图 3.5　气相沉积过程中基底表面上形核的原子过程示意图

晶核形状的稳定性要求界面能水平分量之间满足下列关系：

$$\gamma_{sv} = \gamma_{fs} + \gamma_{fv}\cos\theta \quad 或者 \quad \cos\theta = \left(\gamma_{sv} - \gamma_{fs}\right)/\gamma_{fv}$$

接触角或润湿角 θ 只和材料表面性质有关，是影响下面推导出 r^* 和 ΔG^* 的主要项。

令 $\dfrac{\mathrm{d}\Delta G}{\mathrm{d}r}=0$，得到临界晶核半径：

$$r^* = \frac{-2(a_1\gamma_{fv} + a_2\gamma_{fs} - a_2\gamma_{sv})}{3a_3\Delta G_v} \tag{3.12}$$

相应地，$r = r^*$ 的自由能：

$$\Delta G^* = \frac{4(a_1\gamma_{fv} + a_2\gamma_{fs} - a_2\gamma_{sv})^3}{27a_3^2\Delta G_v^2} = \frac{16\pi\left(\gamma_{fv}\right)^3}{3\left(\Delta G_v\right)^2}\left(\frac{2-3\cos\theta+\cos^3\theta}{4}\right) \tag{3.13}$$

式中的第一项正是均质形核过程临界自由能变化，后一项则为非均质形核相对均质形核过程能垒的降低因子。非均质形核的临界自由能变化与接触角密切相关，当固相晶核与基底表面完全润湿时，$\theta = 0°$，$\Delta G^* = 0$，形核没有能垒；当完全不润湿时，$\theta = 180°$，ΔG^* 等于均质形核自由能。

更重要的是，ΔG^* 强烈地影响临界晶核密度（N^*），单位面积上临界晶核密度为

$$N^* = n_s \exp\left(-\frac{\Delta G^*}{kT}\right) \tag{3.14}$$

式中，n_s 为总的成核点密度。

$\gamma_{sv} = \gamma_{fs} + \gamma_{fv}\cos\theta$ 方程提供了区分和理解三种不同薄膜生长模式的方法（图

3.6)。对于岛状生长模式而言，$\theta > 0°$，则有$\gamma_{sv} < \gamma_{fs} + \gamma_{fv}$。如果忽略$\gamma_{fs}$，当薄膜的表面张力大于基底的表面张力时，薄膜的生长为岛状生长模式。这就是沉积在陶瓷或半导体基底上的金属倾向于形成团簇或呈球冠状的原因。

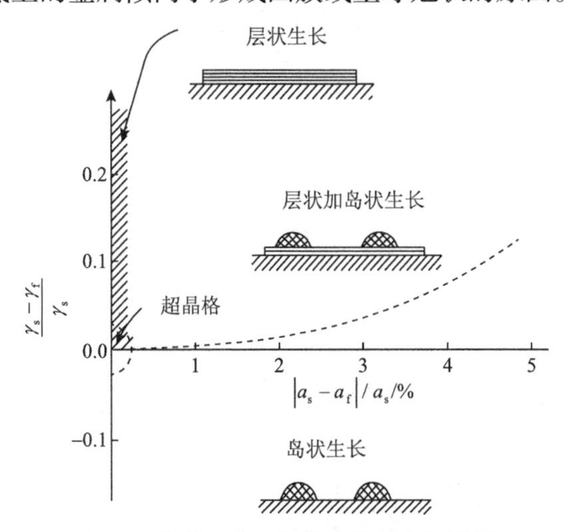

图 3.6　薄膜三种生长模式的稳定区域图

纵坐标是基底和薄膜的表面能比值，横坐标是晶格常数适配度

在层状生长模式下，被沉积的薄膜原子与基底之间润湿性很好，这时$\theta \approx 0°$，因此$\gamma_{sv} \geqslant \gamma_{fs} + \gamma_{fv}$。这种情况的一个特殊例子就是“同质外延”。由于薄膜与基底之间的界面基本消失，即$\gamma_{fs} = 0$，因此，在高质量的外延生长时需要避免对层状生长模式的任何干扰。由 A 和 B 外延薄膜交替构成的超晶格尤具挑战性，即 A 沉积在薄膜 B 基底上，随后 B 沉积在薄膜 A 基底上。这种堆垛的不对称性对异质外延生长 AB 化合物半导体不成问题，高性能激光器就是用这种方法制备的。通常低表面能材料将会润湿高表面能的基底。

对于层状加岛状生长模式，至少在最初阶段有$\gamma_{sv} > \gamma_{fs} + \gamma_{fv}$。在这种情况下，相对形成最初异质层界面能$\gamma_{fs}$，薄膜不断生长的单位面积应变能较大。薄膜生长到 5～6 原子层之后，薄膜生长发生从二维到三维模式的转变。影响层状生长模式的结合能单调降低的任何因素都是发生这种转变的原因。例如，由于薄膜与基底的晶格失配，随着薄膜生长应变能积累，为了释放中间层界面高应变能，生长模式转变为岛状生长模式。

为了半定量处理应变(自由)能G_s，弹性理论认为$G_s = \frac{1}{2}Y\varepsilon^2$，其中，$Y$和$\varepsilon$分别为薄膜弹性模量和应变。薄膜和基底界面间应变的有效测量时晶格失配应变，或者简单地用适配度衡量：

$$f=\frac{a_0(\mathrm{s})-a_0(\mathrm{f})}{a_0(\mathrm{s})} \tag{3.15}$$

式中，a_0为晶格常数；s 和 f 分别指基底和薄膜。

一般情况下薄膜存在一临界厚度，超过这一临界厚度时，岛状生长使得平面薄膜变得粗糙。依据宏观异质形核理论来处理形貌不稳定问题，Wessels 指出，在厚度 h 的应变外延薄膜上半球形核的自由能变化：

$$\Delta G=\frac{2}{3}\pi r^3\Delta G_{\mathrm{v}}+\pi r^2\gamma+\Delta G_{\mathrm{s}} \tag{3.16}$$

在这一过程中生成的岛是不连续的，相应的外延薄膜是弛豫的。岛和外延薄膜之间应变自由能ΔG_{s}定义为单位面积外延应变自由能的变化量，岛形核之前的应变能为$\frac{1}{2}Y\varepsilon^2h$，岛形核之后的应变能为$\frac{1}{2}Yf^2h$，因此

$$\Delta G_{\mathrm{s}}=\frac{1}{2}Y\left(\varepsilon^2-f^2\right)h\pi r^2 \tag{3.17}$$

由$\frac{\mathrm{d}\Delta G}{\mathrm{d}r}=0$得到

$$r^*=\frac{\gamma-\frac{1}{2}Y\left(\varepsilon^2-f^2\right)h}{\Delta G_{\mathrm{v}}} \tag{3.18}$$

在临界晶核半径$r^*=0$的条件下，开始形成岛状之前的临界厚度为

$$h^*=\frac{2\gamma}{Y\left(\varepsilon^2-f^2\right)} \tag{3.19}$$

该式表明，临界厚度h^*近似地随f^{-2}变化。对于 GaAs 基底上 InGaAs 外延薄膜而言，$h^*(\mathrm{cm})f^2=1.8\times10^{-10}$是一个常数，当$h^*(\mathrm{cm})f^2>1.8\times10^{-10}$时，开始从二维层状向三维岛状生长模式转变。

至此，可以更好地理解图 3.6，表面能比值$W\left[=(\gamma_{\mathrm{s}}-\gamma_{\mathrm{f}})/\gamma_{\mathrm{s}}\right]$和晶格常数适配度$f$对三种薄膜生长模式的影响机制做出区分。如前所述，当$\gamma_{\mathrm{s}}<\gamma_{\mathrm{f}}$，即$W<0$时，薄膜的生长模式主要是岛状生长模式。但是当有晶格适配出现时，岛状生长的范围扩大。只有当$W>0$时，才可能出现层状生长模式；然而令人惊讶的是层状生长只能容忍小的适配度，实现应变的外延生长。岛状生长和层状生长模式相互竞争就形成了层状加岛状的混合生长模式。

3.3　形核和生长的动力学过程

薄膜的形核速率是指单位面积上单位时间内形成的临界晶核数目。晶核的生长可能来源于气相原子的直接沉积，但是在形核的最初阶段，表面上晶核很少，气相原子的直接沉积不是晶核生长的主要原因。此时，临界晶核的生长主要依赖于表面吸附原子的附着概率。气相原子碰撞基底表面可能立即脱附，通常表面吸附原子会在表面停留一段时间 τ_s，其表达式为

$$\tau_s = \frac{1}{\nu}\exp\left(\frac{E_{des}}{kT}\right) \tag{3.20}$$

式中，ν 为表面原子的振动频率，通常为 $10^{13}\ s^{-1}$；E_{des} 为原子返回气相中所需的脱附能。

从微观理论进行分析，形核速率正比于以下三个因子，即

$$\dot{N} = N^* A^* \omega \tag{3.21}$$

式中，N^* 为单位面积上临界晶核的平衡浓度，cm^{-2}；ω 为碰撞到面积为 A^* (cm^2) 的临界晶核的速率，$cm^{-2}\cdot s^{-1}$。

吸附原子的表面密度 n_a，等于气相入射速率和吸附原子寿命的乘积：

$$n_a = \frac{\tau_s P N_A}{\sqrt{2\pi MRT}} \tag{3.22}$$

图 3.2 所示球冠晶核周围吸附原子要依附晶核周围的面积是

$$A^* = 2\pi r^* a_0 \sin\theta \tag{3.23}$$

面积 A^* 区域的吸附原子表面扩散频率为 $\nu\exp\left[-\left(E_S / k_B T\right)\right]$，其中 E_S 为表面扩散激活能。总的碰撞通量为 n_a 和扩散频率的乘积，即

$$\omega\left(cm^{-2}\cdot s^{-1}\right) = \frac{\tau_s P N_A \nu\exp\left[-\left(E_S / k_B T\right)\right]}{\left(2\pi MRT\right)^{1/2}} \tag{3.24}$$

沉积到基底的原子将扩散并吸附到已有晶核，沉积原子在基底表面停留时间内扩散的平均距离为

$$X=\left(2D_{\mathrm{S}}\tau_{\mathrm{S}}\right)^{1/2} \tag{3.25}$$

式中的扩散系数 D_{S} 为

$$D_{\mathrm{S}}=\frac{a_0^2\nu\exp\left[-\left(E_{\mathrm{S}}/k_{\mathrm{B}}T\right)\right]}{2} \tag{3.26}$$

因此

$$X=a_0\exp\left(\frac{E_{\mathrm{des}}-E_{\mathrm{S}}}{2k_{\mathrm{B}}T}\right) \tag{3.27}$$

较大的脱附激活能 E_{des} 和较小的表面扩散激活能 E_{S} 的共同作用，使得晶核的捕获范围变大。

综合上面分析可得

$$\dot{N}=N^*A^*\omega=2\pi r^*a_0\sin\theta\frac{PN_{\mathrm{A}}}{\sqrt{2\pi MRT}}n_{\mathrm{S}}\exp\left(\frac{E_{\mathrm{des}}-E_{\mathrm{S}}-\Delta G^*}{k_{\mathrm{B}}T}\right) \tag{3.28}$$

形核速率与形核自由能 ΔG^* 密切相关，高的形核速率有利于形成细晶，以致形成非晶结构，而低的形核速率则形成粗大晶粒。

3.4 团簇的聚结与耗尽

临界晶核的密度随时间的推移而增加，达到某一极大值后开始下降，这是由于晶核合并现象。晶核的合并和生长有如下特征：

(1) 晶核在基底上总投影面积减小。

(2) 存留晶核的高度有所增加。

(3) 具有完整晶体学特征的小晶面有时会开始圆滑。

(4) 随着时间推移，复合岛重新呈现晶体形状。

(5) 当两个不同晶体取向的岛合并时，最终的岛取较大岛的晶体学取向。

(6) 合并过程通常类似于液体，岛的合并和形状变化类似于液滴的移动，尤其是在高温时。

(7) 在相遇和合并前，观察到团簇在基底表面迁移，称为团簇-迁移性聚结。

3.4.1 奥斯特瓦尔德熟化

在聚结前，表面上有大小不同的团簇，随着时间的推移，小的团簇逐渐消失，大的团簇逐渐长大或“熟化”。岛结构的表面自由能最小化是这一过程的驱动力。图 3.7(a)显示两个邻近的大小不同的孤立岛的表面自由能γ，简化起见，假设两个岛分别为半径r_1和r_2的球形，岛的自由能(G)为$4\pi r_i^2\gamma(i=1,2)$。岛含有的原子数为$4\pi r_i^3/3\Omega$，其中Ω是原子体积。每个原子自由能μ_i或化学势定义为

$$\mu_i = \frac{\mathrm{d}G}{\mathrm{d}n_i} = \frac{\mathrm{d}\left(4\pi r_i^2\gamma\right)}{\mathrm{d}\left(4\pi r_i^3/3\Omega\right)} = \frac{8\pi r_i\gamma\mathrm{d}r_i}{4\pi r_i^2\mathrm{d}r_i/\Omega} = \frac{2\Omega\gamma}{r_i} \tag{3.29}$$

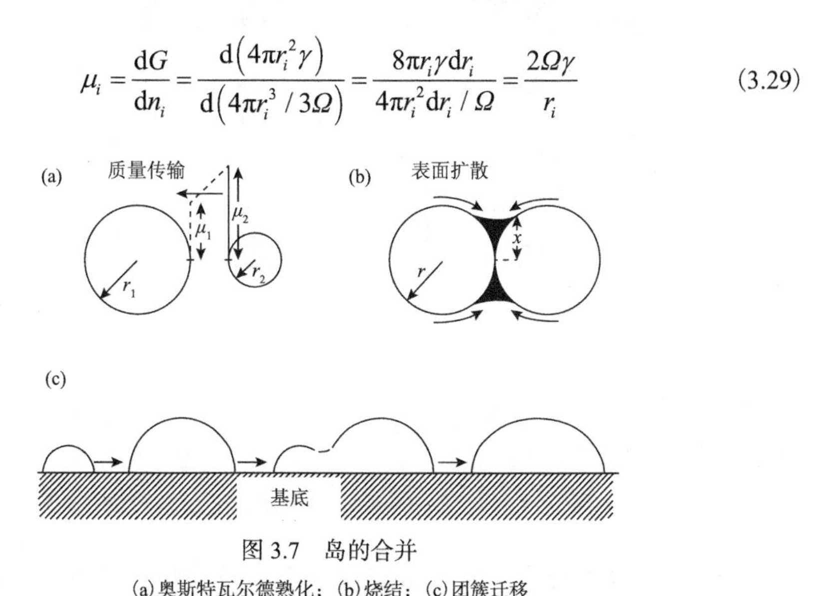

图 3.7　岛的合并

(a)奥斯特瓦尔德熟化；(b)烧结；(c)团簇迁移

化学热力学中，化学势通常和原子“逃离趋势”联系在一起，化学势高的地方，原子的有效浓度高，促使它们跑向化学势低的地方。如果$r_1>r_2$，则$\mu_2>\mu_1$，原子通过表面扩散从团簇 2(尺寸变小)到团簇 1。这就是两个岛在不接触的情况下的合并机制。在多个岛存在时，所涉及的动力学比较复杂，“熟化”为随时间的准稳态岛大小分布。在薄膜生长过程中，奥斯特瓦尔德熟化(Ostwald ripening)过程从来不会达到平衡状态，理论预测的窄晶粒分布通常不会被观察到。

3.4.2　烧结

烧结是两个接触岛的合并机制。图 3.8 显示透射电子显微镜(TEM)观察的MoS_2基底上 Au 岛在 400℃的合并过程，在极短时间，两个岛之间出现一个细小脖颈(连接)，随后原子扩散到该区域，脖颈变宽。脖颈生长的驱动力来自总表面能的降低(或面积)。凸面($r>0$)上原子的自由能μ大于凹面($r<0$)上原子的自由能，不同区域存在有效浓度梯度，导致向脖颈的质量传输。岛表面曲率的变化引起局域浓度的差别，质量传输会缓解这些差别。

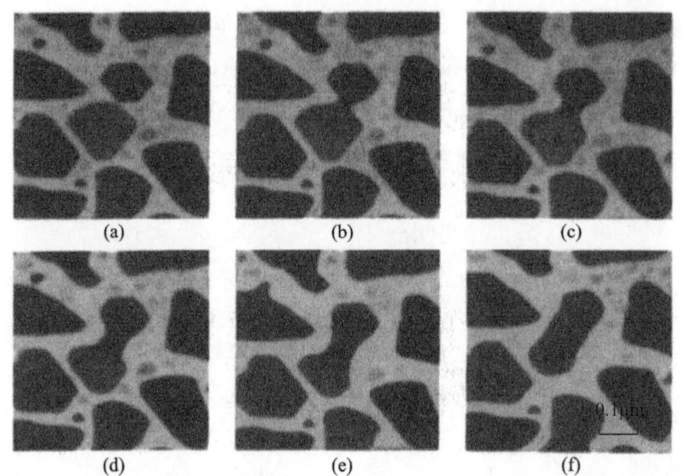

图 3.8　400℃烧结时 MoS_2 基底上 Au 岛合并的连续透射电子显微镜图像

(a) 0 s；(b) 0.06 s；(c) 0.18 s；(d) 0.50 s；(e) 1.06 s；(f) 6.18 s

两个半径为 r 的相互接触的球合并或烧结，如图 3.7(b)所示，理论计算给出的烧结动力学为

$$\frac{X^n}{r^m} = A(T)t \tag{3.30}$$

式中，X 为脖颈的半径；$A(T)$ 为和温度有关的常数，随质量传输机制不同而变化；t 为时间。薄膜中几种质量传输机制中，两种最可能的机制涉及体扩散和岛的表面扩散。对于体扩散，$n = 5$，$m = 2$；而对于表面扩散，$n = 7$，$m = 3$。简单计算表明表面扩散主导着烧结过程。

3.4.3　团簇迁移

合并的第三个机制涉及基底表面上团簇的迁移[图 3.7(c)]，两个分开的岛状晶体随机移动，引起相互碰撞，导致合并。场离子显微镜已经观察到二聚体和三聚体团簇的迁移。电子显微镜观察到，在基底温度足够高时，直径 5～10 nm 的晶体可以移动。有趣的是，不同气体环境显著影响金属颗粒的迁移，团簇不仅可以平移、旋转，甚至可以跳跃和随后分开。在很多体系可以观察到团簇迁移，如 MoS_2 基底上的 Ag 和 Au，MgO 上的 Au 和 Pd，石墨表面上的 Ag 和 Pt，这些体系沉积已经停止，沉积量保持不变。在这些不变体系中，合并表现出的特征为粒子密度降低、粒子宽度增加、在基底上的覆盖率降低。

在基底表面投影半径 r 的球冠形状的团簇，表面迁移的有效扩散系数 $D(r)$，其单位为 cm^2/s。目前基于团簇迁移模型，存在几种不同的 D 和 r 的关系表达式。三种模型包括：周边团簇原子的移动；平衡形状晶体不同晶面面积和表面能的波动；位错移动辅助的晶体团簇的滑动。每种模型给出 $D(r)$ 的表达式具有如下形式。

$$D(r)=\frac{B(T)}{r^s}\exp\left(-\frac{E_C}{k_B T}\right) \tag{3.31}$$

式中，$B(T)$ 为和温度有关的常数；s 为介于 1～3 的数。团簇迁移是由热激活过程驱动的，与表面自扩散有关的激活能为 E_C，团簇越小，表面扩散越快。事实上，依据观察到的颗粒分布，很难区分团簇迁移合并和奥斯特瓦尔德熟化。

3.5　形核与生长的实验研究

各类显微镜和表面分析仪器用于观察形核的物理过程，检验形核的理论模型。下面介绍实验方法和实验结果。

3.5.1　透射电子显微镜

超高真空透射电子显微镜用于观察生长过程，通过毛细管在样品区域引入气体，进行化学气相沉积生长。样品是 100 μm 厚的 Si(100) 或 Si(111) 晶圆片，用 $HF/HNO_3/CH_3COOH$ 减薄到可以让电子透过。在超高真空环境中，样品瞬间加热到 1250℃形成干净表面，用于生长。样品通过直接通电流来加热，控制电流来控制样品温度。图 3.9 显示实时岛的形成过程，样品温度控制在 650℃，生长过程气

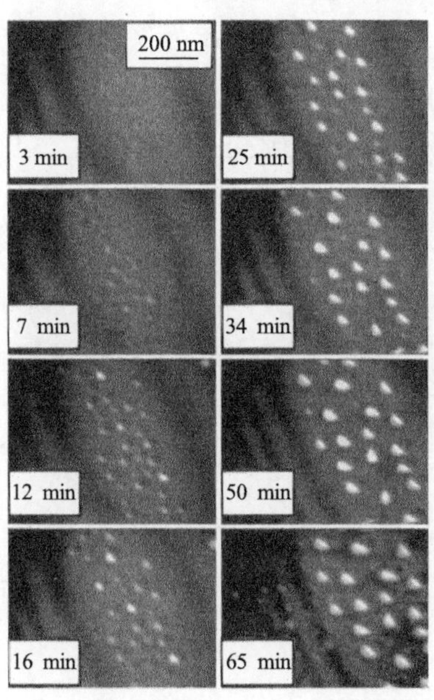

图 3.9　Si(100) 表面上沉积 Ge 岛形成的过程

生长条件是 650℃和 5×10^{-7} Torr Ge_2H_6

压控制在 8×10^{-8}～4×10^{-6} Torr 的范围内。引入乙锗烷(Ge_2H_6)的开始阶段，形成均匀的润湿层，电子显微镜观察不到明显的变化。当沉积量到约 50 L 时，岛形成的应力衬度开始显现出来。开始观察到岛时，直径已大约 10 nm。

岛出现后，开始岛的粗化过程，一些岛逐渐变大，一些变小直至消失，最终留下尺寸单一的岛。奥斯特瓦尔德熟化机制可以解释晶核大小的变化。

3.5.2 扫描隧道显微镜

在一定的沉积量下，利用不同温度下 Fe 岛的密度来研究表面原子的扩散，如图 3.10 所示。当扩散长度增加，原子扩散到晶核并黏附在晶核上的概率要大于形成新的晶核。由于表面扩散是一个热激活的过程，Fe 岛密度与温度的关系符合 Arrhenius 公式。对于二维晶核，岛的密度为

$$N \approx \left[\frac{3}{\pi}\left(\frac{Rt}{D}\right)\right]^{1/3} \tag{3.32}$$

式中，D 为表面扩散系数；R 为沉积速率；t 为沉积时间。从实验结果得出表面扩散系数 D，代入

$$D = D_0 \exp\left(-\frac{E}{k_B T}\right) \tag{3.33}$$

得到激活能 $E = (0.45 \pm 0.08)\,\text{eV}$，系数 $D_0 = 7.2\times10^{-4}\,\text{cm}^2/\text{s}$。

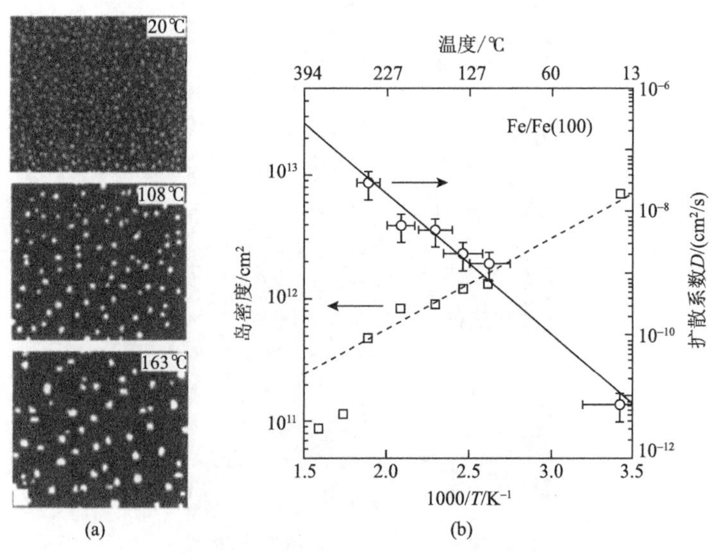

图 3.10 不同温度下 Fe(100)表面上生长 Fe 岛的 STM 图像

扫描范围 100 nm×80 nm，沉积量 0.07 ML，沉积速率 0.06 ML/s

不同生长条件下，岛的形状是显著不同的。按照岛的致密程度来分，分为枝状的(边缘粗糙的枝状晶)和致密的(等轴的方形、矩形、三角形或菱形)。枝状晶一般在较低温度下形成，此时绕边扩散比较慢。这种情况用扩散限制的聚集(diffusion-limited-aggregation)模型来描述，吸附原子到达晶核后移动一定距离吸附在能量较低位置。绕边扩散速率越高，树枝晶的宽度越宽。低温下，Pt 在 Pt(111)表面形成枝状晶。当吸附原子可以绕过晶核边缘时，形成致密晶核。随着温度的升高，发生枝状晶向致密晶核的转变。对于 Pt/Pt(111)体系，转变温度介于 300 K 与 400 K 之间，如图 3.11 所示。

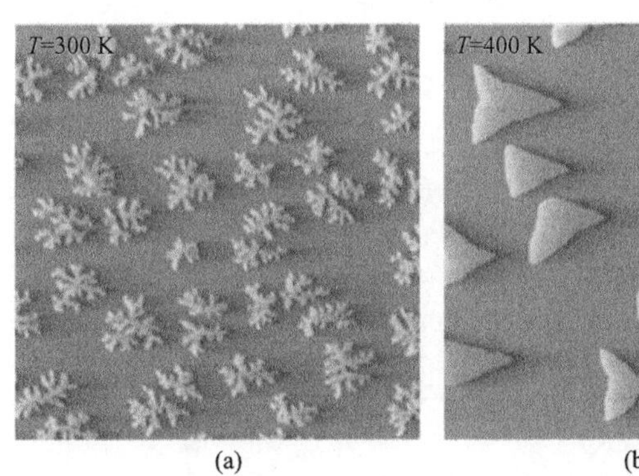

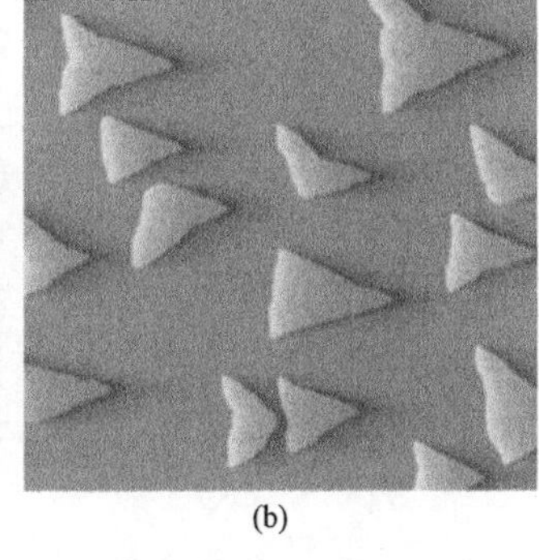

(a)　(b)

图 3.11　Pt(111)表面上均质生长 Pt 岛形状和生长温度的关系

(a) 300 K 形成枝状晶；(b) 400 K 形成三角形的致密岛

3.5.3　俄歇电子显微镜

俄歇电子能谱(AES)是基于测量入射电子束激发出的俄歇电子信号能量和强度，这些信号来自位于表面下 0.5～1 nm 处的原子。俄歇电子信号的强度与吸附原子的数量密切相关。考虑到薄膜生长的三种不同模式相应的沉积物/基底组合，当薄膜的沉积速率保持不变时，如果连续监控薄膜表面 AES 信号，就可以得到俄歇电子电流与沉积时间或沉积量的关系，如图 3.12 所示，其中假定原子在基底上的黏附吸附为 1。

对于岛状生长模式[图 3.12(a)]，沉积原子的俄歇电子信号缓慢增加，同时基底原子的俄歇电子信号相应减弱。层状生长[图 3.12(b)]的俄歇电子信号解释较为复杂，在薄膜生长最初的单层生长阶段，俄歇电子信号正比于沉积速率、吸附原子的黏附系数，以及元素探测灵敏度。在第二层及随后的单层生长阶段，黏附系数发生变化，使俄歇电子信号稍微偏离原有的斜率，总体相应是分段的。对于层状加岛状生长模式[图 3.12(c)]，在最初单层或几个原子层的生长阶段，俄歇电子信号是线性的，然后有一个明显的分界，由于岛状生长覆盖基底面积小，俄歇电子信号增长开始减缓。

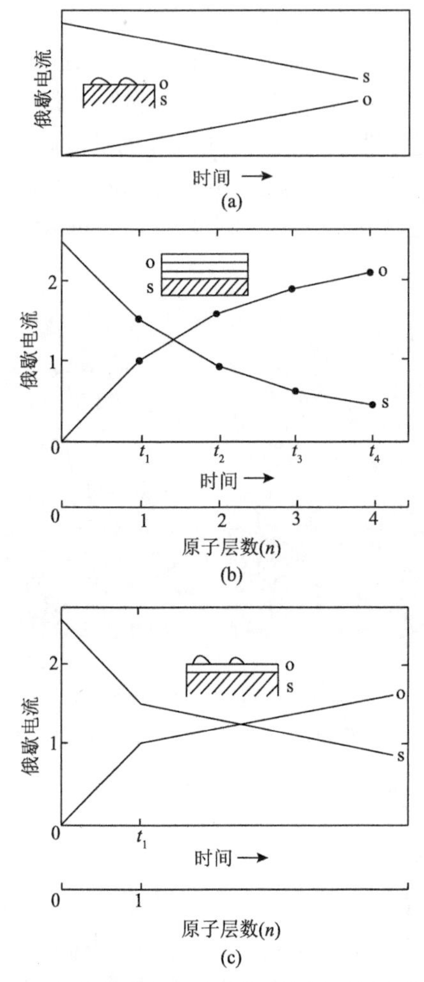

图 3.12　三种生长模式俄歇信号强度随时间变化示意图

(a)岛状生长模式；(b)层状生长模式；(c)层状加岛状生长模式；s 代表基底；o 代表沉积层

3.6　本 章 小 结

薄膜形成的初始阶段对薄膜结构有很重要的影响，长期以来一直受到科学界的关注。尤其是扫描隧道显微镜的发展，使对原子吸附和薄膜生长初始阶段实时动态有深入的了解。薄膜形核与生长的热力学和动力学模型增强了对薄膜晶粒尺寸和结构的理解，实现对薄膜结构的控制。

习　　题

1. 说明薄膜形核与生长的三种模式及形核与生长的物理过程。
2. 证明：任意形状晶核的临界核形核功 ΔG^* 与临界晶核体积 V^* 的关系为

$$\Delta G^* = -\frac{V^*}{2}\Delta G_V$$

式中，ΔG_V 为形核后单位体积自由能与形核前之差。
3. 证明晶粒粗化(Ostwald ripening)过程中，颗粒表面浓度 C 与颗粒半径 r 的关系为

$$C = C_\infty\left(1 + \frac{2\gamma\Omega}{kTr}\right)$$

式中，γ 为表面能；Ω 为原子体积。
4. 简述常用的研究表面形核与生长的方法。

参 考 文 献

田民波，李正操. 2011. 薄膜技术与薄膜材料. 北京：清华大学出版社.

Bartelt M C, Evans J W. 1992. Scaling analysis of diffusion-mediated island growth in surface adsorption processes. Phys Rev B, 46: 12675.

Eckertova L. 1977. Physics of Thin Films. New York: Plenum Press.

Ohring M. 2006. Materials Science of Thin Films. Singapore: Elsevier.

Oura K, Lifshits V G, Saranin A A, et al. 2003. Surface Science: An Introduction. New York: Springer.

Stroscio J A, Pierce D T, Dragoset R A. 1993. Homoepitaxial growth of iron and a real space view of reflection-high-energy-electron diffraction. Phys Rev Lett, 70: 3610.

第4章 热蒸发沉积

真空蒸发镀膜是在真空室中，加热蒸发源里要形成薄膜的材料，使其原子或分子从表面气化逸出，形成蒸发流，入射到基底表面，凝结形成固态薄膜的方法。真空蒸发镀膜的主要物理过程包括蒸发材料在高温下气化，气化原子从蒸发源传输到基底表面，入射到基底表面的原子形核和生长。蒸发沉积过程的目的在于可控地将原子从热蒸发源传输到基底表面，入射到基底表面的原子开始薄膜形成和生长。热能传递给液相或固相中的原子，使其温度升高到可以有效蒸发或挥发的温度。热蒸发方法有别于溅射沉积，通过气体离子轰击出溅射原子的温度通常较低。

真空泵设备和蒸发源制造技术的发展，推动了热蒸发技术的发展。为了避免蒸发源对薄膜材料的污染，采用耐热陶瓷坩埚、高熔点金属焦耳蒸发源(如 Ta、Pt、W)、电子束加热源和激光加热源；为了制备合金薄膜或多层复合薄膜，发展了多源共蒸发或快速闪蒸；为了制备化合物薄膜，开发的脉冲激光沉积技术可以保持复杂氧化物的化学计量比。

本章主要讲述热蒸发的特性、薄膜成分控制和薄膜厚度均匀性问题。

4.1 蒸发的物理化学特性

4.1.1 蒸气速率

一定温度下液体具有特定蒸发特性。蒸发出的气体分子数量相当于施加的平衡蒸气压，并且没有气体返回，根据这个想法，得到固体和液体表面的蒸发速率表达式:

$$\Phi = \frac{1}{4} n\bar{\upsilon} \tag{4.1}$$

$$\Phi = \frac{\alpha_e N_A P_e}{\sqrt{2\pi MRT}} \tag{4.2}$$

式中，Φ为蒸发通量，即单位面积、单位时间内蒸发出来的原子或分子数；P_e为平衡蒸气压；α_e为蒸发系数，数值介于 0 和 1 之间。当$\alpha_e = 1$时，蒸发速率最大。

$$\Phi = \frac{6.02\times10^{23}\,\dfrac{1}{\text{mol}}\cdot P_{(\text{in Torr})}\times1329\,\dfrac{\text{g}\cdot\dfrac{\text{cm}}{\text{s}}}{\text{cm}^2\cdot\text{s}}}{\sqrt{2\pi M\left(\dfrac{\text{g}}{\text{mol}}\right)\times\left(8.314\times10^{7}\,\dfrac{\text{g}\dfrac{\text{cm}^2}{\text{s}^2}}{\text{mol}\cdot\text{K}}\right)\cdot T(\text{K})}}$$

$\Phi = \dfrac{3.513\times10^{22}}{\sqrt{MT}}P_e$[分子数/$(\text{cm}^2\cdot\text{s})$]，$P_e$的单位为 Torr。

质量蒸发速率为

$$\Gamma_e = 5.84\times10^{-2}\left(M/T\right)^{1/2}P_e \quad [\text{g}/(\text{cm}^2\cdot\text{s})]$$

式中，Γ_e为质量蒸发速率。影响质量蒸发速率的主要因素是温度，这是由于温度显著地影响平衡蒸气压。

4.1.2　元素蒸气压

对于热蒸发，要蒸发的材料从固态(或液态)转变成气态，达到平衡时两相的吉布斯自由能应该相等，则有

$$dG = -S_V dT + V_V dP = -S_L dT + V_L dP \tag{4.3}$$

式中，S_V和S_L分别为气体和液体的熵；V_V和V_L分别为气体和液体的体积。

$$\frac{dP}{dT} = \frac{S_V - S_L}{V_V - V_L} = \frac{\Delta H(T)}{T\Delta V} \tag{4.4}$$

式中，$\Delta H(T)$和ΔV分别为气相(V)和凝聚态液相(L)或固相之间的热焓和体积的变化。这是 Clausius-Clapeyron 方程，可以方便地描述温度和蒸气压之间的关系。由于气相体积远大于凝聚态(固相和液相)的体积，因此有$\Delta V \approx V_V$。如果假定气体是理想气体，则有

$$V_V = \frac{RT}{P} \tag{4.5}$$

那么

$$\frac{dP}{dT} = \frac{P\Delta H(T)}{RT^2} \tag{4.6}$$

一级近似认为$\Delta H(T)$是常量，摩尔蒸发热焓$\Delta H(T)=\Delta H_e$，那么求解式(4.6)的微分方程可得

$$\ln P=-\frac{\Delta H_e}{RT}+I \quad 或 \quad P=P_0\exp\left(-\frac{\Delta H_e}{RT}\right) \tag{4.7}$$

式中，$I(P_0=\exp I)$为积分常数。如果用汽化热ΔH_V替代ΔH_e，T为沸点温度，P为1 atm，可以计算出液态转变成气态的I值。在实际应用中，式(4.7)可以很好地表达蒸气压和温度之间的依赖关系。然而，这个公式仅仅适用于温度变化范围很小的情况。如果要扩展该式的使用范围，必须考虑$\Delta H(T)$随温度的变化。例如，热力学的详细数据表明液态铝的饱和蒸气压（通常单位为Torr）可以表达为

$$\lg P=-\frac{15933}{T}+12.409-0.49999\lg T-3.52\times10^{-6}T \tag{4.8}$$

等式右边的前两项基本保持了$\lg P$和$1/T$的Arrhenius的关系特征，剩余的项做了小的修正。

其他金属蒸气压的数据可用类似方法获得，通常表示为温度的函数，如图4.1所示。同样，沉积半导体表面所用元素的蒸气压数据如图4.2所示。图中的大部分数据通过直接测量得到，其余的是利用有限的数据通过热力学关系和特性间接地推导得出的。因此，尽管难熔金属低温蒸气压不能直接测得，许多难熔金属的蒸气压可以准确地外推低温区域。为了这些数据可用，所采用的热力学数据必须准确。

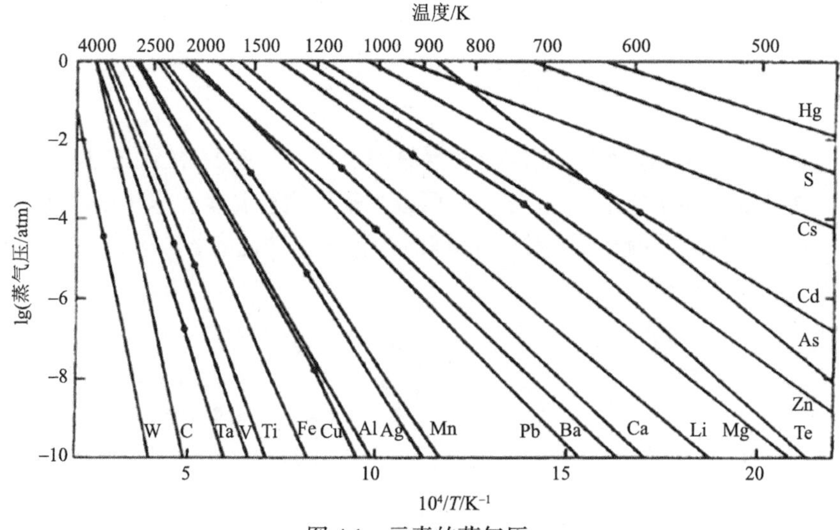

图4.1　元素的蒸气压

圆点对应熔点

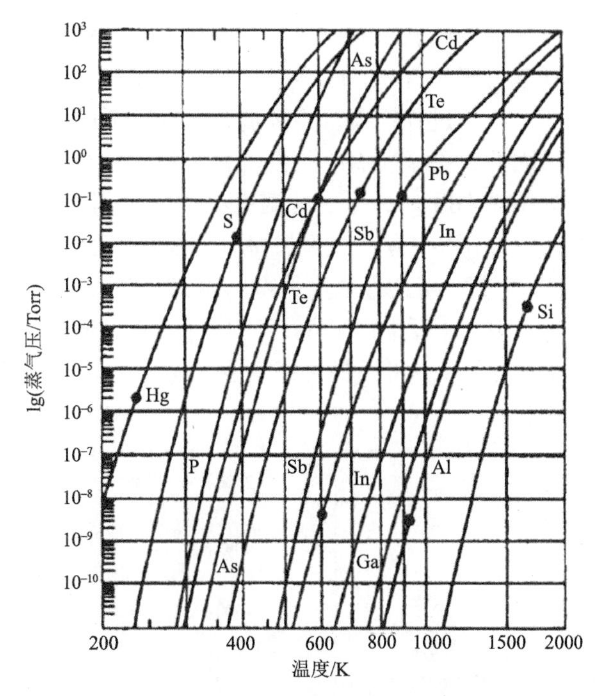

图 4.2　用于制备半导体材料的元素蒸气压

圆点对应熔点

根据蒸发的蒸气是从固态还是液态有效地发射出来，可以区分出两种蒸发模型。一般情况下，如果发射出来在熔点温度蒸气压小于 10^{-3} Torr，则需要在液态下蒸发。大部分的金属材料属于这一类，仅当原材料熔化后才能有效地沉积薄膜。另外，如 Cr、Ti、Mo、Fe 和 Si 等元素在低于熔点温度就可以获得较高的蒸气压，即升华。例如，金属 Cr 在其熔点以下的 500℃时，蒸气压达到 10^{-2} Torr，因此可以从固态高速沉积薄膜。

4.1.3　多元素材料的蒸发

1. 离子化合物的蒸发

鉴于金属一般以原子形式蒸发，有时候以原子团簇形式蒸发，但化合物的情况不是这样。很少有无机化合物蒸发不发生分子饱和的，因此，蒸气成分通常不同于固体或液体源的成分。结果是沉积薄膜的化学计量比不同于薄膜的源材料，气相质谱研究表明蒸发过程不断发生着分子结合和分解。化合物蒸发有着不同的现象，多价金属氧化物在蒸发过程中发生分解形成低价氧化物，可以在氧气气氛中通过反应蒸发来补偿。

对于化合物半导体薄膜生长，如 GaAs，仅利用平衡相图确定生长温度是不够的，实际情况要复杂得多。首先，Ga 和 As 的蒸气压有差别，意味着需要两个独立的蒸发源。其次，生长过程需要真空环境，低气压下的相图是适合的，而不是大气环境的相图。因此，不是所有生长温度是可行的，有时其他相和 GaAs 共存。例如，在压强为 10^{-6} Torr 时，平衡的温度-成分相图(图 4.3)显示气相比液相和固相稳定。重要的是，相图中有一个生长窗口，图中的阴影部分由化合物 GaAs 和气相(c+v)组成。在这个两相共存区生长得到固态 GaAs，过量的 As 蒸发出去。在生长窗口之外生长，除了化合物 GaAs，还会有气体凝聚态相存在。在压强为 10^{-9} Torr 时，c+v 两相区变窄，可用的沉积温度区间变小。As 含量低时存在化合物+γ相（c+γ）两相区。

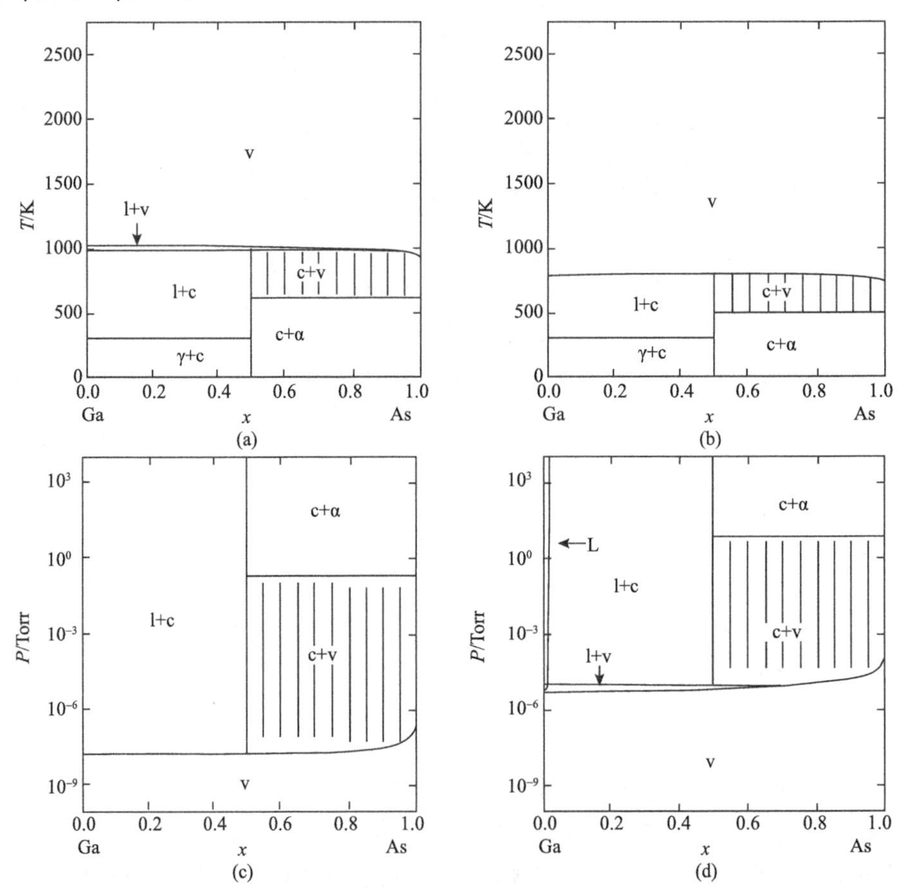

图 4.3　Ga-As 体系温度-成分相图，压强为 10^{-6} Torr(a)和 10^{-9} Torr(b)；Ga-As 体系压强-成分相图，温度为 850 K(c)和 1000 K(d)

另外一种 GaAs 薄膜生长条件表示方式，850 K 时平衡的压强-成分相图[图 4.3(c)]显示液相和气相在底部，c+α位于顶部，c+v 两相区是图中的阴影部分。

左边是 l+c 两相区。如果基底温度升高到 1000 K，生长窗口移向压强高的区域[图 4.3(d)]。

2. 合金的蒸发

热蒸发的合金薄膜广泛地应用于电学、磁学、光学及装饰涂层。一些重要合金可以蒸发获得，如 Al-Cu、Fe-Ni、Ni-Cr 和 Co-Cr 合金。这些合金中的原子结合力比上述的金属氧化物要弱。就像Ⅲ-Ⅴ化合物，金属合金组元单独蒸发，相互独立，类似于纯金属的行为，以单原子进入气相。二元合金熔液就像溶液，受热力学原理控制，二元 AB 合金熔化后，A-B 之间的相互作用等同于 A-A 和 B-B，所形成的原子对没有倾向性。这是理想溶液的情形，溶液中 B 组元的蒸气压相对应纯组元 B 的蒸气压[$P_B(0)$]按照摩尔分数 X_B 降低，因此

$$P_B = X_B P_B(0) \tag{4.9}$$

金属熔液通常不是理想溶液，相对理想溶液，金属 B 的蒸发或多或少地偏离理想溶液。当 B 原子与 B 原子之间相互作用比与溶液作用强时，该组分容易蒸发，对于实际溶液

$$P_B = \alpha_B P_B(0) \tag{4.10}$$

式中，α_B 为有效热力学浓度(活度)，活度又通过活度系数 γ_B 和质量分数 X_B 联系起来，即

$$\alpha_B = \gamma_B X_B \tag{4.11}$$

熔体蒸气流中 A 和 B 的蒸发速率之比为

$$\frac{\Phi_A}{\Phi_B} = \frac{\gamma_A X_A P_A(0)(M_B)^{1/2}}{\gamma_B X_B P_B(0)(M_A)^{1/2}} \tag{4.12}$$

熔池成分随着蒸发过程进行而改变，该公式的应用是困难的。活度系数有时可以在冶金文献中找到，随蒸发时间而变化，使得定量计算不现实。尽管如此，利用以下例子说明利用上式来估计用加热到 1350 K 的坩埚，要获得含 2%(质量分数)Cu 的薄膜需要的 Al-Cu 合金成分。

$$\frac{\Phi_{Al}}{\Phi_{Cu}} = \frac{98M_{Cu}}{2M_{Al}} \tag{4.13}$$

从图 4.1 查得

$$\frac{P_{Al}(0)}{P_{Cu}(0)} = \frac{10^{-3}}{2\times10^{-4}} \tag{4.14}$$

进一步假设

$$\gamma_{\mathrm{Al}} = \gamma_{\mathrm{Cu}}$$

$$\frac{X_{\mathrm{Al}}}{X_{\mathrm{Cu}}} = \frac{98 \times \left(2 \times 10^{-4}\right) \times \left(63.7\right)^{1/2}}{2 \times \left(10^{-3}\right) \times \left(27.0\right)^{1/2}} = 15 \tag{4.15}$$

这意味着 2% Cu-Al 蒸气流需要熔体中 Al/Cu 的摩尔比为 15：1。为了补偿 Al 的优先蒸发，初始熔池成分必须富 Cu 到 13.6 wt% Cu。但上面计算仅在刚刚开始时是正确的，随着易挥发组分的减少，气流成分会相应变化，如果不采取措施，所沉积薄膜成分逐渐变化，在薄膜-衬底界面处，薄膜成分符合化学计量比，随着薄膜厚度增加，Cu 含量越来越大。显然，不能获得成分均匀稳定的薄膜，这也是热蒸发方法潜在的缺点。

尽管从理论上讲用单一蒸发源来制备合金薄膜是不可取的，但如果熔池的体积足够大，由分馏引起的熔融成分变化就很小，所得到的薄膜便在可接受的范围内。要改善熔融体的分馏问题，第一种方法是采用两个或多个独立的纯金属蒸发源，分别保持各自的蒸发温度。这意味着其他设备都需要两份或多份，如两套带有供电电源的蒸发源、两个挡板、两个蒸发速率监控，但只需要一套膜厚监控系统。分子束外延具有多个蒸发源，可以制备出良好化学计量比和高度结晶完美的薄膜。

第二种方法是不断加入蒸发材料来调整单一熔池的成分。这是补充容易蒸发的组元，并且保持熔池的高度，否则熔池高度会变小，最终获得所希望的稳定的蒸发通量比。

4.2　薄膜厚度均匀性和纯度

4.2.1　沉积几何学

薄膜沉积既要考虑蒸发原子的源，又要考虑生长薄膜的基底。沉积几何学讨论蒸发源的特征及基底的位置和取向，源-基底的相对位置影响薄膜的均匀性。点源蒸发是最简单的情况，可以想象蒸发的粒子是从表面积(A_{e})的球体上一微元($\mathrm{d}A_{\mathrm{e}}$)蒸发出来的，且小球的表面具有均一蒸发速率，如图 4.4 所示。总的蒸发量为$\overline{M_{\mathrm{e}}}$，沉积在基底表面 $\mathrm{d}A_{\mathrm{s}}$ 上的量为$\mathrm{d}\overline{M_{\mathrm{s}}}$，$\mathrm{d}A_{\mathrm{s}}$ 在球面的投影面积为 $\mathrm{d}A_{\mathrm{c}}$，且$\mathrm{d}A_{\mathrm{c}} = \mathrm{d}A_{\mathrm{s}} \cos\theta$，则

$$\frac{\mathrm{d}\overline{M_{\mathrm{s}}}}{\overline{M_{\mathrm{e}}}} = \frac{\mathrm{d}A_{\mathrm{s}} \cos\theta}{4\pi r^2} \tag{4.16}$$

单位面积上的沉积量为

$$\frac{\mathrm{d}\overline{M_{\mathrm{s}}}}{\mathrm{d}A_{\mathrm{s}}}=\frac{\overline{M_{\mathrm{e}}}\cos\theta}{4\pi r^2} \tag{4.17}$$

式中，θ为源到基底矢量和基底法线矢量之间的夹角。沉积速率随着基底的几何取向不同而变化，和源-基底的距离平方成反比。基底放置在球面相切的位置可以获得均匀薄膜，由于$\theta=0°$时，$\cos\theta=1$。

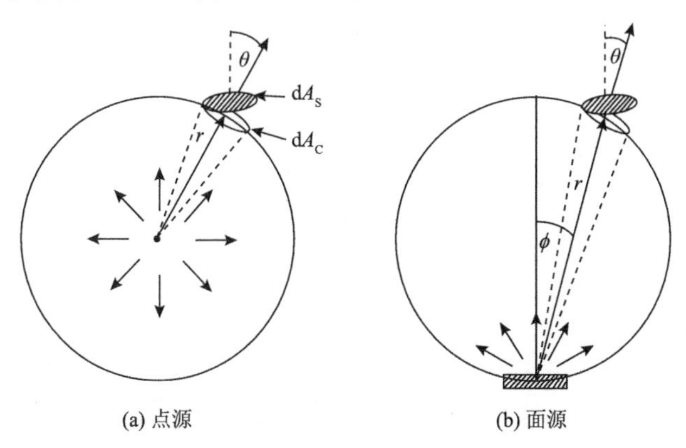

图 4.4　点源(a)和面源(b)的蒸发

对于图 4.4(b)的面源，单位面积上的沉积量为

$$\frac{\mathrm{d}\overline{M_{\mathrm{s}}}}{\mathrm{d}A_{\mathrm{s}}}=\frac{\overline{M_{\mathrm{e}}}\cos\phi\cos\theta}{4\pi r^2} \tag{4.18}$$

表明单位面积上的沉积量与两个角度有关：ϕ(蒸发发射角)和θ(沉积接收角)。从外形来看，面源可以等效为许多点源的叠加，当$\phi=0°$时，就在垂直方向形成了叶形的蒸发特性。当$\phi=90°$时，没有处理蒸发。

4.2.2　薄膜厚度均匀性

对于微电子和光学薄膜应用来说，薄膜厚度均匀性对其性能有重要影响，例如，窄带光学干涉滤光片要求厚度均匀性在±1%。如果有很多需要镀膜的部件或者涉及大面积或曲面镀膜，这尤其是一个问题。利用前面推导的公式，可以计算出不同源-基底布置的薄膜厚度分布(图 4.5)。考虑点源或面源蒸发情形，薄膜厚度d以$\mathrm{d}\overline{M_{\mathrm{s}}}/\rho\mathrm{d}A_{\mathrm{s}}$形式给出，其中$\rho$是沉积材料的密度。对于点源：

$$d=\frac{\overline{M_{\mathrm{e}}}\cos\theta}{4\pi\rho r^2}=\frac{\overline{M_{\mathrm{e}}}h}{4\pi\rho r^3}=\frac{\overline{M_{\mathrm{e}}}h}{4\pi\rho\left(h^2+l^2\right)^{3/2}} \tag{4.19}$$

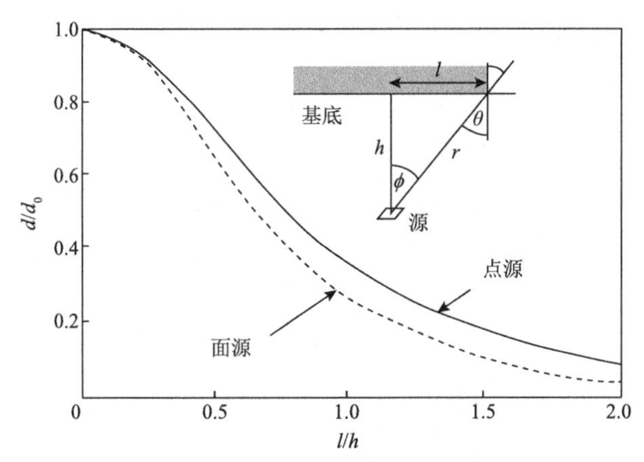

图 4.5　点源和面源薄膜厚度均匀性

插图为源和基底的几何位置

由于 $r^2 = h^2 + l^2$，$l = 0$ 处的膜厚 $d_0 = \dfrac{\overline{M_e}}{4\pi\rho h^2}$，因此：

$$\frac{d}{d_0} = \frac{1}{\left[1 + \left(\dfrac{l}{h}\right)^2\right]^{3/2}} \tag{4.20}$$

同样，对于面源：

$$d = \frac{\overline{M_e}\cos\theta\cos\phi}{\pi\rho r^2} = \frac{\overline{M_e}}{\pi\rho r^2}\frac{h}{r}\frac{h}{r} = \frac{\overline{M_e}h^2}{\pi\rho\left(h^2 + l^2\right)^2} \tag{4.21}$$

由于 $\cos\theta = \cos\phi = \dfrac{h}{r}$，因此 $d_0 = \dfrac{\overline{M_e}}{\pi\rho h^2}$。

在实际应用时，可以利用膜厚分布公式来设计源-基底之间的位置关系。如果希望用两个分立的源沉积一条宽 150 cm 的带，薄膜厚度允许误差为±10%，源和基底位置关系如图 4.6 中的插图所示，如何确定蒸发源之间的距离，以及蒸发源与基底的距离？可通过叠加两个面源，计算得出不同 D 值时厚度随离开中心距离 r 的关系，图 4.6 给出计算结果曲线。根据要求的厚度允许误差，$d / d_0 = 0.9 \sim 1.1$，从图 4.6 得出，满足上述条件的 $D/h_v = 0.6$，$r/h_v \leqslant 0.87$。因为 $r = 75$ cm，$h_v = 75/0.87 = 86.2$ cm，因此两个圆之间的距离为 $2D = 2 \times 0.6 \times 86.2 = 103.4$ cm。当然也存在其他解，这是为了寻找最小的 h_v。显然通过增加两个蒸发源之间的距离，可以满足膜厚均匀性的允许误差，但这样会浪费膜料。

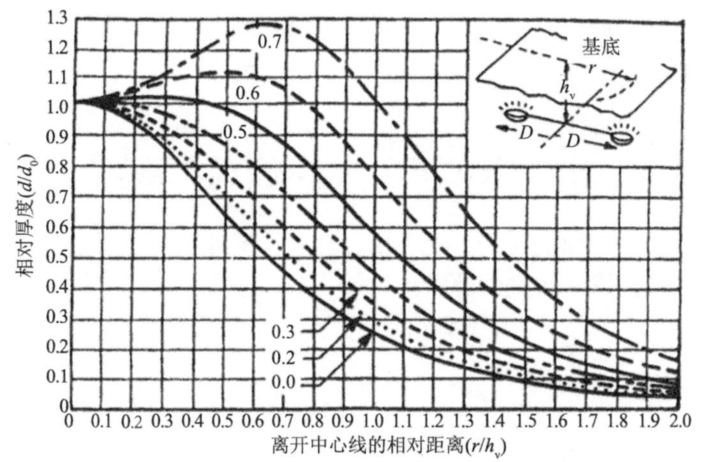

图 4.6 一条带上两个蒸发源不同 D/h_v 值时薄膜均匀性曲线

获得厚度均匀薄膜的另一种方法是基片旋转超出源蒸发分布区域，削弱薄膜择优生长，而择优生长对薄膜的耐用性和光学性质会有不良影响。由于不同成分的多层膜依次生长，安装需要蒸发源离开旋转轴 R = 20 cm。一个直径 25 cm 的基底需要离开蒸发源多远的距离才能满足薄膜厚度允许误差±10%？这种情况薄膜厚度分布和源-基底几何关系比较复杂，结果如图 4.7 所示。当 h_v/R = 1.33，r/R = 0.6 时，薄膜厚度偏差介于–0.6%和+0.5%之间，得出 h_v = 1.33×20 = 26.6 cm。

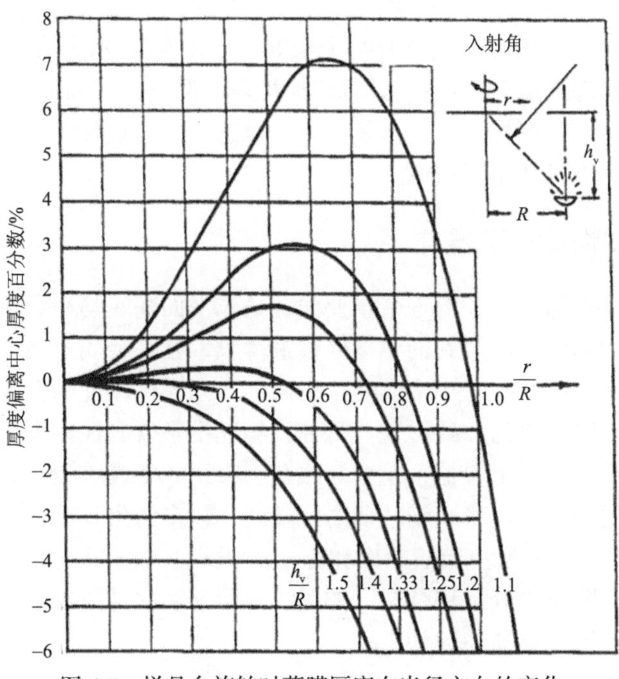

图 4.7 样品台旋转时薄膜厚度在半径方向的变化

获得膜厚均匀的一个很好的方法是，将蒸发源和基底放在等膜厚球面上，如图 4.8 所示。这时 $\theta=\phi$， $\cos\theta=\cos\phi=r/2r_0$，因此

$$\frac{\mathrm{d}\overline{M_\mathrm{s}}}{\mathrm{d}A_\mathrm{s}}=\frac{\overline{M_\mathrm{e}}\cos\theta\cos\phi}{\pi\rho r^2}=\frac{\overline{M_\mathrm{e}}}{\pi\rho r^2}\frac{r}{2r_0}\frac{r}{2r_0}=\frac{\overline{M_\mathrm{e}}}{4\pi\rho r_0^2} \tag{4.22}$$

所沉积的薄膜厚度和角度无关，这可用在利用行星方式固定圆形基底，用于沉积金属薄膜。如果要进一步提高薄膜均匀性，沉积过程中旋转行星夹具。

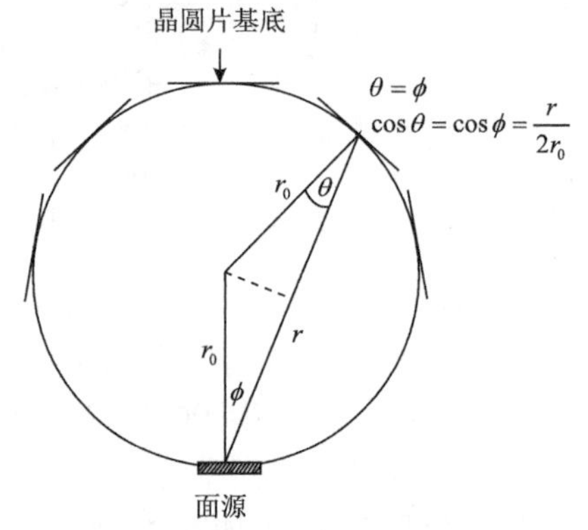

图 4.8　获得均匀膜厚的蒸发设置

源和基底位于半径 r_0 的球面

大面积基底膜厚均匀性优化有两个原则：①改变源-基底结合位置；②在源-基底之间加装静态或旋转的挡板。计算机模拟表明调整位置和加装挡板是有用的，可以满足光学涂层的严格要求。但是，由于静态或旋转硬件机械稳定性的问题，薄膜厚度均匀性不可能小于±1%。

4.2.3　台阶和沟槽一致覆盖

和薄膜厚度均匀性相关的一个重要问题是非平面基底的一致覆盖，这个问题源自集成电路的制备，所用到的半导体接触薄膜，互联金属布线，介电薄膜层，都是沉积在布满台阶、孔、沟槽的复杂表面上。当同样厚度的薄膜覆盖在基底的水平和垂直表面时，称为一致覆盖。另外，物理投影效应使得沉积在台阶壁上面和侧面量不一致，台阶上覆盖不足会导致金属布线产生极小裂纹，这是器件可靠性失效的原因之一。导电薄膜带较薄的区域产生较多的焦耳热，有时可能首先烧坏。台阶覆盖问题与基底上台阶轮廓和源-基底几何位置有关，模拟点源在台阶上成膜表明，在台阶阴影处沉积缺失，如图 4.9 所示。估计覆盖度是假设蒸发原子是直线运动的和原子黏滞系数为 1。

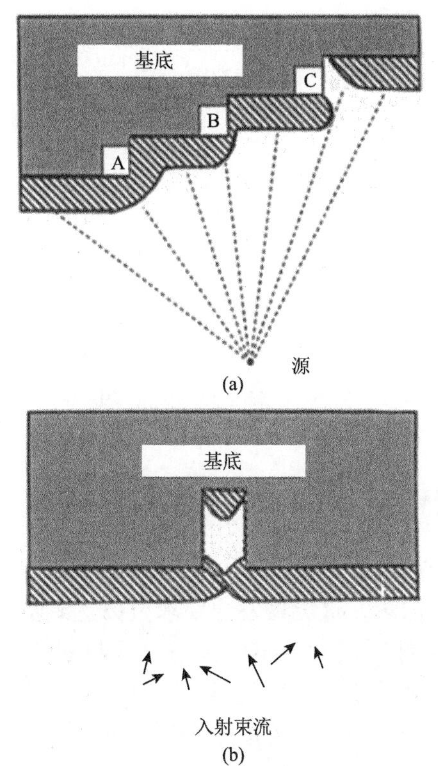

图 4.9　(a)薄膜覆盖台阶示意图，A 为均匀覆盖，B 为侧边覆盖差，C 为覆盖缺失；(b)大深宽比孔溅射时形成锁孔缺陷

在溅射过程由于气体散射，溅射原子从不同方向投射到基底表面，沉积原子首先覆盖孔口部分，如图 4.9(b)所示。沟槽底部有薄膜沉积，侧壁很少有沉积，薄膜“面包圈”形貌阻滞了沟槽的进一步沉积。空洞埋在薄膜里，形成“锁孔”缺陷结构。入射原子瞄准沟槽和加热基底有利于在沟槽里获得均匀薄膜，前者减少投影效应，后者增加原子表面和体扩散。

4.2.4　薄膜纯度

蒸发薄膜的化学纯度依赖于下列材料的性质和纯度：①源材料；②加热器、坩埚或支撑材料；③真空系统残留气体。这里只讨论残留气体对薄膜纯度的影响。沉积过程中，蒸发的原子或分子和残留气体分子同时、独立地碰撞基底表面。量纲分析表明蒸发气体碰撞概率为 $\dfrac{\rho N_{\mathrm{A}}\dot{d}}{M_{\mathrm{a}}}$ $[\mathrm{mol/(cm^2 \cdot s)}]$，式中，$\rho$为薄膜密度；$\dot{d}$ 为沉积速率。

同时，气体分子碰撞概率为

$$\Phi = 3.513 \times 10^{22} \frac{p}{(MT)^{1/2}} \quad [\text{mol}/(\text{cm}^2 \cdot \text{s})]$$

两者之比就是气体杂质含量

$$C_{\text{i}} = \frac{5.82 \times 10^{-2} PM_{\text{a}}}{\left(M_{\text{g}}T\right)^{\frac{1}{2}} \rho \dot{d}} \tag{4.23}$$

式中，M_{a} 和 M_{g} 分别为蒸发原子和气体原子的摩尔质量；P 为残留气体压强，Torr。

4.3　热蒸发硬件

4.3.1　电加热蒸发源

热蒸发源包括电阻加热、电感加热、电子束方式加热。常用的热蒸发源是依靠金属丝的焦耳热方式加热，这类蒸发源要求可以达到蒸发材料的蒸发温度，并且在此温度的蒸气压要低。蒸发源不应污染蒸发材料，不和蒸发材料反应，不和蒸发材料形成合金，在蒸发温度不会释放出氧气、氮气、氢气。根据这些要求开发出各种电阻加热蒸发源，如图 4.10 所示。这些蒸发源连接在真空穿通连接件(图 4.11)，安装在真空腔体，外接加热电源为蒸发源供电。

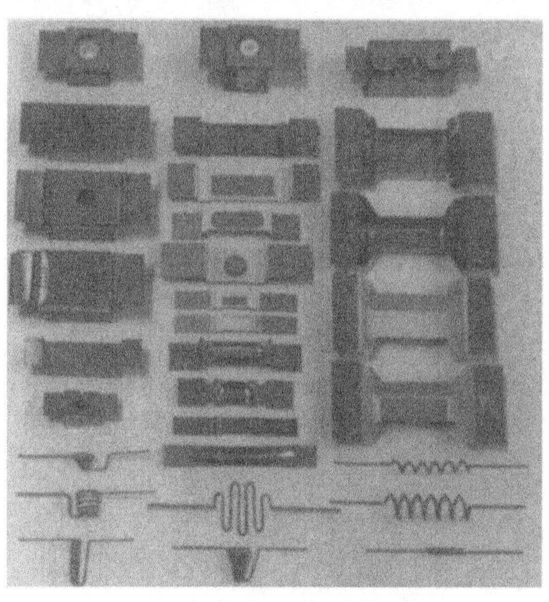

图 4.10　各类电阻加热蒸发源

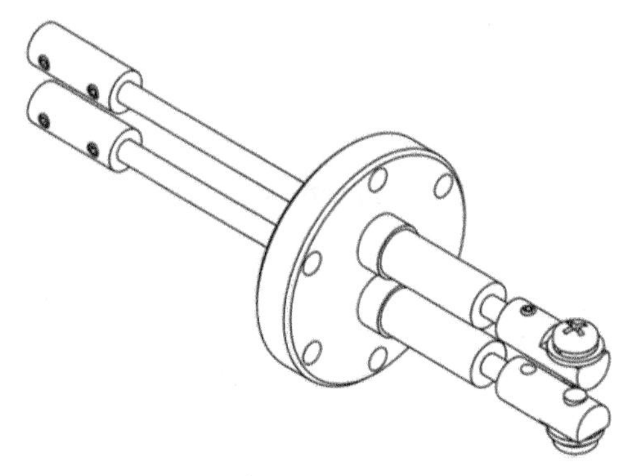

图 4.11　真空穿通连接件示意图

(1) 钨丝蒸发源：通常用单根或多根钨丝旋成螺旋状或者锥角状。螺旋线圈蒸发源用于具有良好浸润性的金属蒸发，线状金属丝缠绕在钨丝上，或者挂在钨丝上，熔融的金属滴靠表面张力仍然驻留在钨丝上并蒸发。锥形篮筐状的更适合浸润性较差金属的蒸发。钨丝可以在 2200 K 下工作。

(2) 高熔点金属片蒸发源：钨、钽、钼金属片可以制作电阻加热装置，这类加热源需要在低电压、大电流条件下工作。可以制造出多种形状，如酒窝条带状、舟状、深折叠状。深折叠状蒸发源用于蒸发 MgF_2、金属和金属氧化物粉末混合物，来制备眼科透镜薄膜。

(3) 升华炉：蒸发硫化物、硒化物和一些氧化物，可以采用升华炉。粉状蒸发物通过压片烧结成片状，通过周围辐射加热。为了避免蒸发过程产生的气体阻隔在蒸发源里，造成蒸发材料飞溅，在蒸发源前面加装挡板。挡板可避免蒸发源和基底直接相对，使长时间蒸发速率保持一致。升华炉一般由容易切割、弯曲的钽片通过点焊制造。

(4) 坩埚源：一般的蒸发源容器为圆柱体杯装，所用材料有氧化物、热解氮化硼、石墨和高熔点金属。一般通过紧贴在源周围的钨丝电阻加热。另一类是通过高频线圈加热，高频电流导入导电坩埚或蒸发材料，蒸发物作为次级，加热。

4.3.2　电子束蒸发源

电阻加热蒸发源的缺点在于坩埚、加热装置、支架可能对蒸发材料造成污染，以及较低的输入功率，这就限制其在高速蒸发和蒸发高熔点金属方面的应用。理论上讲，电子束沉积几乎可以用于蒸发所有材料，且蒸发速率可调范围宽。如图 4.12 所示，蒸发源材料放置在一个水冷的坩埚里。由于仅有一部分源材料熔化或蒸发，坩埚的有效部分是由未熔化的材料围成的，坩埚不会对蒸发材料造成污染。电子是从加热的灯丝发射出来，加热灯丝和蒸发材料以及基底之间有屏蔽，这样就消除了阴极灯丝对薄膜的污染。阴极灯丝电势相对于接地的阳极设置为 4～

20 kV，用于加速电子。施加横向磁场使电子束偏转 270°，聚焦在蒸发材料上。

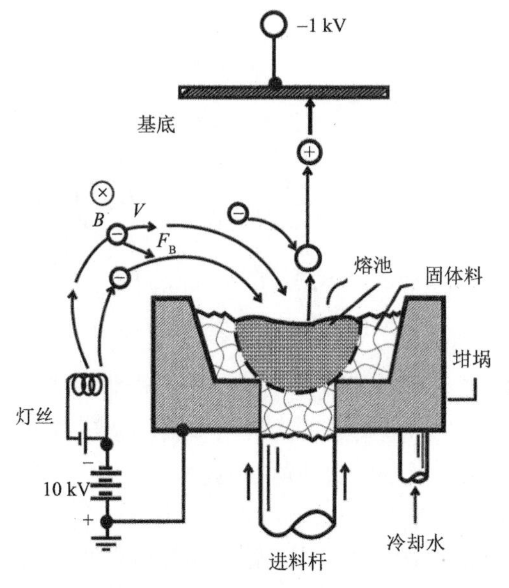

图 4.12　电子束蒸发源示意图

在较高的蒸发速率下，炉膛上方的蒸气类似于一种热蒸气的高压黏滞云，这个区域里有着复杂的电子激发和蒸气原子平移运动有复杂的能量传递，如图 4.13 所示。超出此区域压力较低，认为是分子流占主导。蒸发材料的分子源自黏滞云的四周，而不是源自蒸发源表面。在计算薄膜厚度分布时，要使用虚拟距离 h_v，而不是实际距离 h。

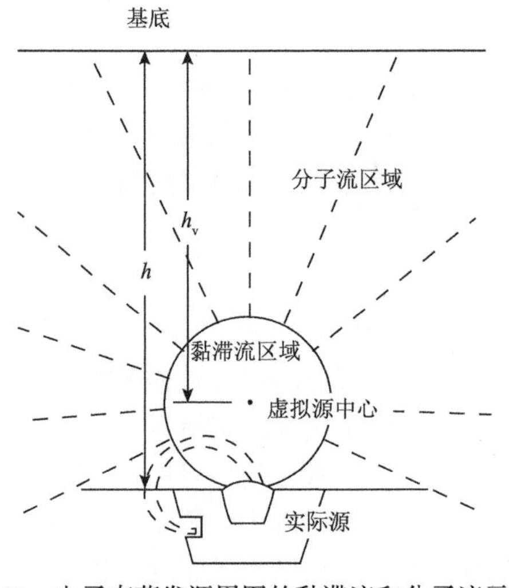

图 4.13　电子束蒸发源周围的黏滞流和分子流示意图

4.4　热蒸发技术的应用

4.4.1　脉冲激光沉积

目前较新的一种用于制备薄膜的技术就是利用激光作用于材料上，图 4.14 描述了脉冲激光制备过程，一高功率的激光置于真空腔体外，通过外置透镜聚焦于靶材表面，靶材作为蒸发源。大部分非金属材料在紫外光谱(200～400 nm)区有强的吸收，吸收系数随波长减小而增加，也意味着穿透厚度减小。相应地，在脉冲激光沉积(PLD)中广泛应用的激光是固体激光器 Nd^{3+}：YGA(1064 nm)和气体激光器。常用的气体激光器有 ArF(193 nm)、KrF(248 nm)、XeCl(308 nm)，在脉冲频率几百赫兹时输出功率达到 500 mJ/pulse。

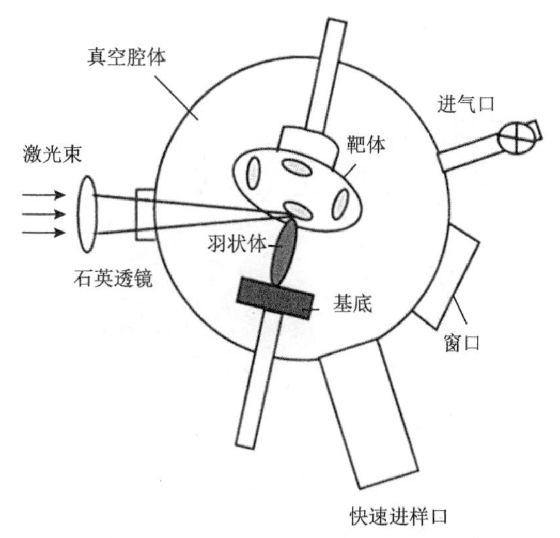

图 4.14　沉积技术薄膜的 PLD 系统示意图

无论采用哪种激光器，吸收的光束能量转换成热能、化学能、机械能，都能够导致靶材原子的电子激发、表面的烧蚀和剥离、形成等离子体。蒸发材料在靶材表面形成羽毛状混合物，包括荷能中性原子、分子、离子、电子、原子团、微米尺寸的颗粒和熔融的液滴。这个羽毛体具有高的方向性，$\cos^n \phi$，其中 $8< n <12$，推进到基底表面成膜。氧气、氮气常引进真空腔，促进表面反应或者保持薄膜化学计量比。

窗口作为 PLD 系统的重要部件，需要满足可见光和紫外光区双透过，MgF、蓝宝石、CaF_2、UV 级石英适合作为窗口材料。

4.4.2　卷绕镀膜

卷绕镀膜是由于大面积柔性金属聚合物薄膜和纸张镀膜的需求发展起来的。卷绕系统需要一个柔性基片，可以从一个滚轴解开并缠绕到另一个滚轴，类似于磁带工作。利用滑动密封使基片从空气进入真空，再到空气，通过分段抽气保持沉积阶段的真空。在真空区域，基片在一个具有冷却的轴面展开，暴露在蒸发源的蒸发区域，如图 4.15 所示。基片以设定好的速率运动，在短时间内完成表面金属化。一般用电阻或电感加热坩埚蒸发，当沉积速率大于 5 μm/s 时，需要用到电子束蒸发源。

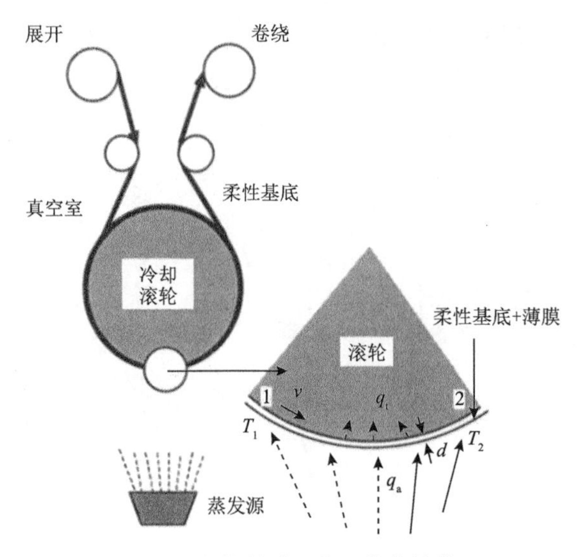

图 4.15　卷绕镀膜系统及热传输模型

4.4.3　离子束辅助沉积

有些商用蒸发过程中采用离子束轰击基底表面以提高薄膜的性质，图 4.16 给出一个简单例子，离子枪和蒸发源联合使用，离子源离子能量一般为几千电子伏特。这就是离子束辅助沉积(IBAD)，结合高真空环境高速沉积和离子束轰击的优点。这种复合沉积技术是在离子注入材料表面改性过程中，使膜与基体在界面上由注入离子引发的级联碰撞造成混合，产生过渡层而牢固结合。因此在沉积薄膜的同时，进行离子束轰击便应运而生。因此它是离子束改性技术的重要发展，也是离子注入与镀膜技术相结合的表面复合离子处理新技术。

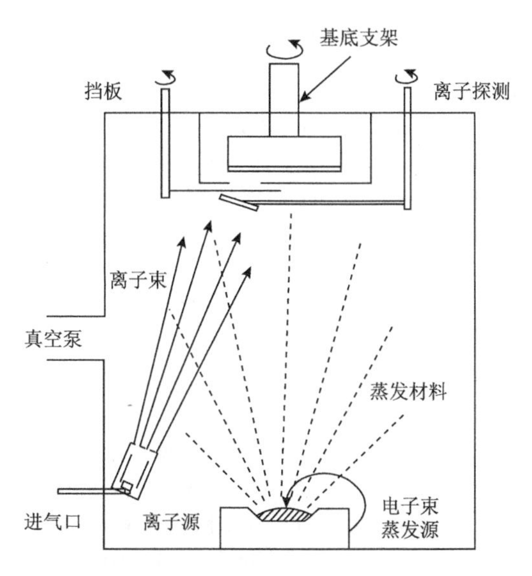

图 4.16　离子束辅助沉积系统

IBAD 膜层与基底的附着力强，膜层致密、均匀，晶粒细小，表面光洁平滑。IBAD 膜层辅助离子的作用：

(1) 镀膜前对基底表面或靶材进行溅射清洗或轰击清洗，去除了表面氧化层及污染物，得到原子级洁净的表面，提高形核位置，活化了金属表面。

(2) 离子轰击使得膜和基底间存在较宽的原子过渡层，其成分呈连续变化，使得膜基截面模糊。

(3) 沉积过程中，离子束轰击使得膜层晶粒细化，孔洞等缺陷显著减少，薄膜均匀性和致密性提高。

4.5　本 章 小 结

热蒸发是沉积薄膜和涂层最简单的方法，由蒸发源、基底和真空系统构成。热力学，尤其是蒸发源温度-蒸气压之间的关系，控制着蒸发速率和气流性质。薄膜厚度均匀性由蒸发源和基底几何位置决定，保持薄膜材料化学计量比和薄膜厚度均匀性比较困难。而激光脉冲沉积技术用于沉积复杂氧化物薄膜，可以保持化学计量比。

习　题

1. 什么是饱和蒸气压，并导出饱和蒸气压和温度的关系。
2. 阐述合金蒸发时薄膜成分的不均匀性原因、改进方法。
3. 针对点源、面源，推导薄膜厚度分布表达式。
4. 电阻蒸发源材料有哪些要求？

参考文献

田民波，李正操. 2011. 薄膜技术与薄膜材料. 北京：清华大学出版社.
Blundell S J, Blundell K M. 2012. Concept in Thermal Physics. 北京：清华大学出版社.
Chamber A. 2004. Modern Vacuum Physics. New York: Chapman & Hall/CRC.
Ohring M. 2006. Materials Science of Thin Films. Singapore: Elsevier.
Weston G F. 1985. Ultrahigh Vacuum Practice. Cambridge: Butterworths.

第 5 章 溅 射 镀 膜

溅射镀膜的基本原理是利用带电荷的离子在电场中加速后具有一定动能的特点，将离子引向被溅射的靶电极。在离子能量满足一定条件的情况下，入射离子在与靶原子碰撞过程中使得靶原子从表面溅射出来，被溅射出来的原子具有一定的动能，沿着一定的方向射向基底表面，开始形核、长大，从而实现薄膜的沉积。在溅射系统里，如图 5.1(a)所示，有一对平行的金属电极，其中一个是阴极，或者称作待蒸发金属靶材，一般和直流电源的负极相连，通常加几千伏特电压。正对着阴极的是基底或阳极，可以接地，或加正偏压，或加负偏压，可以加热或冷却，或者这些作用的一些复合。将真空室抽成真空后，引入工作气体(一般为氩气)作为放电和维持放电的媒介。工作气压一般维持在几毫托到100毫托。在辉光放电建立后，可以观察到放电电流，同时从阴极溅射出的金属原子沉积在基底上成膜。

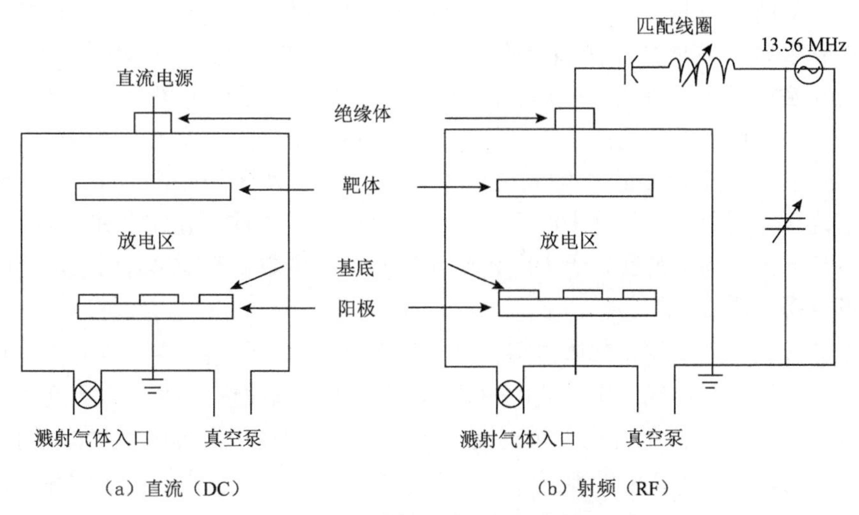

图 5.1 溅射系统原理示意图

微观上，放电形成的正离子撞击阴极，通过动量传递溅射出靶材原子，这些原子进入并穿过放电区到达基底成膜。同时靶材上伴随有其他粒子(二次电子、解吸气体、负离子)和辐射(X 射线、光子)产生，电场作用使得电子和负离子加速到达阳极基底，和正在生长的薄膜碰撞。溅射有别于热蒸发的主要特征为：真空室里是离子化的气体或等离子体而不是真空环境，活性电极参与薄膜生长，为低温过程。由以上简单描述可以清晰看出，相对于热蒸发系统中可预知的稀薄气体行为，辉光放电的等离子体中粒子相互作用频繁，不易模拟。电极上加交流电源也会产生相似的效果，如图 5.1(b)所示。

在过去的几十年，人们对离子化气体的物理和化学特性认知的进步，促进了等离子体技术在薄膜沉积、刻蚀和各种表面改性的广泛应用。微电子技术应用是等离子体发展的主要动力，目前超过三分之一集成电路制造步骤和等离子体有关。另外，在汽车、光学薄膜、生物医药、信息储存、废物处理和航天技术等领域都有关键的等离子体工艺操作。

5.1 等离子体和汤森放电

5.1.1 等离子体放电

1929 年，Langmuir 首次用等离子体这个词来描述高电流真空管里离子化气体的行为。等离子体表现出不同于一般理想(或非理想)非离子化气体，也不同于物质凝聚态液体和固体，等离子体被称为稀有的物质第四态。然而在浩瀚的宇宙里，99%的物质是以等离子体形式存在的，如北极光、恒星和星际间的氢，此间固体和液体反而成了稀有状态。等离子体可以定义为一种准中性的气体，在施加电磁场作用下所表现出的综合行为。等离子体是由电子、离子及中性原子和分子集合体构成的弱离子化气体。人造的和空间存在的等离子体的区别在于带电粒子密度 n(个数/cm^3)，空间稀薄环境中，n 一般小于 10^7 个数/cm^{-3}，实验室实现的高压等离子体密度达 10^{20} 个数/cm^{-3}。本书主要关注辉光放电和电弧放电，这些等离子体的离子密度介于 10^8 个数/cm^{-3} 和 10^{14} 个数/cm^{-3} 之间，已经应用于工业化的等离子体处理工艺。

气体放电本质上就是气体击穿，可以看作绝缘体的介电击穿，这时介电在临界电压开始导电。在气体里，放电过程开始于当阴极附近一个散失电子在电场作用下加速，以初始电流 i_0 向阳极运动。获得足够能量的电子和中性气体原子(A)碰撞，使之转变为带正电的离子(A^+)。在这个碰撞电离过程中，由于电荷守恒会释放两个电子：

$$e^- + A = 2e^- + A^+ \tag{5.1}$$

释放的两个电子和另外两个中性气体原子碰撞，产生更多的电子和离子，就这样进行下去。同时，电场驱使离子反方向运动，碰撞阴极激发出二次电子。这些电荷增殖，滚雪球效应到最终的雪崩电流引起气体击穿。

为了击穿发生，电极之间的距离(d)要足够大，电子可以逐渐获得电离级联所需的能量。另外，电极要有足够的宽度，阻止电子或离子通过侧向扩散离开两电极之间的空间。

两个平行极板，阴极位于$x=0$，阳极位于$x=d$，如图5.2所示。假设：

(1)总电流$i=i_-(x)+i_+(x)$，电子和离子的总电流是常数，与位置和时间无关。

(2)在阴极处，$i_-(0)=i_0+\gamma_e i_+(0)$，其中$i_0$是常数。$\gamma_e$是二次电子的发射系数，定义为每个离子和阴极碰撞能够激发出二次电子的个数。

(3) $\mathrm{d}\left[i_-(x)\right]/\mathrm{d}x=\alpha i_-(x)$，即$i_-(x)=i_-(0)\exp(\alpha x)$。$\alpha$ 代表在电子和离子碰撞期间单位长度上电离发生的概率。

(4)在阳极处，$i_+(d)=0$。

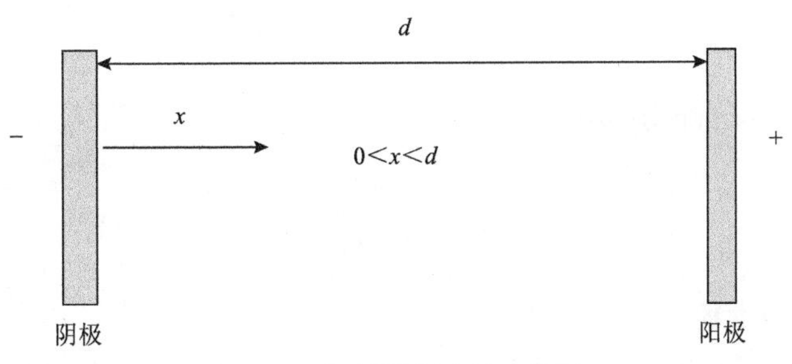

图5.2　电子增殖过程示意图

$$\begin{aligned}
i&=i_-(d)+i_+(d)=i_-(0)\exp(\alpha d)=\left[i_0+\gamma_e i_+(0)\right]\exp(\alpha d)\\
&=i_0\exp(\alpha d)+\gamma_e i_+(0)\exp(\alpha d)=i_0\exp(\alpha d)+\gamma_e\left[i-i_-(0)\right]\exp(\alpha d)\\
&=i_0\exp(\alpha d)+\gamma_e\exp(\alpha d)-\gamma_e i_-(0)\exp(\alpha d)\\
&=i_0\exp(\alpha d)+\gamma_e i\exp(\alpha d)-\gamma_e i
\end{aligned}$$

整理得

$$i=\frac{i_0\exp(\alpha d)}{1-\gamma_e\left[\exp(\alpha d)-1\right]} \tag{5.2}$$

对于一个电量 q 的电子，运动距离λ，则达到电离势V_i的概率为$\exp\left(-\frac{V_i}{qE\lambda}\right)$，因此有

$$\alpha = \frac{1}{\lambda}\exp\left(-\frac{V_{\rm i}}{qE\lambda}\right) \tag{5.3}$$

可以把碰撞之间的距离λ与气体中的平均自由程联系起来，λ与P^{-1}成正比，我们希望α 是系统压力的函数。当分母为0时，则发生击穿，即$\gamma_{\rm e}\left[\exp(\alpha d)-1\right]=1$，这时电流为无穷大。临界击穿电场$E$=$E_{\rm B}$和电压$V_{\rm B}$=$dE_{\rm B}$，则

$$\exp(\alpha d) = 1 + 1/\gamma_{\rm e} \tag{5.4}$$

$$\alpha d = C \tag{5.5}$$

$$Pd\exp\left(-\frac{APd}{V_{\rm B}}\right) = C \tag{5.6}$$

$$\ln(Pd) - \left(\frac{APd}{V_{\rm B}}\right) = -B \tag{5.7}$$

整理得到Paschen定律：

$$V_{\rm B} = \frac{APd}{\ln(Pd)+B} \tag{5.8}$$

式中，A和B为常数。

图5.3给出了几种气体的Paschen曲线，即Pd-$V_{\rm B}$曲线。在Pd值较小的区域，

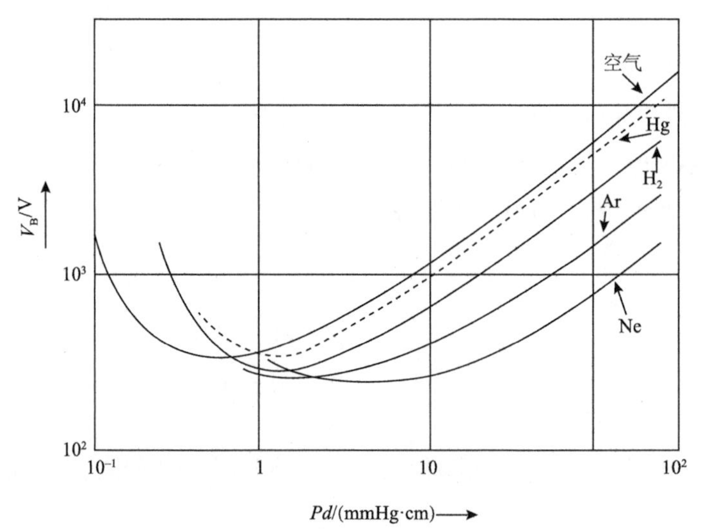

图5.3　气体的Paschen曲线

很少有电子-离子碰撞且二次电子产额低，不能维持放电；另外，高压下碰撞频繁，由于电子不能获得足够高的能量去电离原子，放电猝灭。这两种极端情况，离子产生率低，需要高电压来维持放电。在这之间一般需要几百伏特到一千伏特就可以自持放电，这意味着在阴极的每个电子，有$\exp(\alpha d)$个电子到达阳极，碰撞的净效果是在阴极产生一个新的电子。实际应用中，大多数的溅射放电 Pd 乘积选择在最小值的左侧。

5.1.2 放电类型与结构

气体放电进入辉光放电阶段即进入稳定的自持放电过程。最初有微小电流是由于系统里存在少数电荷，随着电荷繁殖，电流快速增加，电压由于电源输出阻抗的限制而保持不变。最后，当足够多的电子产生足够多的离子，去重新激发出相同数目的初始电子，放电成为自持放电。气体开始发光，电压下降伴随着电流激增，开始辉光放电。开始阶段离子轰击阴极是不均匀的，集中在阴极边缘和表面不规则处，随着施加功率加大，轰击拓展到整个阴极表面，直到获得几乎均匀的电流密度。进一步加大电源功率，导致高电压和高电流密度，放电开始进入非正常放电区域，这是溅射和其他放电过程如等离子体刻蚀区域，如图5.4所示。

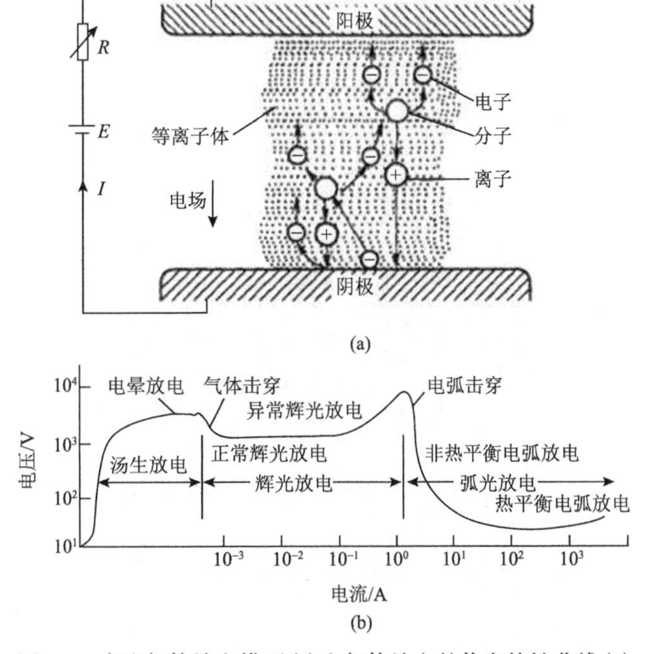

图5.4 直流气体放电模型(a)和气体放电的伏安特性曲线(b)

随着电流进一步增加，阴极温度越来越高，这时热致电子发射超过二次电子发射，低压电弧繁衍。电弧定义为气体或蒸气放电，电压降低至最小离子化或激发势能的量级。并且放电是自持的，维持着由正极或负极发射电子形成的大电流。

在辉光放电时，阴极和阳极之间有一系列明暗交替的区域，如图 5.5 所示。Aston 暗区非常薄，同时包含了低能电子和高能正离子，二者运动方向相反。紧接着是阴极辉光区，呈现出高亮度层且包裹着阴极，中和使正离子的退激可能是发光的原因。接下来是阴极暗区，部分高能电子碰撞离子化中性原子，部分能量低的电子碰撞而没有产生离子，由于离子浓度较低而呈暗色。大部分的放电电压降在该区，通常称为阴极鞘层。所产生的电场的最终结果是加速离子和阴极碰撞。接下来是负辉区，明显的可见光发光，是由于各类二次电子和中性粒子的激发和退激。接下来是法拉第暗区、正柱区和阳极暗区，溅射过程中基底一般放置在法拉第暗区前的负辉区，以便法拉第暗区和后面的正柱区不出现。

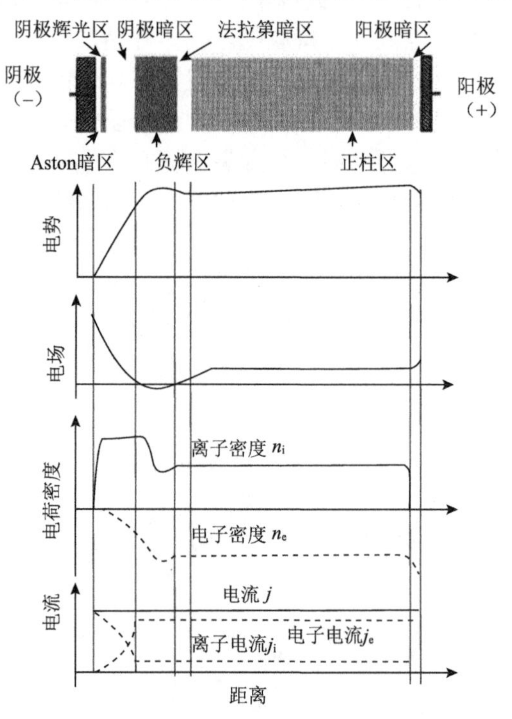

图 5.5　直流辉光放电结构，以及对应的电势、电场、电荷密度和电流分布

5.2　等离子体中的反应

要开始和维持等离子体反应，需要所涉及的粒子之间的碰撞。这些反应具有物理的和化学的特征，前者如电子和 Ar 原子之间的碰撞，此时电离和离子繁殖的物理过程主导着放电性质。当考虑惰性气体之外的反应放电，碰撞导致了离子、

原子、分子和各类激发的离子分子之间的化学反应。下面介绍等离子体中各类原子分子片段之间的物理、化学相互作用和反应。

5.2.1 碰撞过程

按照碰撞粒子的内能是否守恒，碰撞可以分为弹性碰撞和非弹性碰撞(图 5.6)。弹性碰撞只有动能的交换，即动量和平移动能守恒，不发生原子激发，势能是守恒的。计算时只考虑动能，二元弹性碰撞能量关系是

$$\frac{E_2}{E_1}=\frac{\frac{1}{2}M_2\upsilon_2^2}{\frac{1}{2}M_1\upsilon_1^2}=\frac{4M_1M_2}{\left(M_1+M_2\right)^2}\cos\theta \tag{5.9}$$

式中，$\gamma=\frac{4M_1M_2}{\left(M_1+M_2\right)^2}$，定义为能量转换系数。当 $M_1=M_2$ 时，$\gamma=1$，M_1 的能量完全传递给 M_2；当 $M_1\ll M_2$ 时，如一个移动的电子和静止的氮气分子之间的碰撞，γ 约为 10^{-4}，电子和氮气分子之间的动能传递是很小的。

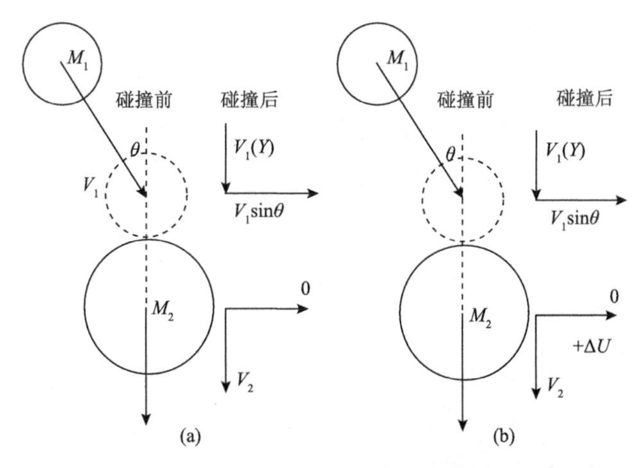

图 5.6 移动粒子(1)和静止粒子(2)之间的弹性碰撞(a)和非弹性碰撞(b)

对于非弹性碰撞，碰撞粒子内能的变化需要考虑总体能量守恒：

$$\frac{\Delta U}{\frac{1}{2}M_1\upsilon_1^2}=\frac{M_2}{M_1+M_2}\cos^2\theta \tag{5.10}$$

对于电子和氮气分子之间的非弹性碰撞：

$$\frac{\Delta U}{\frac{1}{2}M_1 \upsilon_1^2} \approx 1 \tag{5.11}$$

不同于弹性碰撞，电子的所有动能传递给比较重的分子。

5.2.2　碰撞截面

假定低气压下碰撞直径 d_c，平均自由程λ。等离子体包含大量的气相原子、分子、离子碰撞和反应，为了定量描述这些过程，首先定义碰撞截面 $\sigma_c = \pi d_c^2$，反映颗粒之间碰撞和反应的概率。σ_c 越大，其他粒子遇到它的概率越大。如果气体分子的密度为 n（个数/cm^3），则

$$1/\lambda = n\sigma_c \tag{5.12}$$

碰撞直径 d_c 和平均自由程λ两者都可以表征碰撞，λ通常用于弹性碰撞，σ_c 用途更广，也可以表征非弹性碰撞。

电子和惰性气体原子碰撞过程中，电离截面σ_c 和电子能量 E 的关系如图 5.7 所示，

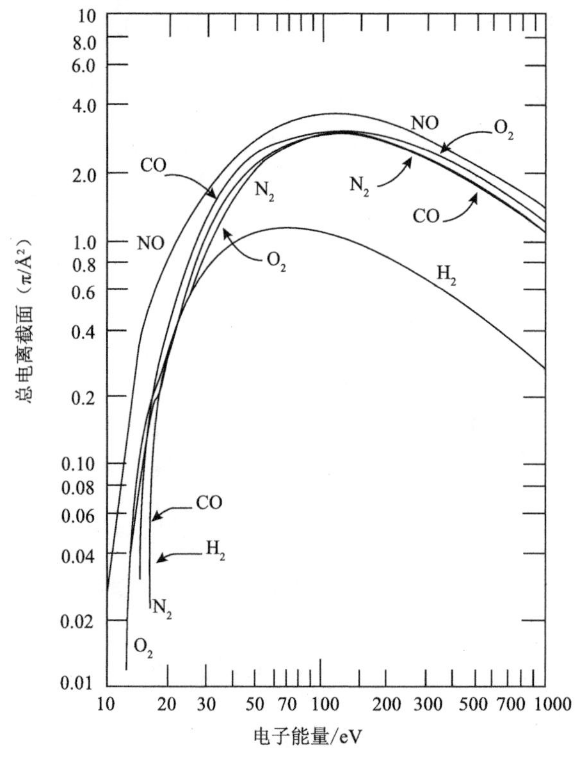

图 5.7　不同气体总的电离截面和电子能量的关系

σ_c是 8.88×10^{-17} cm^2，相应于玻尔半径 $a_0=0.53\times10^{-8}$ cm 圆面积。离子化能量阈值(E_{th})是激发出结合最弱的电子所需的最小能量值，E_{th}为 15～20 eV。当电子能量小于 E_{th}时，不发生电离，电离截面σ_c为 0。σ_c随着 E 的增加而增加，也就是电离概率增加。在 E 值约为 100 eV 时，σ_c达到最大，而后逐渐减小。

5.2.3 等离子体化学

实际等离子体中存在各种处于激发态的分子片段，发生各种化学反应。表 5.1 列出气相中发生的多种多样的非弹性碰撞和反应，包括一般形式和实际反应。A 部分列出电子碰撞，B 部分列出离子和中性原子或分子碰撞。

表 5.1 等离子体中的化学反应

A 电子碰撞

反应类型	一般表达式	反应举例
电离	$e^- + A \longrightarrow A^+ + 2e^-$	$e^- + O \longrightarrow O^+ + 2e^-$
	$e^- + A_2 \longrightarrow A_2^+ + 2e^-$	$e^- + O_2 \longrightarrow O_2^+ + 2e^-$
复合	$e^- + A^+ \longrightarrow A$	$e^- + O^+ \longrightarrow O$
附着	$e^- + A \longrightarrow A^-$	$e^- + F \longrightarrow F^-$
	$e^- + AB \longrightarrow AB^-$	$e^- + SF_6 \longrightarrow SF_6^-$
激发	$e^- + A_2 \longrightarrow A_2^* + e^-$	$e^- + O_2 \longrightarrow O_2^* + e^-$
分解	$e^- + AB \longrightarrow A^* + B^* + e^-$	$e^- + CF_4 \longrightarrow CF_3^* + F^* + e^-$
分解电离	$e^- + AB \longrightarrow A + B^+ + 2e^-$	$e^- + CF_4 \longrightarrow F + CF_3^* + 2e^-$
分解附着	$e^- + A_2 \longrightarrow A^+ + A^- + e^-$	$e^- + N_2 \longrightarrow N^+ + N^- + e^-$

B 原子-离子-分子碰撞

类型	一般表达式
对称电荷交换	$A + A^+ \longrightarrow A^+ + A$
非对称电荷交换	$A + B^+ \longrightarrow A^+ + B$
亚稳态-中性电离	$A^* + B \longrightarrow B^+ + A + e^-$
亚稳态-亚稳态电离	$A^* + B^* \longrightarrow B + A^+ + e^-$

5.3 溅射物理

5.3.1 离子和表面的相互作用

薄膜和表面浸没在等离子体中或暴露于入射离子，会遭受各种离子-表面相互作用，如图 5.8 所示。理解离子-表面之间的相互作用是实施薄膜工艺、薄膜表征和性质改进的关键。下面的评述和区分会对这方面的理解有所帮助。

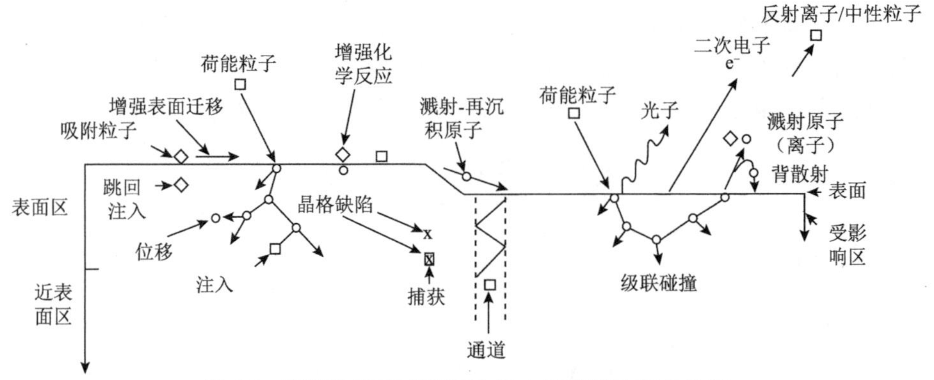

图 5.8　高能粒子对表面和生长中的薄膜的轰击效应

(1) 轰击表面的离子可以由等离子体和离子束产生。

(2) 在离子束轰击表面时，入射离子可能被反射、黏附或吸附、散射、溅射出表面原子、埋入表面层下(离子注入)。离子轰击的其他表现有表面加热、化学反应、原子混合和表面形貌改变。

(3) 离子能量是决定离子-表面相互作用的关键，改变着表面黏附和反应的概率。在动能小于 10^{-2} eV(对应室温下热能 k_BT)，吸附概率(沉积原子个数和轰击离子个数之比)通常是 1，很容易发生凝聚和化学吸附。如图 5.9 所示，从 10^{-2} eV 到 10^4 eV，离子吸附率先下降，在离子能量 20 eV 时达到最小值 0.2，之后随能量增加而上升到 0.6，溅射工艺就工作在这个能量区间。在离子注入范畴，离子能量

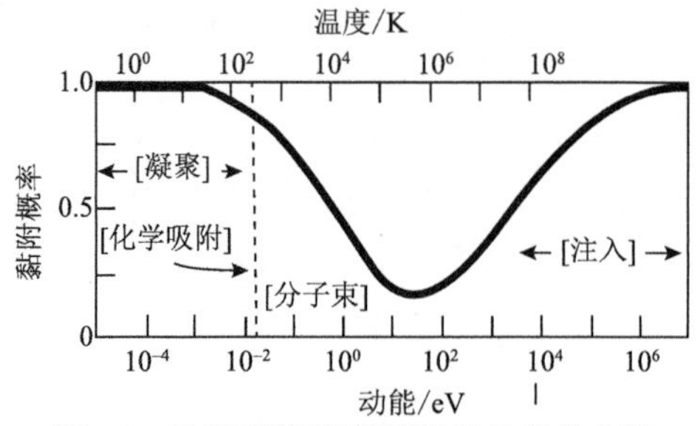

图 5.9　粒子吸附概率随能量的变化曲线

垂直虚线对应室温热能

大体在 10^4 eV 以上(直至 10^6 eV)，离子吸附率再次上升到接近于1，是因为离子注入到表面之下。

(4)典型的辉光放电中，离子能量介于几电子伏特到100eV。具有确定能量的高能离子束通常用于真空中处理。使用宽束离子枪实现低能离子束，而离子加速器获得高能离子束。通常等离子体和低能离子束用于薄膜沉积和刻蚀，而高能离子束主要用于离子注入，少部分用于块状固体和已沉积薄膜的表面改性。

(5)薄膜的溅射沉积过程中，离子轰击表面有两种不同的作用，离子穿过暗区和靶材碰撞发生溅射，而在离子轰击基底则起到改善薄膜性质的作用。

(6)离子注入要求离子束的质量和能量是单一的，聚焦良好的，以可控的几何形状作用在真空里表面上；等离子体中的离子能量分布宽、运动轨迹随意、差的真空环境里和其他粒子共存。

(7)离子轰击的结果使得不同能量和含量的各类带电粒子(电子、离子)、中性粒子和光子从表面发射出来。这些粒子包含丰富的表面性质的成分和结构信息，因此可以通过探测和分析这些发射信号来表征薄膜。有几种离子束技术可以实现这些目标，如卢瑟福背散射(RBS)和二次离子质谱(SIMS)。

5.3.2 溅射产额

离子碰撞引发靶材料里一系列碰撞事件，导致靶材原子喷射出来，称为溅射。溅射是动量传递的结果，好比是“原子池”，其中的离子(母球)把密排的原子(花球)打散，一些原子向后散射(朝向玩家)。溅射产额定义为

$$S=\frac{\text{溅射原子个数}}{\text{入射粒子个数}}$$

溅射产额用于描述溅射效率。S 的实验值介于 10^{-5} 和 10^3 之间，大多数实际溅射过程在两个数量级之间($10^{-1}\sim10^1$)。溅射可以分为三个区域，如图5.10所示。

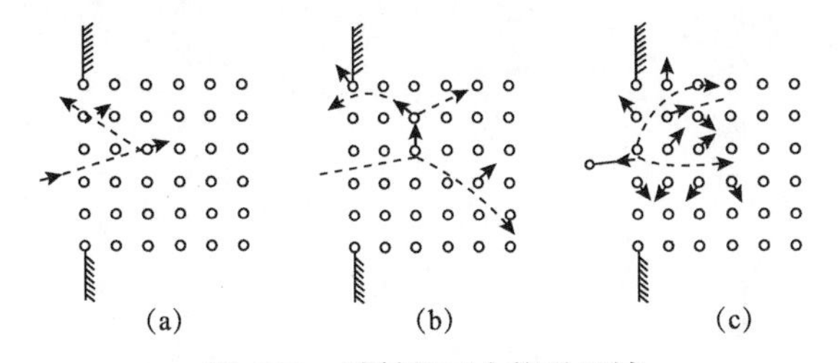

图5.10 溅射的三个能量区域

(a)低能单独敲击；(b)线性级联碰撞；(c)高能热峰效应

1. 单独敲击

粒子和表面碰撞使得靶材原子获得动能并可能引起分立的敲击事件，如果有

足够大的能量传递给靶材原子，靶材原子克服束缚力发生溅射。能量阈值 E_{th} 为能够溅射出原子的最小离子能量，典型值介于 5～40 eV 之间，这与入射离子、靶材原子的质量和原子序数有关。

2. 线性级联碰撞

离子能量高时，会引发单次或多次线性级联碰撞。此时，离子弹回的密度非常低，多数碰撞发生在一个运动粒子和一个静止粒子之间，而不是两个运动粒子之间。其结果就是发生溅射，即靶材原子喷出。溅射产额 S 为

$$S = \Lambda F_{\mathrm{D}}\left(E\right) \tag{5.13}$$

式中，第一项 Λ 为材料常数，反映了结合能、靶材料原子位移范围、克服固体表面势垒逃逸弹回原子数目；第二项 F_{D} 为表面上沉积的能量，依赖于离子的类型、能量、入射角和靶参数。

入射离子的能量对溅射产额有显著影响。当入射离子能量高于某一临界值(溅射阈值 E_{th})时，才发生溅射。图 5.11 为典型的溅射产额与入射离子能量的关系曲线。图中可以分为三个区域：①当入射离子能量较小时，溅射产额随能量呈指数上升；②随后，溅射产额随能量呈线性增加；③随着入射离子能量继续增加，溅射产额

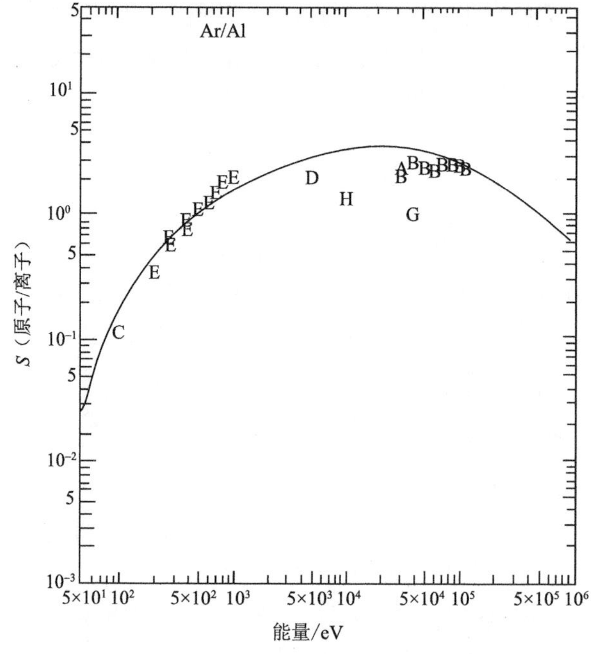

图 5.11　Al 的溅射产额随入射离子能量的变化

字母代表不同实验得到的结果

达到一个平坦的最大值，呈饱和状态。如果再增加能量，由于离子注入效应溅射产额开始下降。

5.3.3 合金溅射

不同于合金热蒸发的分馏现象导致失去沉积薄膜的化学计量比，溅射可以保持表面和靶材一样的化学计量比。这正是溅射广泛应用于沉积合金薄膜的主要原因。每个合金组元以不同的蒸气压蒸发，以不同的溅射产额溅射。为什么溅射可以保持薄膜化学计量比，而热蒸发却不能？原因之一在于在可比的沉积条件下，通常蒸气压的差别较大，溅射产额差别较小。原因之二是由于原子扩散快和对流效应，热蒸发熔池容易均匀化，而固体扩散慢，溅射过程中保持了靶材表面成分的变化。

考虑溅射效应对二元合金靶表面的影响，二元合金包含一定数目的 A 原子（n_A）和 B 原子（n_B），总的原子个数$n = n_A + n_B$。靶材的原子密度为$C_A = n_A / n$，$C_B = n_B / n$，各自的溅射产额为S_A和S_B。开始的时候，溅射出的原子流量比为

$$\frac{\psi_A}{\psi_B} = \frac{S_A C_A}{S_B C_B} \tag{5.14}$$

如果有n_g个气体原子碰撞到靶，激发出的 A 和 B 的原子数分别为$n_g S_A C_A$和$n_g S_B C_B$，因此，靶表面浓度比变为

$$\frac{C'_A}{C'_B} = \frac{n_A - n_g S_A C_A}{n_B - n_g S_B C_B} = \frac{C_A\left(1 - n_g S_A / n\right)}{C_B\left(1 - n_g S_B / n\right)} \tag{5.15}$$

如果$S_A > S_B$，表面的 B 原子富集，现在的溅射是 B 原子溅射得更多，溅射出的原子流量比为

$$\frac{\psi'_A}{\psi'_B} = \frac{S_A C'_A}{S_B C'_B} = \frac{S_A C_A\left(1 - n_g S_A / n\right)}{S_B C_B\left(1 - n_g S_B / n\right)} \tag{5.16}$$

靶表面成分逐渐变化，流量比减小，一直到靶表面原子比达到最初的水平C_A / C_B。同时，靶表面原子比达到$C'_A / C'_B = S_B C_A / \left(S_A C_B\right)$，此后保持这个值。原子从块体靶材料定态转变成等离子体，使得薄膜沉积符合化学计量比，这种状态一直持续到靶材料耗完。溅射掉几百个原子层后靶状态达到稳定状态。举个简单例子，考虑溅射 80Ni-20Fe 合金薄膜，用同样成分的靶材料。用 1 keV 的氩离子溅射，溅射产额$S_{Ni} = 2.2$和$S_{Fe} = 1.3$。稳定后靶表面成分变为$C'_{Ni} / C'_{Fe} = \left(80 \times 1.3\right) / \left(20 \times 2.2\right) = 2.36$，相对于 70.2%Ni 和 29.8%Fe。

5.3.4 溅射结果和效应集锦

(1)元素周期表效应。用 400 eV 氩离子溅射，测定了周期表中某一行金属元素的溅射产额。从 Zr 到 Ag 序列，溅射产额逐渐从 0.5 上升到 2.7。同样趋势在从 Ti 到 Cu，从 Ta 到 Au 之间也观测到，只是溅射产额上升幅度比较小。溅射产额和升华能符合反向变化趋势。同样，对很多金属来说，阈值能量和升华能(U_s)有强关联关系，$E_{th} \approx 5U_s$。

(2)晶格效应。单晶的离子轰击研究表明，原子发射反映了晶格对称性。fcc 结构的金属优先沿[110]方向发射，但有较少原子沿[100]和[111]方向发射。bcc 结构金属通常沿[111]方向发射。离子束和低密度晶格作用，离子穿透更深且产额低。这表明原子发射机制是动量传递，而离子诱导的熔化和原子蒸发则不是动量传输，原子升华没有优先方向。

(3)溅射原子的能量分布。溅射原子能量峰值介于 2～7 eV 之间，溅射原子个数随能量分布遵循气体玻尔兹曼分布。相比较而言，热蒸发原子能量峰值位于约 0.1 eV。

(4)溅射原子的角分布。类似于热蒸发，溅射原子通常遵从余弦分布，靶材的材料、结晶度和离子能量会影响溅射原子分布，高能离子导致分布扩展，低能离子导致分布收缩。

(5)离子入射角。溅射产额和离子入射角的关系如图 5.12 所示，θ 接近 70°时，溅射产额达到最大。

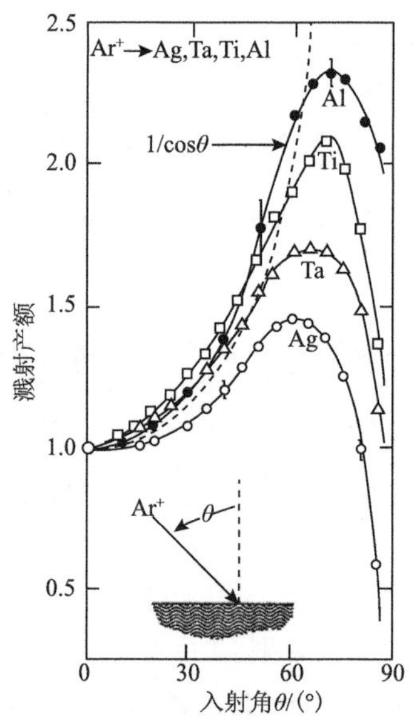

图 5.12　溅射产额和 1.04 keV 氩离子入射角的关系

(6)化合物半导体溅射。低温时离子轰击造成很多缺陷，导致形成非晶表面；高温时缺陷充分退火，不会形成非晶表面，保持其晶体结构。

(7)分子溅射。溅射不局限于无机材料，入射光子、电子、离子可以激发复杂有机分子进入气态，例如，重离子(约 1 MeV)从固态激发出牛胰岛素分子($C_{254}H_{377}N_{65}O_{75}S_6$)，从多聚物$(C_2H_2F_2)_n$激发出$C_{60}$。

5.4　溅射沉积薄膜过程

溅射镀膜通常分为四大类：直流(DC)溅射、射频(RF)溅射、反应溅射和磁控溅射。每个类别又有改进(如直流偏压)，甚至类别间可以杂化(如反应磁控溅射)。首先介绍直流溅射、射频溅射、反应溅射。直流溅射、射频溅射和反应溅射过程中应用磁控溅射极大地提高这些工艺的效率，磁控溅射是目前主要等离子体物理沉积薄膜的方法，最后着重介绍。

5.4.1　直流溅射

对于直流溅射，薄膜的沉积速率依赖于溅射气压和电流，低气压时，阴极鞘层宽，离子产生在远离靶材的地方，并且它们逃逸到壁上的概率非常大。碰撞之间电子平均自由程大，同时在阳极吸收的电子得不到离子碰撞诱导的二次电子补充。因此，电离效率低，低于 10mTorr 时不易维持自持放电。在一固定电压下，增加气压，电子平均自由程减小，可以产生更多离子和更大电流。但是气压过高，溅射原子散射碰撞增加，不会有效沉积。变化趋势如图 5.13 所示，阴影区域为最

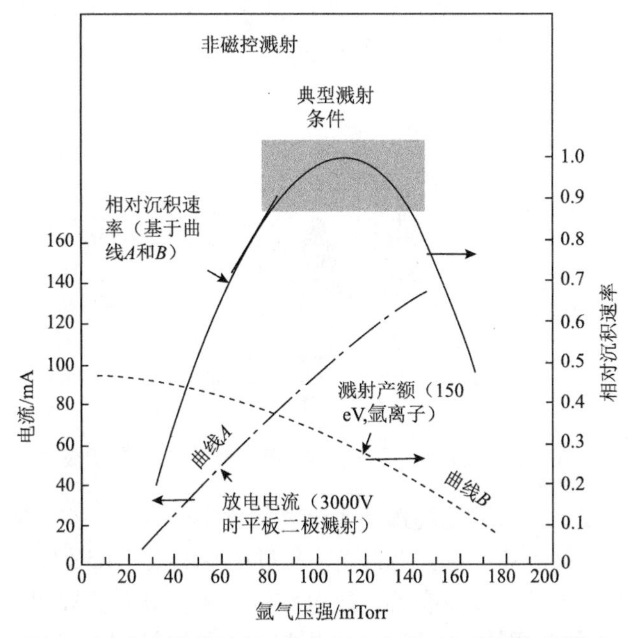

图 5.13　非磁控溅射中工作气压和电流对沉积速率的影响

佳工作条件，包括较高工作压强约 100 mTorr。

以平板二极溅射为例，溅射镀膜的原理和基本过程如下：

(1) 在真空室等离子体产生正氩离子，并向具有负电势的靶加速；

(2) 在加速过程中离子动量增加，轰击靶材料；

(3) 离子通过物理过程溅射出原子，靶材为所需材料；

(4) 碰撞溅射出的原子迁移到基底表面；

(5) 溅射原子在基底表面凝聚形成薄膜；

(6) 副产品由真空泵抽走。

三极溅射是在二极溅射装置的基础上附加第三极，如图 5.14(a) 所示，灯丝阴极和阳极安放在靶材附近，与靶材-基底电极平面平行，当灯丝加热到高温时，热离子发射和电子注入等离子体，增加气体离化效率。热阴极能充分提供维持放电用的热电子，电子朝向靶运动。产生的离子被靶材阴极电势吸引去。三极溅射的缺点在于靶材表面等离子体密度不均匀，从而导致金属刻蚀不均匀。一个优势在于放电可以维持在较低气压。

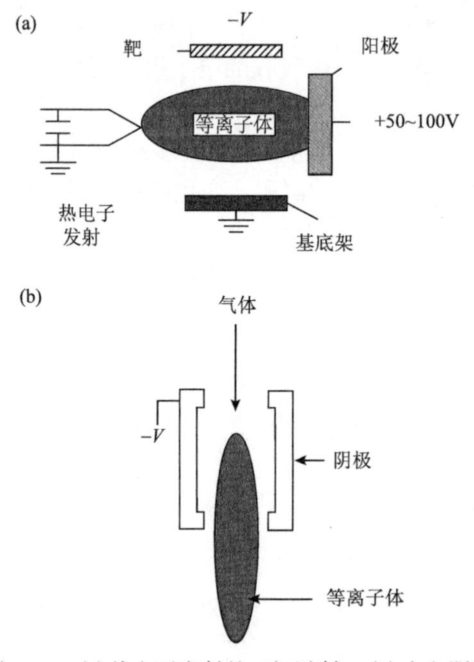

图 5.14　(a) 热电子发射的三极溅射；(b) 中空阴极

应用空心阴极是另一种提高直流放电离子化率的方法，空心阴极源是一个管状或电极上的一个圆形孔，离子化的气体流过中空电极，如图 5.14(b) 所示。中空阴极操作与“钟摆电子”效应有关，放电腔内的阴极辉光区被相对的阴极表面暗区分离，在一个类似钟摆的运动中，电子从腔体表面发射，加速运动到阴极辉光区，穿过对面的暗区，转向再次进入阴极一个区。电子的往复运动增加气体离子化率，增加了腔体内等离子体密度。而产生的高度离子化的等离子体进入主要放电区，增加等离子体密度。从这个意义上讲，中空阴极与磁控放电外表上类似。

5.4.2 射频溅射

射频溅射利用了射频辉光放电，可以制备从导体到绝缘体热门材料的薄膜。简单地说，靶直流二极溅射装置的直流电源换成射频电源就构成了射频溅射装置。射频可以应用于溅射，因为靶材会自动地处于一个负偏压。一旦形成负偏压，就像直流溅射，正离子轰击溅射出原子形成后续的沉积。靶材负偏压的形成是由于电子的运动速率比离子快得多，并且易于随电场进行周期性变化。电子和离子迁移率的差别，意味着孤立的正电极吸引的电子流大于同等孤立的阴极吸引的离子流。因此，放电的电流-电压特征是非对称的，类似于漏电的整流器和二极管，如图 5.15 所示。它适用于直流放电，有助于解释射频自偏压的概念。

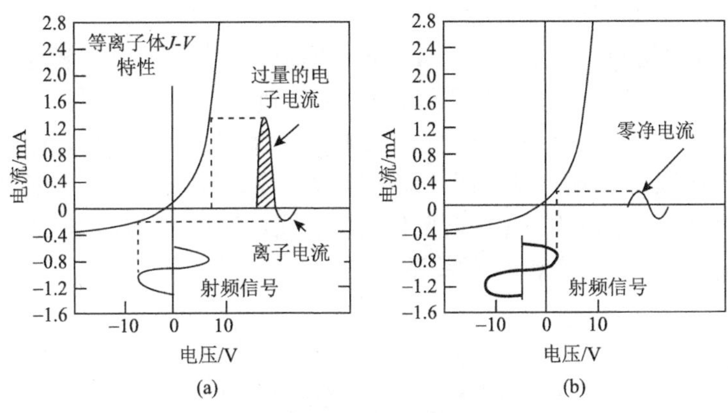

图 5.15 射频放电中脉冲负电压的形成

(a)净电流-零自偏压；(b)零电流-非零自偏压

当在靶上施加脉冲的交变信号时，一个大的初始电流加载正半周期，然而在后半周期只有少量离子流，这使得整个周期平均净电流不为零。但这不可能发生，因为没有电荷能够通过电容转移。因此，特征线上的工作点转为负电压-靶材偏压，没有净电流流动。

5.4.3 反应溅射

反应溅射，在反应气体(混在惰性工作气氛)气氛溅射金属靶，沉积化合物薄膜。常见的反应溅射沉积的化合物和所用反应气体如下：

(1)氧化物(氧气)：Al_2O_3、In_2O_3、SnO_2、SiO_2、Ta_2O_5。

(2) 氮化物(氮气、氨气)：TaN、TiN、AlN、Si_3N_4、CN_x。

(3) 碳化物(甲烷、乙炔、丙烷)：TiC、WC、SiC。

(4) 硫化物(H_2S)：CdS、CuS、ZnS。

(5) Ti、Ta、Al、Si 的碳氧化物和氮氧化物。

反应溅射制备的薄膜通常为靶材金属元素掺杂反应元素形成固溶体($TaN_{0.01}$)、化合物(TiN)，或两者的混合物。

Westwood 提出一种观察生长合金和化合物薄膜所需条件，图 5.16(a)给出系统气压(P)随反应气体流量(Q_r)的滞后曲线。虚线代表 P 随惰性气体流量(Q_i)的变化情况。因为抽气速度不变，随着流量(Q_i)增大，P 也增大，典型例子是氩气溅射钽。当反应性的氮气引入系统，由于氮气和钽反应，反应气体流量 $Q_r(0)$ 开始增加，系统压力 P 基本上保持在初始值 P_0。超过一临界流量(Q_r^*)，系统压力跳转到一个新值 P_1，如果没有反应溅射发生，压力也许更高(如 P_3)。一旦压力平衡值 P 确定，P 随 Q_r 的变化线性增大或减小。当 Q_r 降到足够小，P 又回到初始值。

迟滞行为表示系统的两个稳定状态之间有个快速的过渡，在 A 阶段压力变化小，B 阶段压力随 Q_r 呈线性变化。A 阶段所有反应气体并入所沉积薄膜中，掺杂金属和反应气体以原子比掺杂到溅射金属。从 A 到 B 是由于在靶材上形成化合物，由于离子诱导二次电子发射对化合物的影响比金属高，所以欧姆定律测出等离子体阻抗在 B 阶段比 A 阶段低。图 5.16(b)反映了靶材电压随反应气体流量增加或减少的滞后现象。当沉积速率替代阴极电压，同样的迟滞效应也描述了金属和化合物相对应的反应溅射率和 Q_r 的关系。

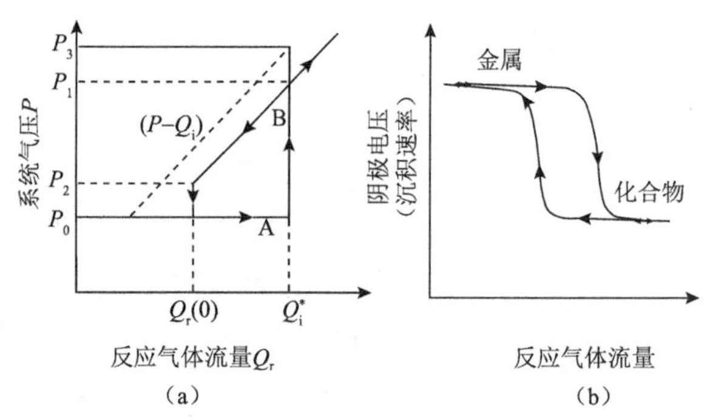

图 5.16 (a)反应溅射中系统压力和反应气体流量的迟滞关系；(b)在放电电流恒定时阴极电压和沉积速率与反应气体流量的滞后曲线

5.4.4 磁控溅射

利用磁控管装置溅射沉积薄膜，相比直流溅射成膜速度快，并且工作电压低，更重要的是降低工作气压。典型的磁控溅射压力仅为几毫托，溅射原子飞出，以弹道方式撞击基底，避免了气相碰撞和高压下的散射，而这些碰撞和散射会改变原子流的方向，降低沉积速率。磁控溅射的优点在于 Paschen 曲线相对应的简单放电移向 *Pd* 低的区域。同样的电极距离和最低的靶电压，在低气压就可以维持稳定的放电。

带有平行靶和阳极表面的平面磁控管是最常见的，如图 5.17 中一个典型的平面靶，靶与基底之间的直流电场为 100 V/cm，一些小的磁铁根据靶的形状安放在靶的背面。为了从概念上理解磁控管如何工作，考虑一个条形磁铁的简单例子。南极和北极远离开，平行地安放在靶的背面，一半磁力线从磁铁北极出发，垂直于靶面进入电极间的空间，磁力线拱起，平行于靶表面，也就是磁控管元件。最终磁力线垂直返回靶面进入南极，完成磁力线回路。稍微偏离靶面法线轨迹的发射电子最初沿着磁场螺旋运动。在垂直电场和磁场，迫使电子沿着隧道轨迹以摆线跳跃方式漂移。

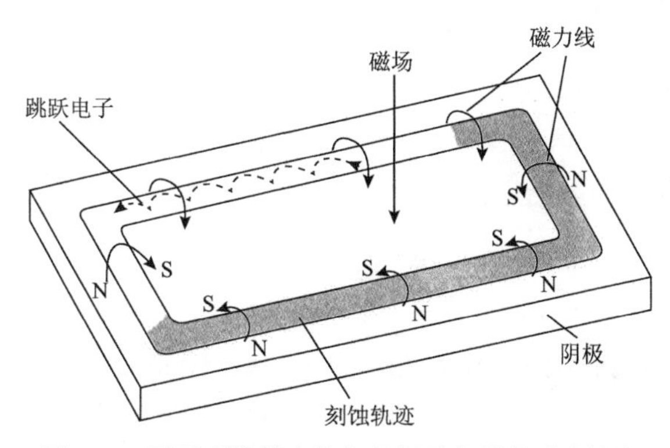

图 5.17 平面磁控管中施加的场及电子的运动轨迹

磁控溅射的优势在于：

(1) 能量较低的二次电子以螺旋形式在靠近靶的封闭等离子体中循环运动，路程足够长，每个电子使原子电离的概率增加。只有在电子的能量耗尽时才能脱离靶的表面，落在基底表面，对基底损伤小。

(2) 高能量等离子体被电磁场束缚在靶面附近，不与基底接触，电离产生的正离子可以有效轰击靶，基底免受等离子体的轰击。

(3) 工作气压低，从而减少气体和溅射原子的碰撞、散射，提高沉积速率。

(4) 由于离子化率提高，放电气体的阻抗降低，溅射电压由几千伏降到几百伏，溅射效率和沉积速率增加。

5.5 本章小结

本章简单介绍了等离子体辅助薄膜沉积基础知识，阴极和阳极之间耦合电磁能产生气体放电。电子运动速度和能量高于离子，电子和反应性气体碰撞产生亚稳态分子片段，增强等离子体辅助的化学反应。薄膜沉积的中心问题在于离子轰击阴极，轰击出的原子穿过等离子体沉积在基底(阳极)上。最简单的工艺是平板二极溅射金属薄膜，电场激发等离子体放电。磁控溅射依赖于磁场约束等离子体进行高速薄膜沉积，应用广泛。

习　题

1. 简述溅射产额的影响因素。
2. 简述溅射产额和离子入射角的关系。
3. 简述磁控溅射的原理和优点。
4. 解释 Paschen 曲线。
5. 简述溅射的物理过程。

参考文献

田民波，李正操. 2011. 薄膜技术与薄膜材料. 北京：清华大学出版社.
Blundell S J, Blundell K M. 2012.Concept in Thermal Physics. 北京：清华大学出版社.
Chamber A. 2004.Modern Vacuum Physics. New York: Chapman & Hall/CRC.
Ohring M. 2006.Materials Science of Thin Films. Singapore: Elsevier.
Weston G F. 1985.Ultrahigh Vacuum Practice. New York: Butterworths.

第 6 章　化学气相沉积

化学气相沉积(CVD)是待沉积材料的挥发性化合物和其他气体发生化学反应的过程，生成非挥发性的固体以原子方式沉积在置于适当位置的基底上。不同于物理气相沉积(PVD)，被沉积材料来源于凝聚态的蒸发物或溅射靶材。高温CVD 镀膜和涂层工艺广泛应用于固体电子器件制备、滚珠轴承和切削工具的生产。特别是硅和化合物半导体技术对高质量外延(单晶)薄膜的需求，以及沉积绝缘薄膜和钝化层的需求，大大推动了 CVD 工艺方法的发展。半导体器件制备过程中很多薄膜是利用各类 CVD 工艺制备的，包括多晶硅、SiO_2 膜、低温氧化物和硼磷硅玻璃。

各种 CVD 工艺中发生的基本相续的步骤如图 6.1 所示，包括：

(1) 反应物从气体入口到反应区的对流和扩散输运。

(2) 气相里发生化学反应生成新的活性基团和副产物。

(3) 初始的反应物和反应产物输运到基底表面。

(4) 这些基团在基底表面上吸附(物理的和化学的)和扩散。

(5) 表面催化的多相反应导致薄膜生长。

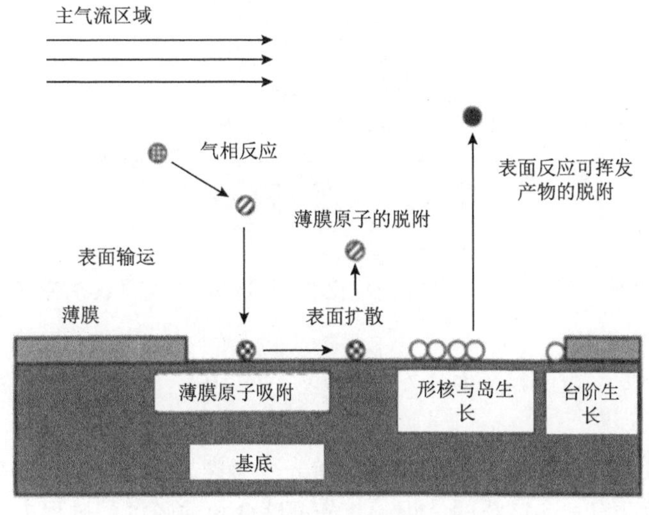

图 6.1　CVD 表面生长气体输运和反应过程

(6) 表面反应的挥发性副产物的脱附。

(7) 反应副产物由对流和扩散输运离开反应区。

上述 CVD 薄膜生长过程是依次进行的，其中最慢的过程将决定整个沉积过程的速率。反应气体从主气流传输到基底表面过程在先，表面反应过程在后。温度升高会使得反应速率增加，此时沉积速率取决于反应气体从主气流传输到基底表面的速率，此为质量传输限制沉积工艺。在较低温度下，反应驱动力减小使得表面反应速率降低，反应物到达基底表面的速率将超过表面反应速率，沉积速率是受反应速率控制的。CVD 气流动力学对沉积速率和膜层质量有重要影响，气压和反应器的几何形状会影响反应物到达基底表面的输运，最终影响薄膜的质量和结构均匀性。

综合大部分 CVD 工艺步骤，图 6.2 给出一个 CVD 的全景图，CVD 过程可以分解成基本的物理和化学原理、气体输运现象、有效沉积薄膜的反应器。相应地，本章大部分致力于阐述图中所提出的科学和工程问题。实际关心的热力学、气体输运、沉积速率和薄膜性质将会在各种 CVD 过程中讨论。

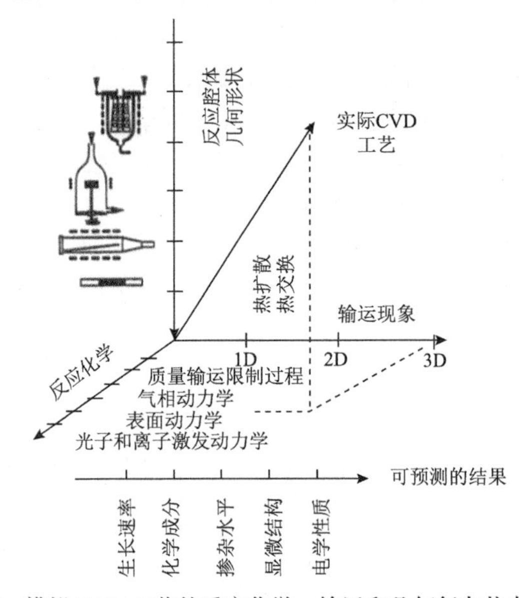

图 6.2　模拟 CVD 工艺的反应化学、输运和几何复杂状态示意图

6.1　反 应 类 型

CVD 中最基本的元素是化学反应，首先要考虑的是选择适合的化学反应。为了对 CVD 范畴有一个广泛的认识，首先简略介绍薄膜沉积过程中各类化学反应

的类型。每种反应类型给出相应的例子，给出总的化学方程式和大致的反应温度，其中，g 和 s 分别指气态和固态。

6.1.1　热解反应

热解指的是在高温基底表面上气态分子的热分解，如氢化物、羧基和有机金属化合物。一个分子分解成基本元素和(或)其他更加基本的分子。由于只有一个前驱体分子，这类反应最为简单。重要例子包括甲烷分解沉积石墨或金刚石、硅烷高温热解制备多晶或非晶硅薄膜，以及羧基镍的低温分解沉积镍薄膜：

$$CH_{4(g)} \longrightarrow C_{(s)} + 2H_{2(g)} \quad (650℃) \tag{6.1}$$

$$SiH_{4(g)} \longrightarrow Si_{(s)} + 2H_{2(g)} \quad (650℃) \tag{6.2}$$

$$Ni(CO)_{4(g)} \longrightarrow Ni_{(s)} + 4CO_{(g)} \quad (180℃) \tag{6.3}$$

6.1.2　还原反应

还原是反应过程中元素得到一个电子，也就是降低氧化态。这些反应常用氢气去还原气体分子，如卤化物、羧基卤化物、卤氧化物或其他含氧化合物。一个重要的例子是在单晶硅晶圆片上还原 $SiCl_4$ 外延生长硅薄膜：

$$SiCl_{4(g)} + 2H_{2(g)} \longrightarrow Si_{(s)} + 4HCl_{(g)} \quad (1200℃) \tag{6.4}$$

还原相应的六氟化物沉积难熔金属薄膜，如钨和钼：

$$WF_{6(g)} + 3H_{2(g)} \longrightarrow W_{(s)} + 6HF_{(g)} \quad (300℃) \tag{6.5}$$

$$MoF_{6(g)} + 3H_{2(g)} \longrightarrow Mo_{(s)} + 6HF_{(g)} \quad (300℃) \tag{6.6}$$

低温沉积钨薄膜已经用在集成电路中的金属互连。有意思的是，WF_6 气体和暴露的硅表面之间反应沉积钨薄膜，同时释放挥发性 SiF_4 副产品。这样，硅接触孔可以选择性地填充钨，而相邻绝缘表面未被覆盖。

$$2WF_6 + Si \longrightarrow 2W + 3SiF_4 \quad (300℃) \tag{6.7}$$

可以通过共还原反应沉积二元化合物，用于沉积氧化物、氮化物、碳化物、硼化物和硅化物：

$$TiCl_{4(g)} + 2BCl_{3(g)} + 5H_{2(g)} \longrightarrow TiB_{2(s)} + 10HCl_{(g)} \tag{6.8}$$

6.1.3 氧化反应

氧化反应和水解反应是形成氧化物的两类重要反应，通常用氧气和 CO_2 作为氧化剂：

$$SiH_{4(g)} + O_{2(g)} \longrightarrow SiO_{2(s)} + 2H_{2(g)} \tag{6.9}$$

$$SiCl_{4(g)} + 2CO_{2(g)} + 2H_{2(g)} \longrightarrow SiO_{2(s)} + 4HCl_{(g)} + 2CO_{(g)} \tag{6.10}$$

$$2AlCl_{3(g)} + 3H_2O_{(s)} \longrightarrow Al_2O_{3(s)} + 6HCl_{(g)} \tag{6.11}$$

6.1.4 化合物生成

碳化物通常由卤化物和碳氢化合物反应得到：

$$SiCl_{4(g)} + CH_{4(g)} \longrightarrow SiC_{(s)} + 4HCl_{(g)} \quad (1400\ ℃) \tag{6.12}$$

$$TiCl_{4(g)} + CH_{4(g)} \longrightarrow TiC_{(s)} + 4HCl_{(g)} \quad (1100\ ℃) \tag{6.13}$$

沉积氮化物通常使用氨气，氨气形成自由能为正，它的平衡产物是氢气和氮气，参与 CVD 反应：

$$3SiH_{4(g)} + 4NH_{3(g)} \longrightarrow Si_3N_{4(s)} + 12H_{2(g)} \tag{6.14}$$

6.1.5 歧化反应

当非挥发性的金属能够形成不同的挥发性的化合物，它们在不同温度具有不同的稳定性，就可能发生歧化反应，如不同价态的金属卤化物 $GeI_{2(g)}$ 和 $GeI_{4(g)}$。高温时，低价态化合物更为稳定，金属会和高价态卤化物反应形成更加稳定的低价态卤化物。

$$2GeI_{2(g)} \underset{600℃}{\rightleftharpoons} Ge_{(s)} + GeI_{4(g)} \tag{6.15}$$

6.1.6 可逆反应

一个反应器中源区和沉积区保持在不同温度，化学转移和输运过程表现为可逆的反应平衡。一个重要反应是由氯化物外延生长 GaAs 薄膜：

$$As_{2(g)} + As_{4(g)} + 6GaCl_{(g)} + 3H_{2(g)} \underset{850℃}{\overset{750℃}{\rightleftharpoons}} 6GaAs_{(s)} + 6HCl_{(g)} \tag{6.16}$$

低温下 GaAs 沉积，高温下反应逆向进行，薄膜刻蚀。

CVD 反应前驱体的选择是非常重要的，前驱体的基本特征包括：

(1)室温下稳定。

(2)不污染反应区。

(3)有足够的挥发性，输运过程中不凝聚。

(4)纯度高。

6.2　CVD 热力学

关于 CVD，热力学可以回答一系列重大问题。其中，最重要的是一个化学反应能否进行，一旦认定反应是可能的，热力学计算通常可以提供气体分压和可逆反应的进行方向方面的信息。重要的是，它提供特定条件下反应产物的上限值。应用热力学意味着化学反应达到化学平衡，这对于封闭体系来说有可能出现，但是对于开放或流动的反应器来说情况并非如此，气态反应物和产物会连续引入和排出。总的来说，CVD 可以看作热力学指导下的经验科学。

理论分析的第一步是确认所期待的 CVD 反应能不能发生。如果转变能量(反应自由能 ΔG_f)为负，在热力学上是有利的，反应就会进行。为了计算 ΔG_f，必须知道每个组元的热力学性质，具体就是形成自由能(吉布斯自由能 ΔG_f)，关系如下：

$$\Delta G_f^0 = \sum \Delta G_{f反应产物}^0 - \sum \Delta G_{f反应物}^0 \tag{6.17}$$

形成自由能的影响因素包括：反应物的种类、反应物的摩尔比、反应温度和反应压力。对于化学反应，只有当反应过程的吉布斯自由能为负值时，反应才能自发进行。在反应平衡时，自由能变化为零。

$$\Delta G = -RT \ln K \tag{6.18}$$

式中，K 为平衡常数。平衡状态用于计算反应产率。

例如，形成 TiB_2 的反应(6.19)：

$$TiCl_{4(g)} + 2BCl_{3(g)} + 5H_{2(g)} \longrightarrow TiB_{2(s)} + 10HCl_{(g)} \tag{6.19}$$

反应(6.19)的自由能变化和温度的关系如图 6.3 所示。

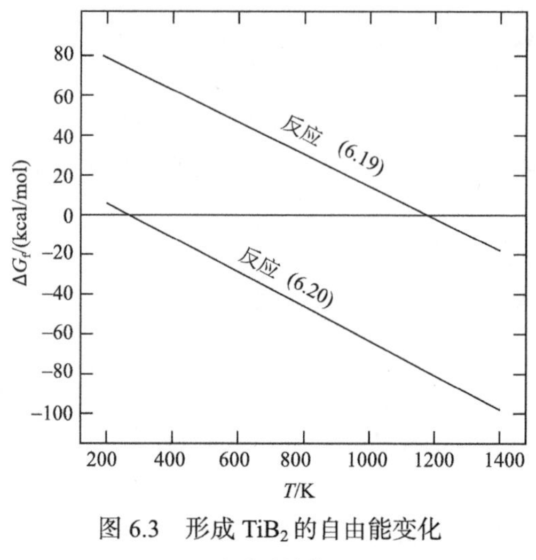

图 6.3　形成 TiB_2 的自由能变化

1cal=4.186J

形成 TiB_2 的反应(6.20)，反应中 $B_2H_{6(g)}$ 可能已经分解成 B 和 H：

$$TiCl_{4(g)} + B_2H_{6(g)} \longrightarrow TiB_{2(s)} + 4HCl_{(g)} + H_{2(g)} \tag{6.20}$$

如图 6.3 所示，在温度足够高时，两个反应自由能为负，反应可以进行。反应(6.20)可以在比较低的温度下进行。

6.3　气 体 输 运

气体输运是挥发性的物质从反应器的一部分流向另一部分的过程。理解 CVD 体系中气体输运现象是很重要的，原因在于：

(1)所沉积的薄膜和涂层厚度均匀性依赖于将等量的反应物输运到基底表面各处。

(2)快速沉积生长速率依赖于反应物流过体系到达基底的优化。

(3)优化的结果可以实现通常昂贵的工艺气体的有效利用。

(4)计算机模拟 CVD 过程可以更加精确地改善反应器的设计和更好地预测其运行。

扩散是指单个原子或分子移动，而气体整体流动是指部分气体作为整体移动的过程，包括黏性流动和对流。黏性流动是指压力范围在大于 0.01 atm 时的气体输运，反应物气体表现为层流或流线型流动，流动速度为每秒几十厘米。如图 6.4 所示，在碰到平板边缘前，流动速度为均匀的，随着气流的行进，由于靠近板面的气体被黏滞力所拖拽，必然形成速度梯度。离开板的远处速度仍然是均匀的，但在板的表面很快降为零，从而形成边界层。

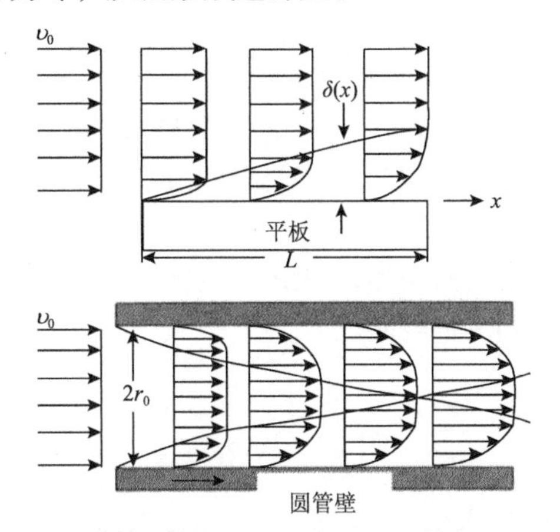

图 6.4　反应器内气流的流速分布和边界层的形成

现在考虑气体流过圆形截面的管道的情况。气体进入管道后，起初均匀的轴向流动速度发生改变。在管壁形成边界层，随沿管道距离而增加。在一定临界距离外，流动充分发展，流速分布不再变化。此时，围绕管道周长的边界层融合在一起，整个截面都由“边界层”构成。

黏性流动用黏度η表征，是层状流体之间切应力引起流体变形的量度。对于平行流动，层之间的切应力和速度梯度成正比，比例系数称为黏度η:

$$\tau_{xz}=\frac{F}{A}=\eta\frac{\mathrm{d}\upsilon_x}{\mathrm{d}z} \tag{6.21}$$

气体动力学理论给出：

$$\eta=\frac{1}{3}nm\lambda\langle\upsilon\rangle \tag{6.22}$$

式中，n 为气体密度；m 为气体分子质量；λ为分子平均自由程；$\langle\upsilon\rangle$为分子运动平均速率。由此式可以得出一些重要结论：

(1) 由于 $\lambda\approx\frac{1}{\left(\sqrt{2}n\sigma\right)}\propto n^{-1}$，$\eta$和 n 无关，因此，η和压力无关。

(2) 由于 $\langle\upsilon\rangle\propto T^{0.5}$，因此，$\eta\propto T^{0.5}$。

(3) $\lambda=\left(\sqrt{2}n\sigma\right)^{-1}$，$\sigma=\pi d^2$，$\langle\upsilon\rangle=\left(8k_{\mathrm{B}}T/\pi m\right)^{0.5}$，因此：

$$\eta = \frac{2}{3\pi d^2}\left(\frac{mk_B T}{\pi}\right)^{\frac{1}{2}}$$

(4) 上式成立的条件是 $L \gg \lambda \gg d$，其中 L 是容器尺度，d 是气体分子直径。这时主要是分子之间的碰撞，在气压太高或太低时，η 和压力无关就不成立了。

边界层厚度是从管壁处速度为零到远离管壁的整体气体速度处。边界层从管入口处开始，厚度随着气流而增加，如图 6.4 所示。边界层之上的反应气流需要扩散通过这个边界层达到沉积表面。

$$\delta(x) = \sqrt{\frac{x}{Re}} \tag{6.23}$$

式中，雷诺数 $Re = \frac{\rho u}{\mu}$；ρ 为质量密度；u 为流量密度；x 为在气流方向离开入口的距离；μ 为黏度。这意味着边界层获得随着气体流动速度降低和离开入口距离增加而增加。

扩散现象适用于气体和凝聚态中的质量传输。起初隔开的两种气体混合后，各自气体相互扩散，从而使体系熵增加。

$$\phi_z = -D\left(\partial n^* / \partial z\right) \tag{6.24}$$

式中，ϕ_z 为分子在 z 方向的流量；n^* 为单位体积分子数；D 为扩散系数。

$$\frac{\partial n^*}{\partial t} = D\nabla^2 n^* \tag{6.25}$$

由气体动力学理论得到

$$D = \frac{1}{3}\lambda\langle \upsilon \rangle \tag{6.26}$$

由此式可以得出一些重要结论：

(1) 由于 $\lambda \propto \frac{1}{n}$，因此 $D \propto \frac{1}{n}$，在固定温度下，$D \propto P^{-1}$。

(2) 因为 $P = nk_B T$，$\langle \upsilon \rangle \propto T^{0.5}$，因此在固定温度下，$D \propto T^{3/2}$。

(3) $D\rho = \eta$，其中 $\rho = nm$。

(4) $D = \frac{1}{3}\lambda\langle \upsilon \rangle = \frac{2}{3\pi n d^2}\left(\frac{k_B T}{\pi m}\right)^{1/2}$。

不同于扩散和黏性流动，对流是气体整体流动的过程。气体开始是由浓度梯度驱动的原子和分子的统计学移动，对流是由重力、离心力、电场力和磁场力引起的。当 CVD 反应器中有垂直的气体密度和温度的梯度时，这更加明显。从气体流动角度出发，要求将冷区置于上方，以加强气体的环流。薄膜生长会受到黏性、扩散和对流质量输运的限制，而这些因素是受气体压力梯度所驱动的。

什么是 CVD 反应中的限制步骤？换句话来说，是什么因素控制着沉积速率？了解沉积速率的控制因素可以帮助优化沉积反应，获得高生长速率。速率限制步骤可以分为：①表面反应动力学控制；②质量输运控制。

在表面反应动力学控制时，由于反应温度低，反应进行缓慢，反应物在表面富集。由于压力低，边界层薄，扩散系数大，反应物很容易到达反应表面。这种表面反应动力学控制的情况如图 6.5(a)所示。

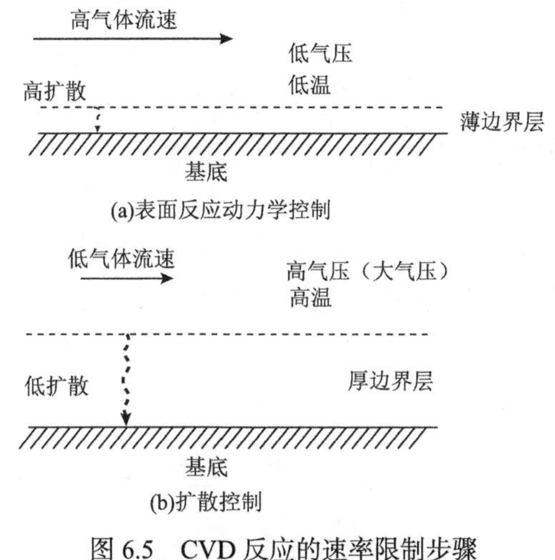

图 6.5　CVD 反应的速率限制步骤

当过程由质量输运控制时，控制因素是反应物通过边界层和气相反应副产物扩散出边界层的扩散速率。这通常发生在高温和高压情况下，气体流动速率慢，边界层厚，反应物不容易到达反应表面。另外，温度高使得到达表面的分子迅速反应。扩散进入边界层的扩散速率就成为限制步骤，如图 6.5(b)所示。

通常低温时表面反应动力学是控制步骤，高温时质量输运是控制步骤。如图 6.6 所示，沉积速率的对数和温度为倒数关系。对于在氢气环境采用不同前驱体沉积 Si 的反应，图中分成两个区域：在右下的 A 区域，沉积速率由表面反应动力学控制；而在左上的 B 区域，沉积速率由质量输运过程控制。在 B 区域存在一个最大值，这是因为输运过来的反应物不足以供应反应的进行，沉积速率降低。

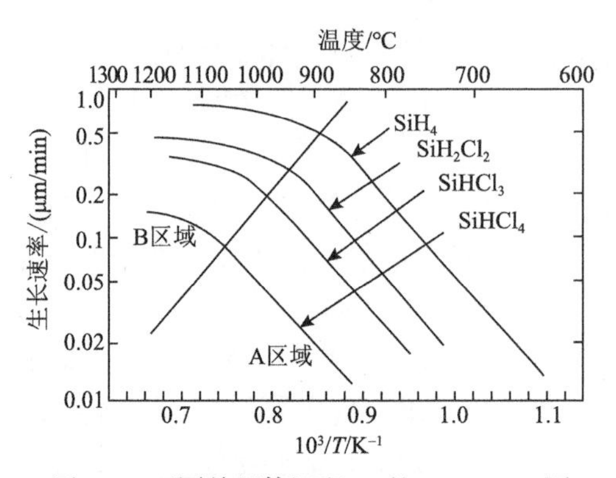

图 6.6　不同前驱体沉积 Si 的 Arrhenius 图

A 区域：表面反应动力学控制(低温)；B 区域：质量输运控制(高温)

气体压力的影响类似于温度的影响，气体扩散系数和压力成反比。降低压力可以提高反应物向反应表面传输和反应副产物向外扩散。显然，在较低压力时，质量输运的影响就没有那么重要。可以通过调控工艺参数和反应器几何形状，在某种程度改变沉积状况。例如，在管式炉里沉积钨，随着距离增加，边界层厚度增加，而沉积的薄膜厚度随距离增加而减小，如图 6.7(a) 所示。可以将基底以一定角度斜放，得到比较均匀的薄膜厚度，如图 6.7(b)所示。当基底斜放时，气流速度增加，雷诺数增加，使得边界层减小，从而增加薄膜厚度均匀性。

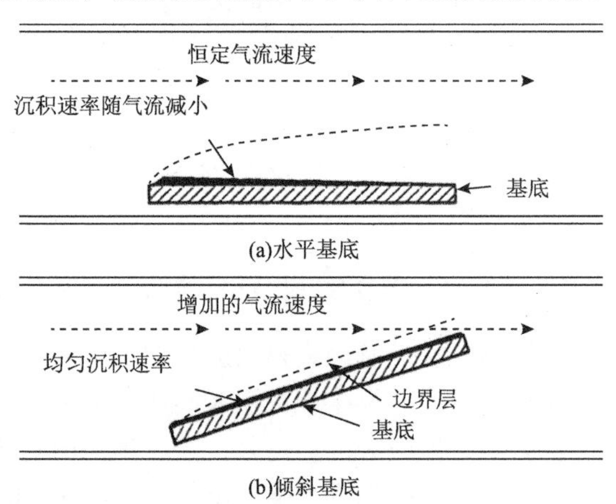

图 6.7　管式反应器中改善薄膜均匀性

6.4　热 CVD 工艺

按照激发 CVD 反应能量方式，CVD 可以分为热的、等离子体、激光和光激发的 CVD。热 CVD 过程利用热能激活所需气体或者气固之间的反应。热 CVD 一般需要高的温度，加热方式有电阻加热、高频感应加热、辐射加热、热板加热和它们的组合。热 CVD 是通过温度来激发的。

热 CVD 反应器基本上可以分为热壁和冷壁两种类型。热壁反应器通常是一个电阻加热的等温炉，常用于批量生产。首先装入要涂层的工件，炉温升到设定值，然后引入反应气体。图 6.8 是一个在工具上沉积 TiC、TiN 或 Ti(CN)的反应炉。这类反应炉可以很大，一次可以完成上百个工具的涂层沉积。另一类反应器用于在半导体晶圆片上沉积掺杂的硅膜，如图 6.9 所示。晶圆片垂直排列以增加装载量，沉积通常在较低压力(如 1 Torr)下进行。热壁反应器温度控制容易，缺点在于沉积发生在任何地方，需要定期清理或更换内衬。

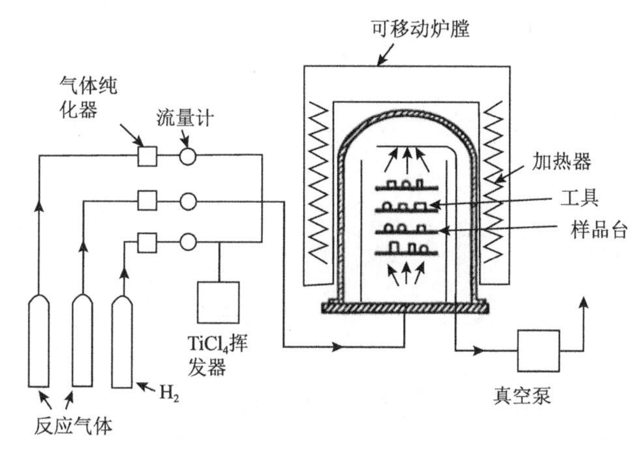

图 6.8　用于工具涂层的 CVD 反应炉

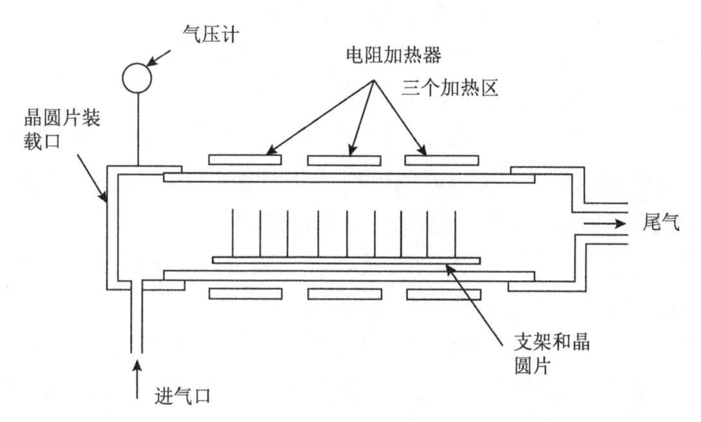

图 6.9　用于晶圆片上沉积掺杂 Si 的低压 CVD 反应器

冷壁反应器中，要涂层的基底直接加热或通过辐射加热。冷壁反应器又称为绝热壁反应器，反应优先在温度高的基底上进行，温度低的壁上不会发生沉积。图 6.10 是一个半导体集成电路中硅外延生长的反应器，电源是一个固体高频发生器。反应器中装有反射层以增加加热效率和沉积薄膜均匀性，气压介于 50 mTorr 到 1 atm。

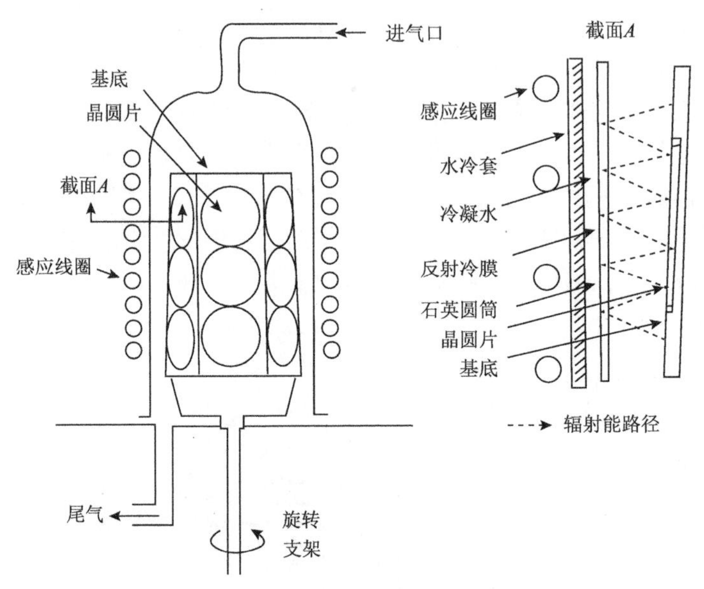

图 6.10　硅外延生长的冷壁反应器示意图

6.5　等离子体 CVD 工艺

热 CVD 反应是由热能激发的，很多沉积过程需要高的沉积温度。等离子体 CVD 又称等离子体增强 CVD(PECVD)，反应由等离子体激发，因此基底温度通常很低，这对很多应用来说是其优势所在。

等离子体 CVD 中，常使用射频(RF)的频率为 13.45 MHz，微波(MW)的频率为 2.45 GHz。腔体内维持辉光放电的同时发生气相的化学反应和薄膜沉积。在低气压高频电场激发的气体放电，会发生下列活动：

(1)在高频电场作用下，气体电离成电子和离子。电子和其他基团相比质量非常小，很容易加速到能量相当于 5000 K 的水平。

(2)较重的离子不能响应电场的快速变化，离子温度和等离子体温度低。

(3)高能电子和气体分子发生碰撞，使气体分子分解产生活性基团，从而开始活性反应。

等离子体 CVD 的主要优点在于可以在较低温度沉积薄膜，减小由基底和薄膜之间热膨胀系数不同引起的应力，减小高温引起的结构和成分变化。由于气压较低，反应的限制步骤是表面反应动力学，沉积薄膜均匀性好，有利于形成非常薄的多晶薄膜。表 6.1 列出常见等离子体 CVD 材料和应用。

表 6.1　等离子体 CVD 材料和应用

薄膜材料	前驱体	沉积温度/℃	应用
α-Si	SiH_4-H_2	250	半导体
外延 Si	SiH_4	750	半导体
Si_3N_4	SiH_4-N_2-NH_3	300	半导体
SiO_2	SiH_4-N_2O	300	钝化层
B-P-Si 玻璃	SiH_4-TEOS-B_2H_6-PH_3	355	钝化层
W	WF_6	250～400	集成电路导体
WSi_2	WF_6-SiH_4	230	集成电路导体
$TiSi_2$	$TiCl_4$-SiH_4	380～450	集成电路导体
TiC	$TiCl_4$-C_2H_2	500	工具涂层
TiN	$TiCl_4$-NH_3	500	工具涂层
类金刚石	CH_4-H_2	300	耐磨，光学
B_4C	B_2H_6-CH_4	400	耐磨
BCN	B_2H_6-CH_4-N_2	400	耐磨
TiB_2	$TiCl_4$-BCl_3-H_2	480～650	工具涂层

注：TEOS 表示正硅酸乙酯。

等离子体 CVD 系统的气体流量、温度和压力的测量和控制与热 CVD 是类似的，不同之处在于反应器的设计和产生等离子体的装置。图 6.11 是一个广泛使用

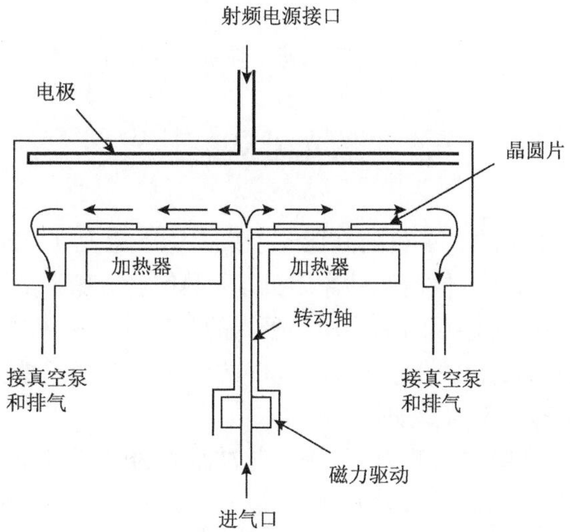

图 6.11　射频等离子体反应器

的平行板等离子体反应器，两平行极板上加射频源产生辉光放电，广泛用于半导体器件制备过程中沉积氮化硅和氧化硅薄膜。反应剂气体首先沿着腔体的轴向流动，放射状向外通过放置在视频电容耦合极板上的基底，极板旋转可以得到均匀的薄膜。

高密度等离子体反应器也越来越多地应用于集成电路薄膜沉积和刻蚀工艺，采用电子回旋共振(ECR)产生等离子体。匹配电场和磁场，微波能量和等离子体电子谐振频率耦合，ECR 微波放电是在输入 2.45 GHz 的微波功率和外加 ECR 磁场 875 *Gs* $\left(1Gs=10^{-4}T\right)$ 条件下产生的。图 6.12 是一个 ECR 等离子体反应器的示意图。ECR 等离子体有两个优点：①降低离子轰击对基底的损坏；②可以在较低温度下工作。

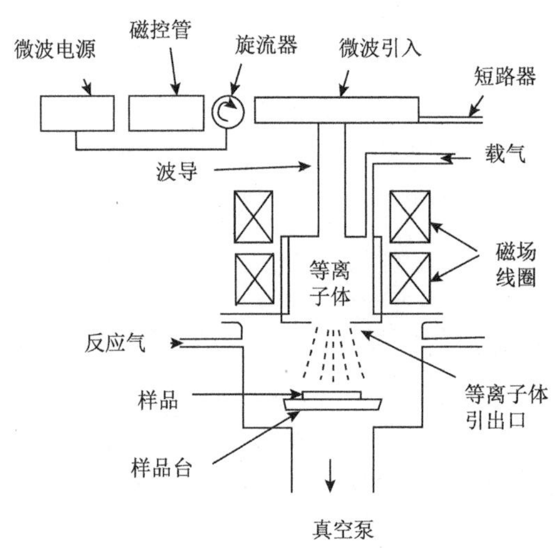

图 6.12　ECR 等离子体系统示意图

6.6　激光 CVD 工艺

激光可以产生相干的、单色的高能光子束，用于激发 CVD 反应。激光增强 CVD 机理如图 6.13 所示，包括两种作用机制：热解和光解。热激光 CVD(又称激光热分解)是利用和激光接触的热能加热吸附的基底，与传统热 CVD 的反应机理是类似的。不同于热激光 CVD，光解 CVD 的反应是由光子激发的，使分子在高能光子的照射下分解，不需要加热。

图 6.14 是一个典型的光 CVD 系统，脉冲激光通过窗口和反射镜进入真空腔体，同时产生热解作用和光解作用分解有机分子，进行薄膜沉积。光解沉积金属通常会有碳污染，金属布线通常由热解的作用产生。

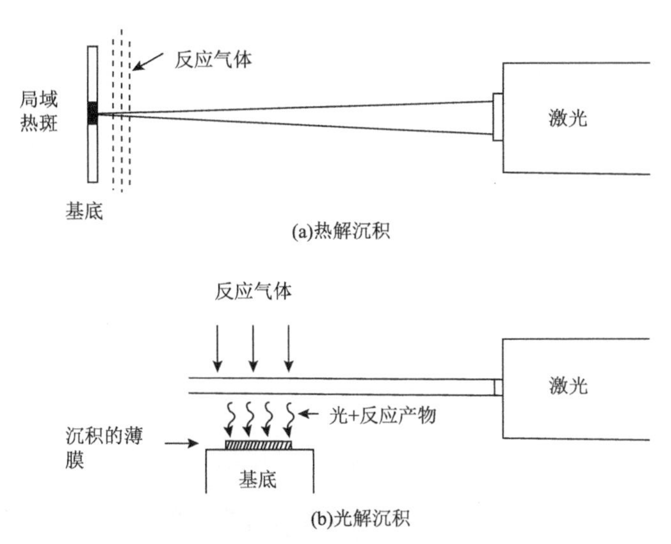

图 6.13　热解和光解激光诱导化学气相沉积薄膜

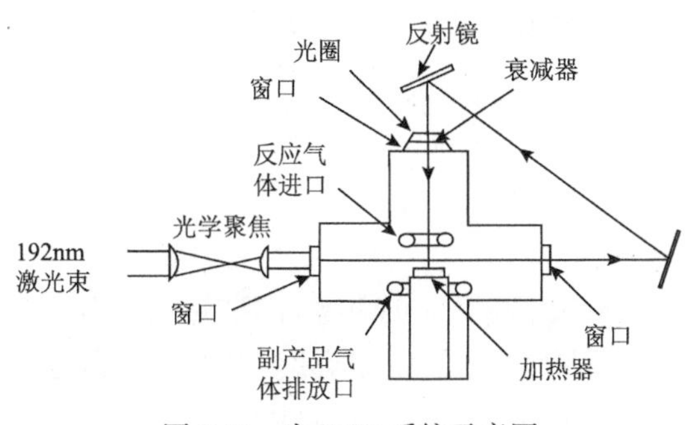

图 6.14　光 CVD 系统示意图

6.7　金属有机 CVD 工艺

金属有机 CVD(MOCVD)是指反应前驱体是金属有机物，通常与氢化物和其他反应物一起反应。MOCVD 广泛应用于沉积各种介电和金属薄膜，金属有机物的最大优势在于其较大的挥发性，气体的流速和反应可以精确控制，且不需要处理反应器中有不良影响的液体和固体源。结合热解反应对温度相对不敏感的特性，可以实现高效和可重复的沉积。然而，薄膜的碳污染是其缺点之一。MOCVD 反应通常在低气压下进行，有时借助于等离子体。使用的反应器都需仔细设计以优化昂贵的前驱体的流动和使用效率，如图 6.15 所示。

尽管用激光熔蚀法制备电子陶瓷还没有实现，MOCVD 工艺利用金属醇盐或 β-二酮基前驱体为沉积氧化物提供了灵活的方法。MOCVD 有潜力制备大面积薄膜，

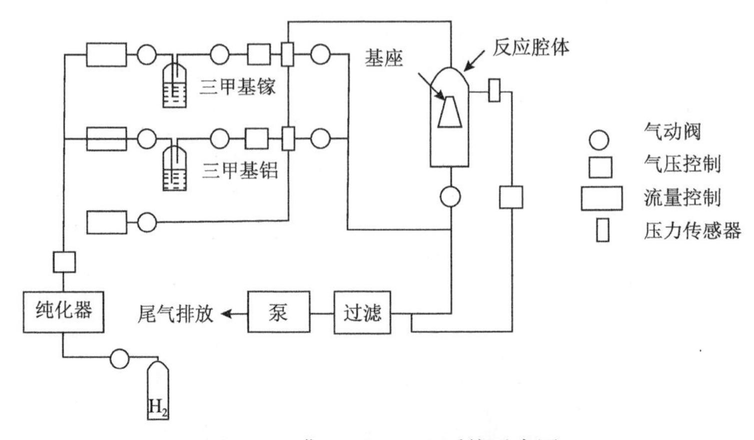

图 6.15　典型 MOCVD 系统示意图

具有良好的成分控制和薄膜均匀性、高薄膜沉积速率和密度、适当的台阶覆盖能力。合适的前驱体选择是成功的关键，从这个角度，大型商用的 MOCVD 要求如下：①前驱体批量必须从几克到几千克；②产量增加且质量一致；③环境影响要小；④必须保证安全。

6.8　本 章 小 结

不同于 PVD 的从凝聚态蒸发源或溅射靶到基底之间原子的物理转移，CVD 基本上依赖于气相和气-固化学反应生长薄膜。由于受到热力学和动力学限制，受限于气相反应物和产物的流动，CVD 过程通常要比 PVD 更复杂。许多 CVD 材料（金属、元素半导体和化合物半导体、氧化物、氮化物、碳化物、金刚石等）在科学和技术上很重要，广泛应用于电子、光学、力学和环境功能材料领域。这些材料的应用涉及特定 CVD 设计和工艺条件，热 CVD 工作在不同温度，从环境气压到真空环境；低气压、等离子体增强 CVD 工艺可以在低的温度沉积薄膜；MOCVD 用于沉积外延半导体薄膜和多元氧化物薄膜。

习　　题

1. 简述 CVD 反应过程。
2. 简述 CVD 过程的优缺点。
3. 简述 CVD 过程自由能和反应平衡常数的关系。
4. 写出 CVD 沉积 Si、SiO_2、Si_3N_4、GaAs 薄膜的反应方程式及采用的 CVD 装置类型。
5. 简述 PECVD 的原理和特点。

参 考 文 献

田民波，李正操. 2011.薄膜技术与薄膜材料. 北京：清华大学出版社.
Ohring M. 2006. Materials Science of Thin Films. Singapore: Elsevier.
Pierson H O. 1992. Handbook of Chemical Vapor Deposition（CVD）. New York: Noyes Publication.

第7章 薄膜结构

7.1 薄膜结构演化

薄膜结构是影响沉积薄膜及随后处理的薄膜性质的一个重要变量，尤其是在薄膜生长和涂层形成过程中，最为关心的是控制晶粒尺寸、形貌和结晶度。无论来自凝固的液体、固态反应或者凝聚的蒸气，薄膜的晶粒结构是将无数原子组织起来的自然方式，这些原子从很多生长中心开始结晶。在实质上和材料相变情况是一样的，薄膜形成涉及形核和生长过程。最初形成的晶核为后续生长提供模板，常常确定了最终晶粒结构的演化方向。

有趣的是，相似的结构形貌贯穿所有材料，不同的处理方法可以得到相似的结构。这样，对比薄膜晶粒结构和液-固转变得到的体相结构是有指导意义的。例如，正如蒸汽过饱和自由能（ΔG_V）导致薄膜形核，降到熔点温度以下过冷相关的自由能（ΔG_S）是凝固的热力学驱动力。薄膜生长和铸造过程中，基底或铸型温度是影响晶粒结构演化的主要因素。例如，在冷的铸型壁，大的ΔG_S降低了临界形核自由能ΔG^*，因此形核率高和晶粒尺寸小。进一步深入熔体，过冷度降低，形核率降低，晶粒长大，沿着垂直于铸型壁的方向伸长；这也是演化的凝固潜热放出的方向。模拟的热蒸镀的晶粒形貌和铸造情形相像，如图 7.1 所示。两种情形同样在基底界面形成细密的晶粒，随后形成柱状晶。由于气-固和液-固界面的温度、原子浓度和运动是不同的，这样的类比不能过分引申。熔体凝固表现为三维晶粒生长，而来自气体的薄膜生长反映凝聚原子的方向性。尽管薄膜的晶粒要小10～1000倍，两种结构都表现出择优的织构和沿特定晶体学方向的晶粒优先生长。

虽然薄膜沉积过程是连续进行的，从薄膜和涂层完全形成薄膜过程中将薄膜形核区分开来，有助于分析薄膜结构。薄膜表现为柱状晶、等轴晶、非晶和它们的混合物。柱状晶常常有晶粒内缺陷及晶粒间的空隙和孔隙，对薄膜性质有负面影响，如光学薄膜吸湿和性能恶化。沉积过程的计算机模拟中，一次一个原子，有助于理解这种柱状晶结构的演化。高温沉积晶粒趋向于形成等轴晶和退后的显微组织。另一个极端，低温沉积有利于形成细晶粒或非晶态结构。此外，当沉积系统几何构造和沉积条件可以可控地调节时，可以控制薄膜的形貌。

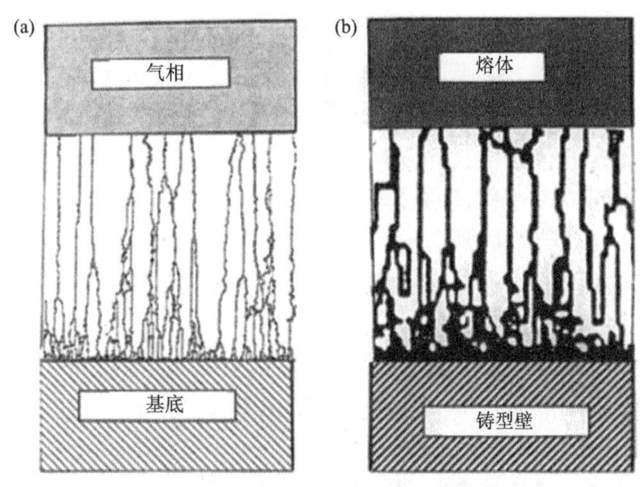

图 7.1 模拟的晶粒形貌比较

(a)薄膜-基底界面；(b)凝固点铸造晶粒和铸型界面

各种应用要求多晶薄膜性质可控可重复以保证其使用性能和可靠性。相应地，要通过控制薄膜的原子过程来控制薄膜的显微组织。虽然材料相关的现象会影响多晶薄膜的结构，对不同材料有一些通用的趋势，这些趋势可以基于结构演化的基本动力学过程来加以理解。图 7.2 以简单方式给出薄膜生长过程中晶粒结构的基本过程。薄膜生长首先在基底表面形成孤立的晶核，晶核生长为新的相，同时在界面侧向生长。侧向生长导致晶体的相互妨碍和合并，形成晶界，决定了薄膜最初的晶粒结构特征。图 7.2(a)和(b)示意地给出形核、生长、妨碍和合并过程。

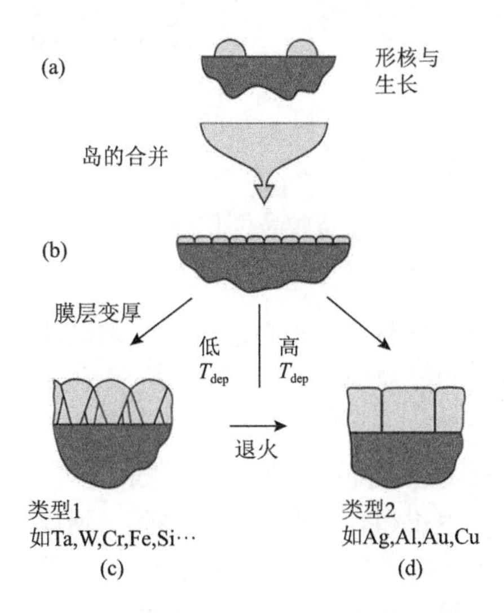

图 7.2 多晶薄膜沉积过程中晶粒演化过程

大多数薄膜形成过程中形核是大量的，晶核间距和碰撞阶段晶粒在 10 nm 量级。如果没有粗化现象，薄膜厚度在合并阶段也是 10 nm 或更少。薄膜加厚阶段晶粒演化基本上分为两类，如图 7.2(c)和(d)所示。如果在岛碰撞阶段形成的晶界是不移动的，那么形核、生长和合并阶段形成的晶粒结构在表面底层就会保留。通常，随后的薄膜增厚过程是通过等轴晶生长和柱状晶结构。如果晶界是可移动的，晶粒结构在合并过程和随后的增厚过程演化，通常导致等轴晶形成，面内的晶粒尺寸接近表面厚度，晶界穿越薄膜厚度，如图 7.2(d)所示。面内的晶粒大小均匀，穿过薄膜厚度。

图 7.3 描述等轴晶薄膜聚结过程，通过晶界移动的晶粒粗化导致小晶粒收缩和消失，保留下来的晶粒长大。纯的无缺陷体材料的晶粒长大驱动力来自总的晶界面积的减小，伴随面积减小相应的晶界能减小。从微观角度来看，单个的晶界向着曲率中心移动来减低晶界曲率，也就是减小晶界能。

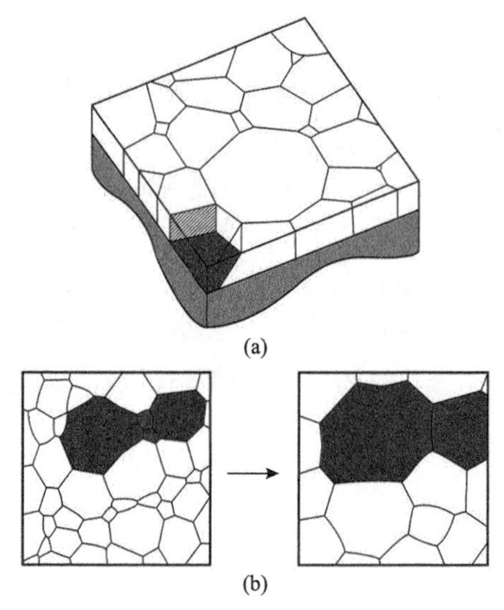

图 7.3　等轴晶薄膜聚结过程

平均的面内晶粒大小接近薄膜厚度

对于二维来说，晶粒生长驱动力来自晶界长度的减小，边为五个及以下的晶粒缩小，边为七个及以上的晶粒长大。晶粒边数的变化有两种形式：第一种是三边连接的两个新晶粒结合来减少晶界，形成一个不稳定的四重点，立即分解成两个三重连接；第二种是三重连接随晶粒消失而消除。

一旦薄膜经过形核、生长和合并形成连续薄膜，增厚通常在已有晶粒上等轴晶生长。如果晶界是可移动的，发生 2 型[图 7.2(b)～(d)]增厚，晶粒随薄膜厚度增加而长大。沉积的吸附原子加入晶粒，随着晶界移动和相邻的晶粒合并。晶粒的纵横比接近 1。当薄膜中晶界是不可移动时，发生 1 型[图 7.2(b)、(c)]增厚，形成高纵横比的柱状晶。

7.2　热蒸发沉积薄膜结构和形貌

由于金属、半导体、陶瓷薄膜结构形貌大致上拥有类似的面貌特征，它们在很大程度上以一般通用的方式来处理。物理方法沉积的薄膜，沉积变量对结构特征的影响通常用结构带图来描述。下面展示一些例子，目的在于解释薄膜沉积和薄膜生长过程紧密的相互关系。

7.2.1　热蒸发结构带模型

气态的凝聚涉及入射原子成为吸附原子，这些原子在表面进行扩散，直到脱附，或者更为普遍的是被捕获在低能格点的位置。最终，结合原子通过体扩散运动达到平衡位置。原子的复杂运动涉及四个基本过程：①投影；②表面扩散；③体扩散；④脱附。投影是生长的薄膜粗糙度引起的几何形状限制，以及入射原子的直线运动造成的。后三个过程可以由扩散和升华激活能定量描述，这一能量的数值大小和凝结的熔点 T_M 成比例。在这四个过程中，有一个或多个主导过程是基底温度(T_S)的函数，表现为不同的结构形貌。这就是结构带模型的基础，用来表征薄膜和涂层的晶粒结构。

热蒸发的金属(Ti、Ni、W、Fe)和氧化物(ZrO_2 和 Al_2O_3)厚膜(0.3～2 mm)，电子束蒸发沉积速率介于 1200～1800 nm/min，按照 T_S/T_M，结构分为三个区域(晶带 1、晶带 2、晶带 3)，如图 7.4 所示。

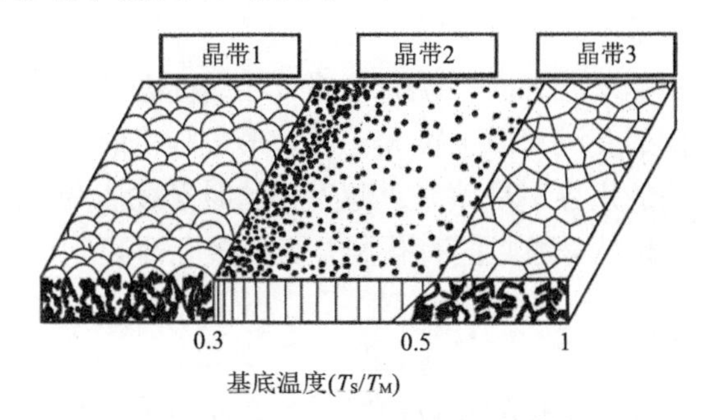

图 7.4　Movchan-Demchishin 晶带模型

区域 1 结构(T_S/T_M < 0.3)是柱状，由倒立的圆锥体组成，圆锥体顶端呈圆顶状，圆锥体之间有几纳米的空隙。这是由于投影效果和非常有限的吸附原子运动的冻结结果。有时结构呈现“菜花”型外貌。晶粒直径随 T_S/T_M 增加而增加，得到的激活能很低，表面扩散非常有限。区域 1 投影效果占主导地位。金属薄膜有高的硬度和低的横向强度。

区域 2 结构（$0.3 < T_S/T_M < 0.5$）仍然是柱状，但晶界更加致密，大约 0.5 nm。表面和晶界扩散显然对结构演化起到很大作用，柱状晶晶粒尺寸随着 T_S/T_M 增加而增加，达到的激活能相当于表面扩散。在高的 T_S/T_M，晶粒可能贯穿整个薄膜。区域 2 的表面扩散占主导地位。沉积金属具有和铸造金属类似的性质。

区域 3 结构（$0.5 < T_S/T_M < 1$）由于体扩散而形成等轴晶，表面光亮。晶粒直径随 T_S/T_M 增加而增加，达到的激活能相当于体自扩散。区域 3 体扩散占主导地位。其结构和性质相当于完全退火的金属。

7.2.2 热蒸发薄膜结构

热蒸发薄膜结构变化包括：

(1) 形核，以及从这些晶核开始独立晶体生长。

(2) 晶粒合并，晶粒长大和邻近晶核接触，开始合并生长。

(3) 连续薄膜生长，此时可能发生再结晶，影响后续生长。

(4) 连续薄膜上的连续生长，可能伴随着再结晶，影响后续薄膜的生长。

讨论薄膜生长时，使用温度比 $\tau = T_S / T_M$ 比较方便，这是由于相同 τ 值的金属的很多行为是类似的。下面定义几个 τ：

(1) τ_{ad} 为表面扩散显著的温度（τ_{ad} 约 0.1）。

(2) τ_r 为再结晶温度（τ_r 约 0.3）。

(3) τ_M 为熔点温度（τ_M 约 1）。

(4) τ_c 为临界温度，高于此温度再蒸发速率过高，表面过饱和达不到形核要求。

1. 区域 1，$\tau \leqslant \tau_{ad}$

金属原子一旦到达基底表面，就失去能量在表面凝结。原子扩散距离短，晶核间距小，晶核直接捕获沉积原子长大，通常形成随机取向的小晶粒。由于表面扩散有限，晶体相遇的边界不易填充，薄膜开始时形成任意取向的晶粒，厚度增加时，形成柱状晶，柱状晶粒之间有孔洞，形成多孔薄膜。

2. 区域 2，$\tau_{ad} < \tau \leqslant \tau_r$

表面扩散显著增加，生长的晶粒相遇时，金属原子扩散进晶界间的空隙。柱状晶粒构成连续薄膜，晶界不可渗透。晶粒大小由最初的晶粒间距决定。

3. 区域 3，$\tau_r < \tau \leqslant \tau_M$

此区域表面扩散更快，晶界和位错是可移动的，再结晶和晶粒生长占主导。在此区域 τ 较低时，随着薄膜厚度增加，晶粒长大，系列透射电子显微镜照片如图 7.5 所示。

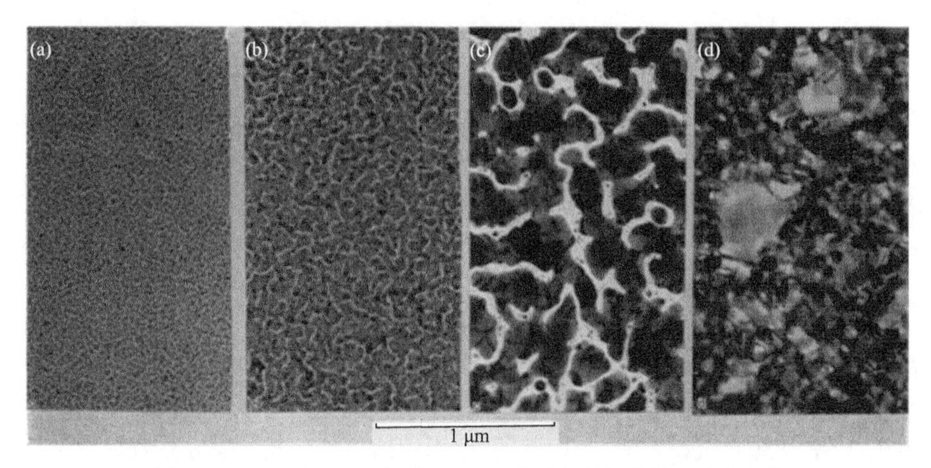

图 7.5 300 K（$\tau=0.23$）下沉积 Cu 随厚度增加晶粒尺寸的变化

薄膜平均厚度(a) 2 nm；(b) 50 nm；(c) 70 nm；(d) 200 nm

在此区域τ较高时，表面扩散非常快，随着薄膜厚度增加，薄膜形貌显著改变，图 7.6 显示 300 K 沉积 Sn 薄膜的电镜照片。晶粒生长表现出类似液体的性质，生长的晶粒相遇时，中间脖颈填充原子降低表面能。两个晶粒取向不同，相遇处形成晶界。随着表面扩散和生长，晶界移出晶粒，留下一个单个晶体。

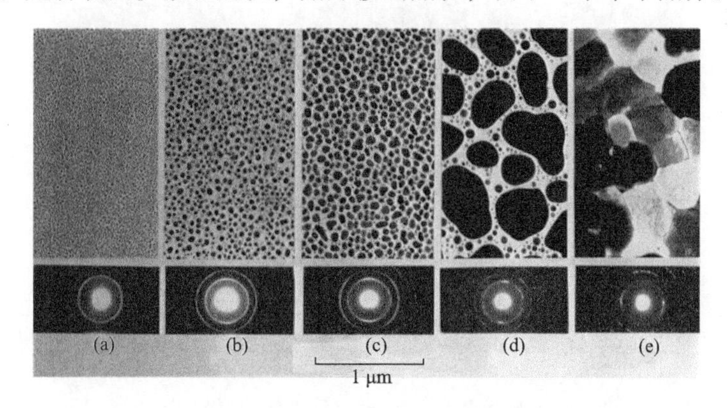

图 7.6 300 K（$\tau=0.58$）下沉积 Sn 薄膜的电镜照片

薄膜平均厚度(a) 2 nm；(b) 10 nm；(c) 50 nm；(d) 70 nm；(e) 200 nm

4. 区域 4，$\tau_M < \tau \leqslant \tau_c$

基底上沉积薄膜就像液体，如果液态金属润湿基底就形成连续薄膜。

5. 区域 5，$\tau > \tau_c$

在此条件，脱附占主导地位，脱附使得原子减少，低于金属原子临界流量（J_{crit}），表面过饱和不足以形成晶核。J_{crit}的值依赖于气相和基底的温度。

7.2.3　掠入射状态时薄膜结构

掠入射沉积(glancing angle deposition, GLAD)是物理气相沉积的一种，以掠入射角α>80° 沉积，有意夸大投影效果，形成孤立的柱状纳米棒结构，晶界间有很多孔洞。图 7.7 显示一典型的掠入射(α = 84°)的薄膜结构，基底 Si(100)连续旋转。室温沉积(τ = 0.09)的Ta棒，高度500 nm，顶部宽度达100 nm[图7.7(a)]。图7.7(b)显示 350℃沉积 Cr(τ = 0.29)，形成柱状晶，最大高度 860 nm，宽度 500 nm，是 Ta 棒宽度的 2.6 倍。随着沉积温度增加，生长面传质加快，平行和垂直于基底表面的生长加快，导致柱状晶上面生长突起结构，其高度和宽度都大于柱状晶。900℃沉积 Ta(τ = 0.36)，形成的突出结构，宽度是周围柱状晶的 2 倍，高度是周围柱状晶的 3 倍。850℃沉积 Nb(τ = 0.41)，总体结构是柱状晶，少数晶粒宽度和高度分别达 600nm 和 1000 nm，称为突出结构[图 7.7(c)]。沉积温度为熔点的 1/2 时，形成如图 7.7(d)所示的等轴晶加晶须结构。250℃沉积 Al(τ = 0.56)，形成的晶须长 3～10 μm，宽 1～2 μm。

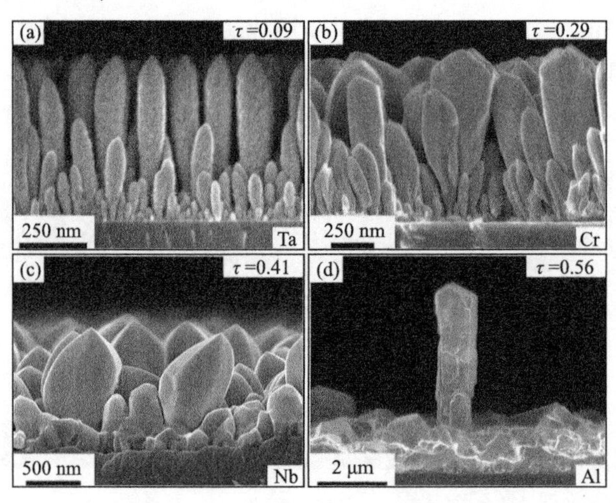

图 7.7　在温度比 $\tau = \dfrac{T_S}{T_M} = 0.09, 0.29, 0.41, 0.56$ 下，掠入射角沉积 Ta、Cr、Nb、Al 的形貌变化

(a)棒状；(b)柱状；(c)突起；(d)带晶须的等轴晶

图 7.8(a)是 Movchan 和 Demchishin 提出的关于 PVD 金属薄膜结构随温度的变化，温度升高使得扩散尺度增加，显微结构呈现晶带 1、晶带 2 和晶带 3 的变化。图 7.8(b)是对应的掠入射沉积金属薄膜的结构随温度的变化，实验观察到的组织变化包括棒状、柱状、突出结构、晶须。低温下，显微结构呈分开的棒状。温度升高使得扩散尺度增加，形成晶界有很多孔洞的柱状晶，类似于法线方向蒸发的晶带 1，表面扩散是柱状晶长度和宽度要比棒状大。温度比约为 0.35 时，突

起结构形成，柱状晶前端变宽。这归结为表面扩散增加柱状晶侧向生长。当温度比约高于 0.5 时，表面和体扩散显著增加，起主导作用，使得晶带 3 形成。有些金属会形成晶须，掠入射有利于晶须生长，入射原子大部分到达晶须，而不是垂直表面。

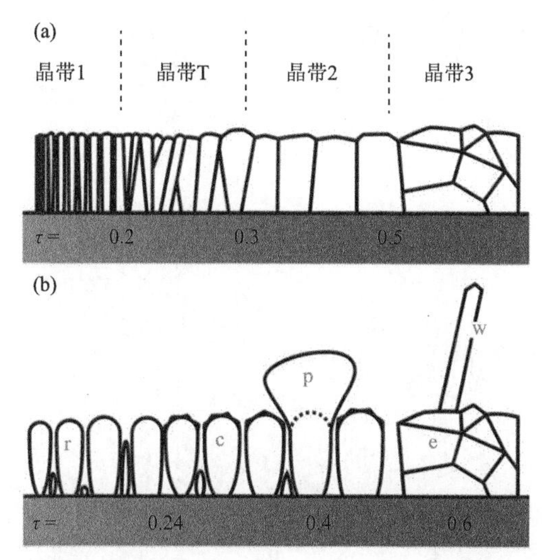

图 7.8 (a)法线方向沉积金属薄膜的晶带模型；(b)相应的掠入射沉积的结构随温度的变化，r 表示棒状，c 表示柱状，p 表示突起，e 表示等轴晶，w 表示晶须

对于法线方向沉积，表面扩散有利于形成致密晶界，形成致密的柱状晶带 2。对于掠入射沉积，形成疏松的柱状晶，温度比高于 0.5，直接转变为晶带 3。

7.3 溅射镀膜薄膜结构和形貌

溅射过程中，离子源来自惰性气体(Ar)在一定气压范围(0.1～6 Pa)的自辉光放电。离子轰击靶材，激发出原子进入气相，沉积形成薄膜。溅射过程的优点是材料保持自身的化学成分。热蒸发原子主要具有热能(0.3～0.5 eV)，溅射原子的能量为 10～40 eV。溅射过程中存在工作气体，溅射原子以比热蒸发更宽的方向到达基底表面，而热蒸发通常为点源。在很多溅射过程中基底会受到等离子体的轰击，加偏压时轰击更为强烈。溅射过程结构带模型加了一个溅射气体轴，如图 7.9 所示。使用空心阴极磁控溅射源，以 5～2000 nm/min 的速率，在金属和玻璃基底上溅射沉积 Ti、Cr、Fe、Cu、Al，膜厚介于 25～250 μm。

如图 7.9(a)所示，溅射沉积方法制备的薄膜结构按照沉积条件不同出现四种形态。对薄膜组织的形成具有重要影响的因素，除了基底温度之外，溅射工作气压也会直接影响入射在基底表面的离子能量，即气压越高，入射到基底上的粒子受到的碰撞越频繁，粒子能量就越低，因而溅射气压对薄膜结构有着很大的影响。基底的相对温度和溅射时工作气压对薄膜结构的综合影响如图 7.9(b) 所示。

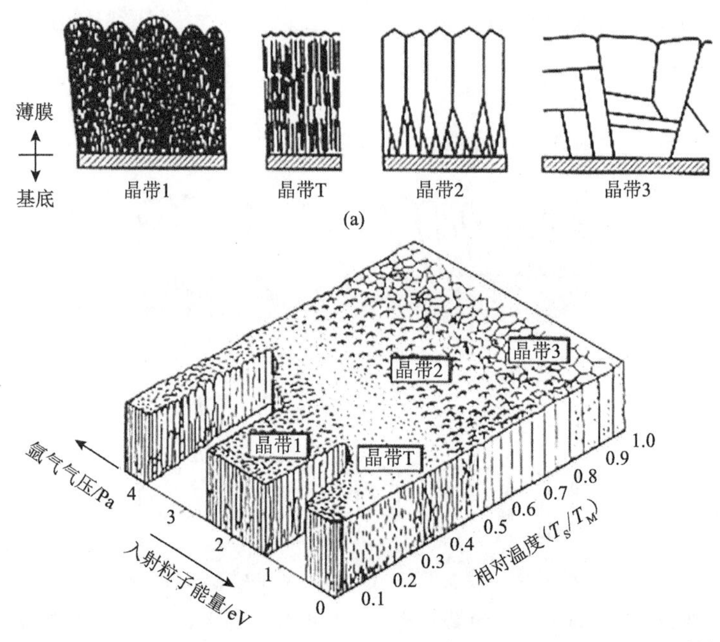

图 7.9　(a) 溅射沉积薄膜的四种典型的断面结构；(b) 基底相对温度 T_S/T_M 和溅射气压对薄膜组织的影响

在温度较低、气压较高的条件下，入射粒子的能量较低，原子的表面扩散能力有限，形成的薄膜为晶带 1 型的组织。在这样低的沉积温度下，薄膜的临界晶核的尺寸很小，在沉积过程中会不断产生新的核心。同时，原子的表面扩散及体扩散能力很低，沉积在基底上的原子即已失去了扩散能力。由于这两个原因，加上沉积投影效应的影响，沉积层的组织结构呈现细的纤维形态，晶粒内缺陷密度很高，而晶粒边界处的组织明显疏松，细纤维状组织由孔洞所包围，力学性质很差。在膜层较厚时，细纤维状组织进一步发展成锥状形态，表面形貌发展为圆屋顶状，而锥状组织之间夹杂着较大的孔洞。

晶带 T 型组织是介于晶带 1 和晶带 2 之间的过渡型组织。沉积过程中临界晶核尺寸仍然很小，但原子已经具有一定的表面扩散能力。因此，在沉积的投影效应影响下组织仍然保持了细的纤维状的特征，但晶粒边界明显较为致密，膜层的力学性质提高，晶界处的孔洞和锥状形态消失。晶带 T 和晶带 1 的分界明显依赖于溅射时的工作气压，溅射气压越低，入射粒子能量越高，则两者的分界越向低温区域移动。这表明，提高入射粒子能量有利于抑制晶带 1 型组织的出现，而促进晶带 T 型组织的出现。

$0.3<T_S/T_M<0.5$ 时形成的晶带 2 是表面扩散控制的生长组织。这时原子的体扩散尚不充分，但表面扩散能力已经很高，可以进行相当距离的扩散，因而沉积投影效应的影响降低。组织形态为各个晶粒分别外延而形成均匀的柱状晶组织，晶粒内部缺陷密度低，晶粒边界致密性好，力学性能高。同时，各晶粒表面开始呈现晶体学平面的特有形貌。

$0.5<T_S/T_M<1$ 时形成晶带 3 是由于基底温度提高使得体扩散开始发挥重要作用，因此晶粒开始迅速长大，直至超过薄膜厚度，组织呈现出经过充分再结晶的粗大等轴晶式的组织，晶粒内部缺陷密度很低。

在晶带 2 和晶带 3 的情况下，基底温度较高，因而溅射气压或入射粒子能量对薄膜组织的影响较小。

图 7.10 表示单一物理作用过程对薄膜结构的影响，以及怎样依赖于基底温度和惰性溅射气体压强(*P*)。气压主要通过一些非直接机制影响薄膜结构，例如，

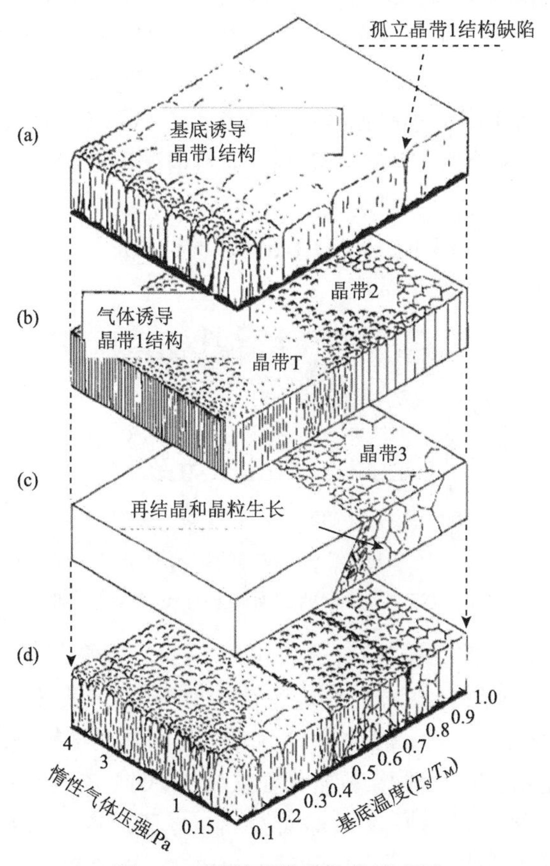

图 7.10 溅射薄膜结构的示意图

(a)投影过程；(b)表面扩散过程；(c)体扩散过程；(d)叠加结构示意图

气压增加，导致溅射原子和气体弹性碰撞平均自由程与靶-基底间距相当，气体散射造成沉积流的偏斜部分增加，导致更加开阔的晶带 1。另外，气压降低，高能粒子碰撞薄膜增加，增加薄膜致密性。

晶带 1 和沉积束流的投影效应有关，表面扩散不足以抵消投影效应[图 7.10(a)]，在高的溅射气压和低的沉积温度下更为明显[图 7.10(b)]。晶带 1 结构为柱状晶，晶界有孔洞。晶带 T 晶形类似晶带 1 结构，表现为纤维状，由于高能粒子轰击，溅射沉积的晶带 T 和热蒸发是不同的。晶带 2 是由于吸附原子扩散，柱状形状接近等轴晶，晶界致密。晶带 3 的特征是体扩散过程，接近等轴晶。

7.4 CVD 薄膜结构和形貌

沉积条件决定薄膜结构，CVD 材料性质和薄膜结构直接相关。下面讨论薄膜性质、结构和沉积条件之间的关系。CVD 材料的结构分成三个主要类型，如图 7.11 所示。区域 A 结构由柱状晶粒构成，柱状晶顶端呈圆顶状；区域 B 仍然由柱状晶构成，柱状晶有更多的小晶面及结晶度更好；区域 C 由细密的等轴晶构成。这是类比于热蒸发薄膜的 CVD 结构模型。通常情况下，CVD 沉积的陶瓷材料，如 SiO_2、Al_2O_3、Si_3N_4 和大多数介电材料倾向于生长成非晶，至少是细密的晶粒结构(C 型)。金属沉积倾向于生长成结晶度好的柱状晶结构(A 型或 B 型)。晶粒尺寸依赖于沉积条件，尤其是温度。

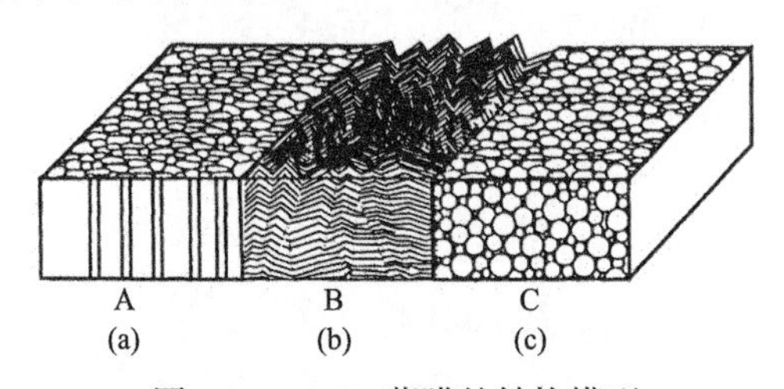

图 7.11　CVD 薄膜的结构模型

(a) 圆顶状的柱状晶；(b) 小晶面柱状晶；(c) 细密的等轴晶

可以通过适当地调控沉积条件，如温度、压力、过饱和度和 CVD 反应的选择，来控制 CVD 薄膜结构。气压控制边界层厚度和扩散，低气压下表面动力学成为薄膜生长的控制条件。低温、高过饱和度和低气压，薄膜结构倾向于生长成细密的晶粒(C 型)。高温条件下，薄膜结构常为柱状晶(A 型或 B 型)。晶粒结构也和薄膜厚度有关，晶粒会随着薄膜厚度增加而增加，厚膜倾向于长成柱状晶。

柱状晶可能导致结构、化学和电学的各向异性，以及杂质沿晶界的快速扩散。在生长过程中要尽量避免柱状晶的生长而形成等轴晶，例如，每隔一定时间通过机械擦刷薄膜表面，使其重新形核。也可以通过化学方法来实现，沉积钨时，交替沉积钨和硅来获得细密的等轴晶。首先在550℃通过氢气还原WF_6沉积100nm的钨层：

$$WF_6 + 3H_2 \longrightarrow W + 6HF \tag{7.1}$$

在相同温度分解硅烷沉积15nm的硅层：

$$SiH_4 \longrightarrow Si + 2H_2 \tag{7.2}$$

重新引入WF_6，硅层减少：

$$2WF_6 + 3Si \longrightarrow 2W + 3SiF_4 \tag{7.3}$$

硅层反应完全后，反应(7.3)停止，反应(7.1)继续生长钨。硅层使得钨生长中断，重新形核。消除柱状晶生长，形成细密的等轴晶。

7.5 本章小结

1. 热蒸发Movchan-Demchishin晶带模型

区域1结构($T_S/T_M<0.3$)是柱状，由倒立的圆锥体组成，圆锥体顶端呈圆顶状，圆锥体之间有几纳米的空隙。这是由于投影效果和非常有限的吸附原子运动的冻结。有时结构呈现“菜花”型外貌。晶粒直径随T_S/T_M增加而增加，得到的激活能很低，表面扩散非常有限。区域1投影效果占主导地位。金属薄膜有高的硬度和低的横向强度。

区域2结构($0.3<T_S/T_M<0.5$)仍然是柱状，但晶界更加致密，大约0.5 nm。表面和晶界扩散显然对结构演化起到很大作用，柱状晶晶粒尺寸随着T_S/T_M增加而增加，达到的激活能相当于表面扩散。在高的T_S/T_M，晶粒可能贯穿整个薄膜。区域2的表面扩散占主导地位。沉积金属具有和铸造金属类似的性质。

区域3结构($0.5<T_S/T_M<1$)由于体扩散而形成等轴晶，表面光亮。晶粒直径随T_S/T_M增加而增加，达到的激活能相当于体自扩散。区域3体扩散占主导地位。结构和性质相当于完全退火的金属。

2. 溅射沉积薄膜晶带模型

在温度较低、气压较高的条件下，入射粒子的能量较低，原子的表面扩散能力有限，形成的薄膜为晶带1型的组织。在这样低的沉积温度下，薄膜的临界晶核的尺寸很小，在沉积过程中会不断产生新的核心。同时，原子的表面扩散及体扩散能力很低，沉积在基底上的原子即已失去了扩散能力。由于这两个原因，加上沉积投影效应的影响，沉积层的组织结构呈现细的纤维形态，晶粒内缺陷密度很高，而晶粒边界处的组织明显疏松，细纤维状组织由孔洞所包围，力学性质很差。在膜层较厚时，细纤维状组织进一步发展成锥状形态，表面形貌发展为圆屋顶状，而锥状组织之间夹杂着较大的孔洞。

晶带T型组织是介于晶带1和晶带2之间的过渡型组织。沉积过程中临界晶核尺寸仍然很小，但原子已经具有一定的表面扩散能力。因此，在沉积的投影效应影响下组织仍然保持了细的纤维状的特征，但晶粒边界明显较为致密，膜层的力学性质提高，晶界处的孔洞和锥状形态消失。晶带T和晶带1的分界明显依赖于溅射时的工作气压，溅射气压越低，入射粒子能量越高，则两者的分界越向低温区域移动。这表明，提高入射粒子能量有利于抑制晶带1型组织的出现，而促进晶带T型组织的出现。

$0.3<T_S/T_M<0.5$ 时形成的晶带2是表面扩散控制的生长组织。这时原子的体扩散尚不充分，但表面扩散能力已经很高，可以进行相当距离的扩散，因而沉积投影效应的影响降低。组织形态为各个晶粒分别外延而形成均匀的柱状晶组织，晶粒内部缺陷密度低，晶粒边界致密性好，力学性能高。同时，各晶粒表面开始呈现晶体学平面的特有形貌。

$0.5<T_S/T_M<1$ 时形成晶带3是由于基底温度提高使得体扩散开始发挥重要作用，因此晶粒开始迅速长大，直至超过薄膜厚度，组织呈现出经过充分再结晶的粗大等轴晶式的组织，晶粒内部缺陷密度很低。

习　题

1. 简述热蒸发晶带模型。
2. 简述影响溅射薄膜结构的因素。
3. 简述金属化学气相沉积结构模型。

参 考 文 献

田民波，李正操. 2011. 薄膜技术与薄膜材料. 北京：清华大学出版社.

Mukherjee S, Gall D. 2013.Structural zone medel for extreme shadowing condition. Thin Solid Films, 527:158-163.

Ohring M. 2006. Materials Science of Thin Films. Singapore: Elsevier.

Pierson H O. 1999. Handbook of Chemical Vapor Deposition（CVD）: Principle, Technology and Application. New York: Noyes Publication.

Thompson C V. 1990. Grain growth in thin films. Annu Rev Mater Sci, 20: 245-268.

Thompson C V. 2000. Structure evolution during processing of polycrystalline films. Annu Rev Mater Sci, 30: 159-190.

Thornton J A. 1977. High rate thick film growth. Annu Rev Mater Sci, 7: 239-260.

第 8 章　现代表面分析技术

现代表面分析技术广泛地用于研究和深入理解表面现象，同时科研开发和质量控制也得益于表面分析技术的发展。表面和薄膜成分及元素氧化态分析技术有 X 射线光电子能谱(XPS)和紫外光电子能谱(UPS)，结构分析方法有 X 射线衍射(XRD)和低能电子衍射(LEED)，振动谱分析有红外光谱(IR)、拉曼(Raman)光谱和高分辨电子能量损失谱(HREELS)，薄膜形貌分析技术有扫描隧道显微镜(STM)和原子力显微镜(AFM)。本章介绍了常用表面分析技术的基本原理与应用，理解各种分析方法的用途和局限。没有一种技术是万能的，应体会如何利用多种分析技术相互配合，更好地多视角分析所研究的课题。

8.1　X 射线光电子能谱

光电子发射谱是基于光电效应：用波长足够短的光照射，样品会发射电子。光电子的数目依赖于光的强度，而电子能量依赖于光的波长。光电子发射现象为爱因斯坦 1905 年提出的著名推断提供重要证据，即光是由量子化的光子组成，光子能量为 $h\nu$。

光电效应从发现到应用于谱学研究经过了半个世纪的旅程，有了长足的发展：

(1) Siegbahn 组致力于改善电子谱仪的分辨率，结合 X 射线源，发展了用于化学分析电子能谱(ESCA)，通常称为 XPS。由于这方面的贡献，1981 年 Siegbahn 获得诺贝尔物理学奖。

(2) Turner 应用光电效应研究气体分子。利用 He 共振产生窄的紫外谱线，甚至可以分辨电子能级的振动精细结构。

(3) Spicer 测量真空中紫外激发的固体光电子能谱。这是现在使用的 UPS 的雏形。

(4) 同步辐射拓展了光子能量范围，光子能量在 UPS 和 XPS 范围内连续可调。

XPS 和 UPS 提供表面敏感的信息。如果激发光和要探测的粒子穿透固体少于几个原子层的距离，那么这个技术就是表面敏感的。图 8.1 显示电子动能和平均自由程的关系。动能在 15～1000 eV 范围内，平均自由程小于 1～2 nm。动能在 50～250 eV 范围时，平均自由程 $\lambda = 0.5$ nm，几乎一半的光电子来自最外层原子。电子和电子相互作用、晶格振动(声子)激发、双粒子激发使第二个电子从基态到激发态使得电子损失能量。这些非弹性过程的影响难于计算，实验表明金属和半导体的电子平均自由程随电子动能而变化。低能电子不能激发上述能量损失，自由程较长；高能电子激发这些损失的截面下降而使自由程变长。对于 UPS，21 eV 激发光源由于电子动能较低，穿透深度相较于 41 eV 激发光源要大。

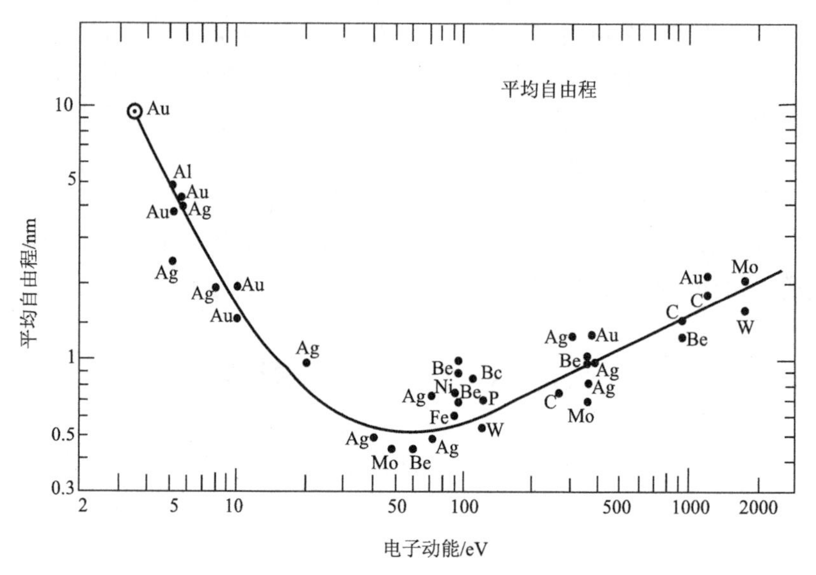

图 8.1　电子平均自由程和电子动能的关系

8.1.1　X 射线光电子能谱基本原理

XPS 分析包含丰富的信息，基本的 XPS 分析提供样品表面所有元素(H 和 He 除外)定性和定量的信息。XPS 是一种强有力的表面分析仪器，可以提供元素成分和元素氧化态的信息。XPS 的原理是基于光电效应，当原子吸收一个光子的能量($h\upsilon$)，结合能为 E_B 的芯电子激发出来，动能为(图 8.2)

$$E_K = h\upsilon - E_B - \varphi \tag{8.1}$$

式中，E_K 为光电子动能；h 为普朗克常数；υ 为激发光的频率；E_B 为光电子结合能；φ 为能谱仪的功函数。

常用的 X 射线源有 Mg K_α(1253.6 eV)和 Al K_α(1486.3 eV)。XPS 测量的是光电子动能(E_K)和强度 $N(E)$ 的关系，但是 XPS 谱通常表示为光电子结合能(E_B)

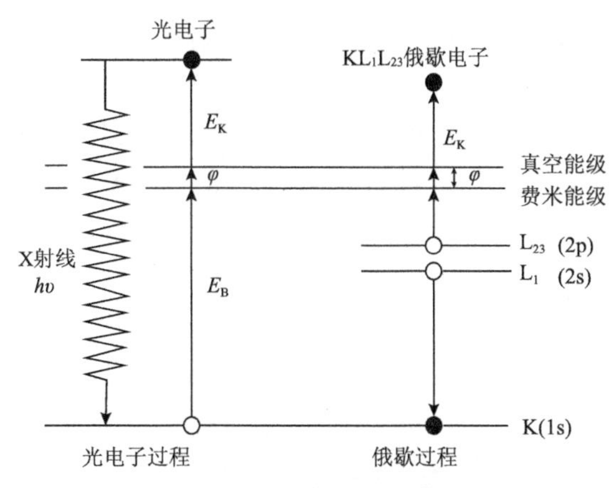

图 8.2　光电子和俄歇电子激发过程

左边：吸收光子和光电子发射过程；右边：激发离子弛豫，高能级的电子填充内层空穴，释放的能量被另外一个电子吸收离开样品，为俄歇电子

和强度 $N(E)$ 的关系。图 8.3 显示 MoS_2 和 MoO_2 纳米片的 XPS 谱。参考结合能图表，可以标出样品中各个元素的峰。对于 MoS_2 样品，主要有 Mo、S 元素的峰，C 峰是由碳氢化合物污染引起的，O 峰是吸附氧引起的。对于 MoO_2 纳米片样品，主要有 Mo、O 元素的峰，以及弱的 C 峰。

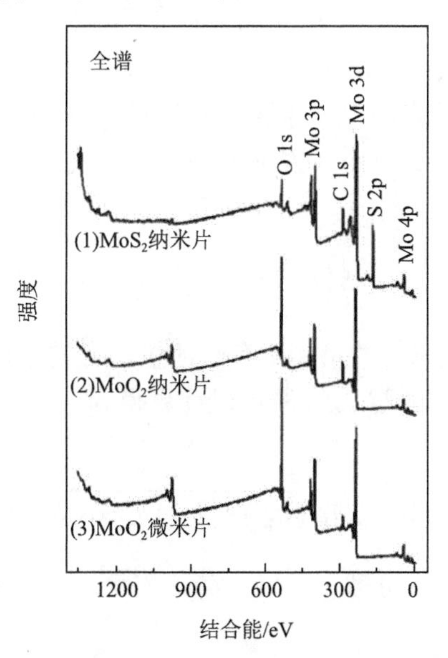

图 8.3　MoS_2 和 MoO_2 纳米片、MoO_2 微米片的 XPS 谱

除了光电子峰之外，XPS 谱中还有俄歇电子的峰。俄歇电子具有确定的动能，与 X 射线能量无关。图 8.3 中结合能 986 eV 的峰是 O KVV 的俄歇电子峰，

俄歇电子的动能大约是 500 eV，测量时用的 X 射线能量为 1486 eV。俄歇电子峰可以用两种不同能量的 X 射线源得到的谱来辨认，XPS 峰结合能位置不变，俄歇电子峰在结合能轴上发生位移。这是 XPS 谱仪通常装有 Mg 和 Al 双靶的原因，通过改变 X 射线能量来辨认俄歇电子峰，避免 XPS 峰和俄歇电子峰的重叠。

8.1.2 XPS 定量分析

每个元素都有一组特定的结合能，XPS 可用于分析样品的化学成分。几乎所有的光电子的动能在 0.2～1.5 keV 的范围，由图 8.1 非弹性自由程数据，可知 XPS 可探测深度为 1.5～6 nm，这依赖于光电子的动能值。样品中不同元素各个特征峰探测的深度是不同的，例如，Al_2O_3 样品中 Al 2p 峰探测的深度要大于 O 1s 峰。要确定元素化学计量比，必须考虑这个因素。

XPS 峰的面积与样品中元素存在的量有关，这样通过测量峰的面积并进行适当的修正，就可以得到每个元素的百分比。XPS 峰的强度通常表示为

$$I = F_x S(E_K)\sigma(E_K)\int_0^\infty n(z)\mathrm{e}^{-z/\lambda(E_K)\cos\theta}\mathrm{d}z \tag{8.2}$$

式中，I 为 XPS 的峰强(面积)；F_x 为照射在样品上的 X 射线通量；$S(E_K)$ 为能谱仪探测动能 E_K 电子的效率；$\sigma(E_K)$ 为光发射截面；$n(z)$ 为元素含量，即单位体积原子个数；z 为可探测的表面以下深度；$\lambda(E_K)$ 为在深度 z 动能 E_K 光电子的平均自由程；θ 为发射角度，即光电子发射方向和表面法线之间的角度。

如果样品组成是均相的，每个元素强度可表示为

$$I = F_x S(E_K)\sigma(E_K) n\lambda(E_K)\cos\theta \tag{8.3}$$

式(8.3)中元素含量 n 是未知的量，所有其他量，有的可以测得(如 I)，有的可以计算得到(如 σ)。因此，通过式(8.3)可以计算得到 n：

$$n_i = \frac{I}{S(E_K)\sigma(E_K)\lambda(E_K)F_x\cos\theta} = \frac{I}{S_i A} \tag{8.4}$$

式中，n_i 为元素 i 的原子百分数；S_i 为元素灵敏度，与电子动能有关。$F_x\cos\theta=A$，与仪器有关。

$$n_i(\%) = 100\left(\frac{n_i}{\sum n_i}\right) = 100\left(\frac{I_i/S_i}{\sum I_i/S_i}\right) \tag{8.5}$$

8.1.3　XPS结合能和氧化态

由于芯电子能级稍微地依赖于原子的化学态，结合能不仅是元素特定的，还包含化学环境信息。

$$E_B = E_f(n-1) - E_i(n) \tag{8.6}$$

式中，$E_f(n-1)$为结束态能量；$E_i(n)$为初始态能量。如果在光电子发射过程中没有原子中其他电子重组，所观察到激发出电子的结合能就是轨道能量的负值：

$$E_B \approx -\varepsilon_k \tag{8.7}$$

假设光电子发射过程中其他电子“冻”在其位置是不正确的。在光电子发射过程中，其他电子会对产生的芯空位做出反应，电子重排来屏蔽空位的影响，降低离子化原子的能量。电子重排引起的能量降低成为“弛豫能”。弛豫是结束态影响。考虑弛豫，更为复杂的描述为

$$E_B = -\varepsilon_K - E_r(k) - \delta\varepsilon_{corr} - \delta\varepsilon_{rel} \tag{8.8}$$

式中，$E_r(k)$为弛豫能；$\delta\varepsilon_{corr}$和$\delta\varepsilon_{rel}$分别为对微分相关性和相对论能量修正。相关性项和相对论项通常很小，可以忽略。

式(8.6)表明，初始态和结束态共同影响E_B。初始态是光电子发射之前的原子基态，如果原子初始态能量改变，如和其他原子形成化学键，原子中电子的结合能就会改变。结合能的变化(ΔE_B)称为化学位移。通常认为初始态效应是引起化学位移的原因，元素形式氧化态增加，从该元素激发出的光电子结合能增加。这是假设对不同氧化态“弛豫”引起的结束态效应有相似的影响。对于多数样品，仅仅考虑初始态效应来解释ΔE_B是足够的，即

$$\Delta E_B = -\Delta\varepsilon_k \tag{8.9}$$

很多研究表明元素的初始态和其ΔE_B是关联的，图8.4表明S的形式氧化态从−2(Na_2S)增加到+6(Na_2SO_4)，测得的S 1s轨道结合能几乎增加了8 eV。

图8.5显示Pt三种氧化态的XPS谱，结合能随着氧化态增加而增加。这是由于Pt^{4+}外面74个电子受到带有78个正电荷的原子核更强的吸引力，而Pt^{2+}的76个电子和Pt的78个电子受到原子核的吸引力相对较弱。一般结合能随着氧化态增加而增加，对于确定的氧化态，随着配合基电负性增加而增加，如$FeBr_3$、$FeCl_3$、FeF_3中Fe $2p_{3/2}$的结合能。图8.6显示一种氟碳多聚物C 1s谱，其中C原子有多种键合排列。

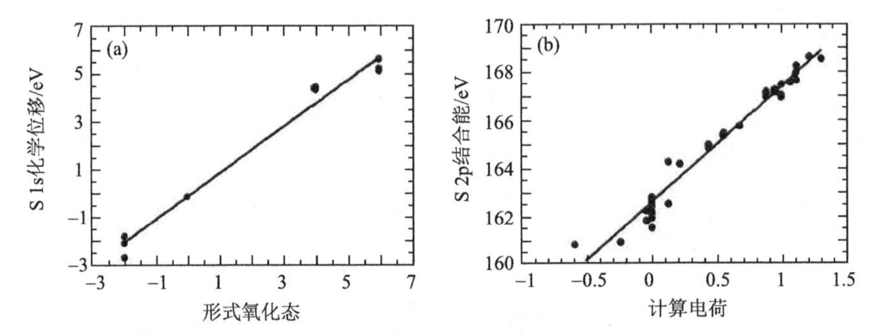

图 8.4 (a) S 1s 的化学位移和不同化合物形式氧化态的关系；(b) S 2p 结合能与化合物计算电荷的关系

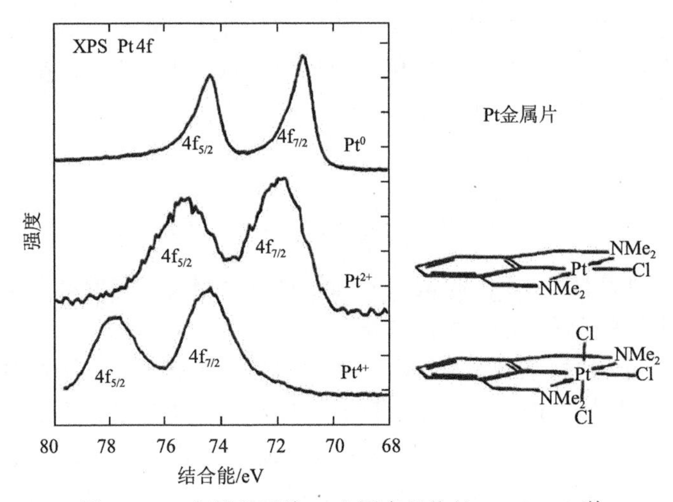

图 8.5 Pt 金属和两种 Pt 金属有机物的 Pt 4f XPS 谱

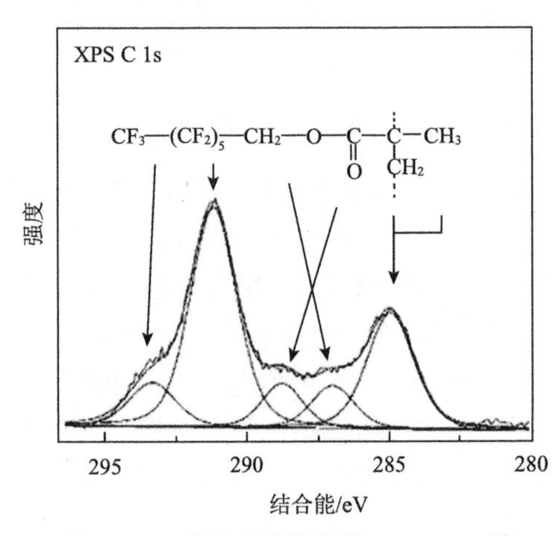

图 8.6 一种氟碳多聚物的 C 1s XPS 谱

C 原子结合能对周围原子电负性很敏感，F 的电负性最大，CF_3 片段中 C 结合能最高

8.1.4　自旋-轨道劈裂

对于具有轨道角动量的轨道电子，将会发生自旋($s = \pm 1/2$)与轨道角动量($l =$ 0，1，2，3…对应 s，p，d，f…)的耦合。总角动量 $j = |l \pm s|$，对每个 j 值自旋-轨道劈裂能级的简并度为 $2j+1$。这样，s 轨道没有自旋-轨道劈裂，XPS 中为单峰。p，d，f…轨道是自旋-轨道劈裂的，XPS 中为双峰，双峰中低 j 值的结合能较高($E_B\ 2p_{1/2} > E_B\ 2p_{3/2}$)。图 8.7 显示 3p 轨道上一对电子的初始态和结束态，两个能量相对的结束态，“自旋向上”和“自旋向下”。对量子数大于 1 的 p、d、f 轨道，能量相同的两个兼并态，电子自旋(向上或向下)和轨道角动量磁性相互作用，导致兼并态分裂成两部分。2p 轨道电子劈裂成 $2p_{1/2}$ 和 $2p_{3/2}$；3d 轨道电子劈裂成 $3d_{3/2}$ 和 $3d_{5/2}$；4f 轨道电子劈裂成 $4f_{5/2}$ 和 $4f_{7/2}$。图 8.7 给出通常的自旋-轨道对，各自的劈裂比值，$2j+1$，确定了两部分峰强度比。

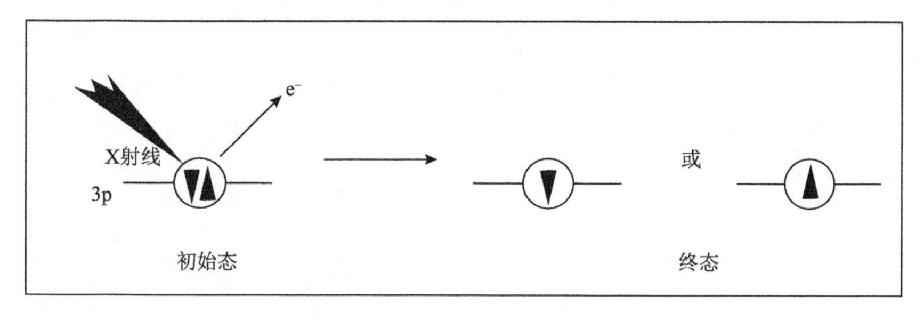

$j_{量子数} = l + s$

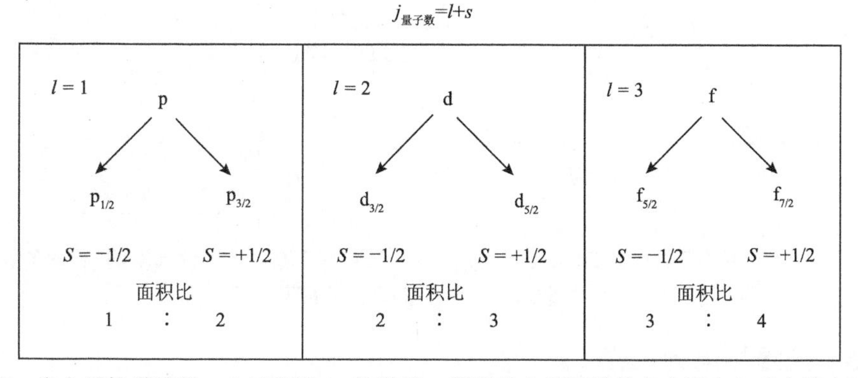

图 8.7　光电子轨道劈裂。电子离开 3p 轨道后，剩下的电子可能具有自旋向上或自旋向下态，这些电子和轨道角动量磁性作用导致这些轨道耦合

图 8.8 显示金 4f 光电子劈裂的 $f_{5/2}$ 和 $f_{7/2}$ 双峰，两个峰的强度比为 3 : 4，4f 峰总的强度为两个劈裂峰的总和。同一原子双峰间距 p 轨道> d 轨道> f 轨道。

对于一些过渡族金属离子(如 Mn^{2+}、Cr^{2+}、Cr^{3+}、Fe^{3+})观察到 s 轨道多重或静电劈裂，这要求价电子壳层存在未配对的轨道。过渡族金属离子和稀土元素离子的 p 轨道和 d 轨道也观察到复杂的多重劈裂。

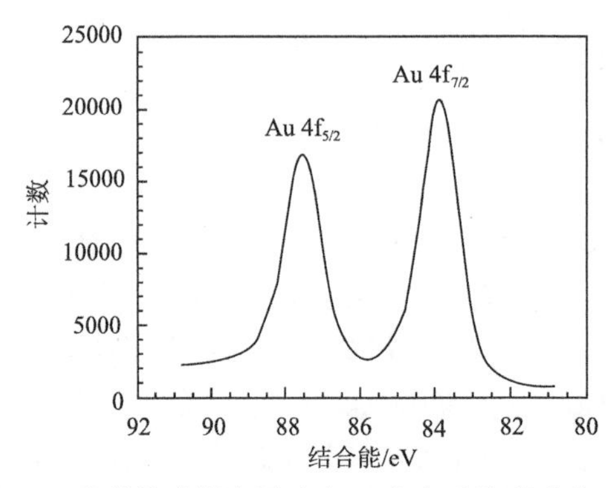

图 8.8　自旋轨道耦合导致金 4f 光电子劈裂形成双峰

金属的导带电子就像连续的“海洋”，集体振动特征称为等离子体振动。有时光电子伴随有等离子体激发振动、周期性的能量损失。

图 8.9 表明 Si(111)7×7 结构中 Si 原子占据三种不同位置，最上面一层(S1)顶戴原子 12 个，第二层为静止原子所在的原子层(S2)，体原子包含第三层和第四层体相原子(B)。峰 S1 的强度是 S2 的 4.9 倍，峰 B 的强度是 S1 的 2 倍。

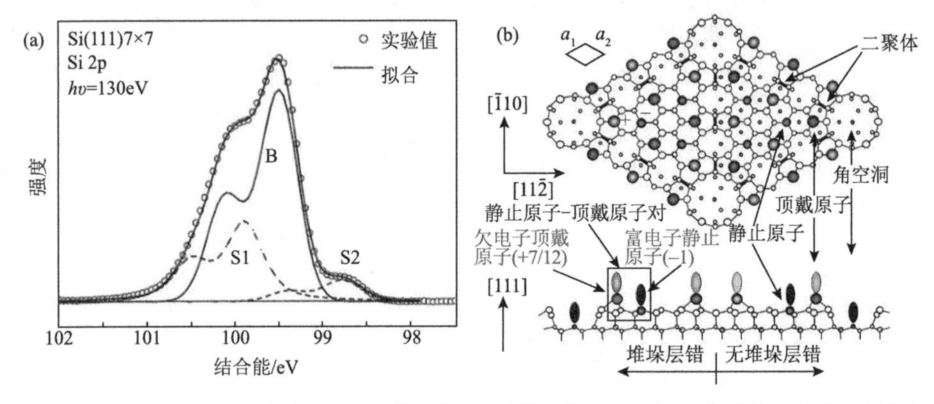

图 8.9　(a) Si(111) 7×7 表面 Si 2p 光电子能谱，光子能量为 130 eV，拟合成体(B)和两个表面态(S1 和 S2)；(b) Si(111) 7×7 结构模型图

8.1.5　绝缘体电荷补偿

前面描述的 XPS 实验中样品的导电性高于光电子的发射电流的影响。但是，有些样品导电性低，或者不能以电接触安放在能谱仪，光电子离开样品而使得样品带正电荷。样品上带有正电荷，使得 XPS 谱的所有峰向高结合能位置移动同样的距离。如果没有其他措施，可以利用已知的元素位置标定，如碳污染的 C 1s 结合能通常位于 284.6 eV。这些样品需要额外的电子源来补偿由于光电子发射形成的正电荷积累。理想状态，利用低能电子(<20 eV)单色源不断补偿电子。

如图 8.10 所示，电荷积累使得 XPS 峰位移向高结合能位置，除此之外，由于电荷分布得不均匀，峰会变宽，这会降低 XPS 分析分辨率。实际使用过程中，可以使用低能电子枪补偿光电子流失，同时把粉末样品压在金属箔上可以降低电荷积累的影响。

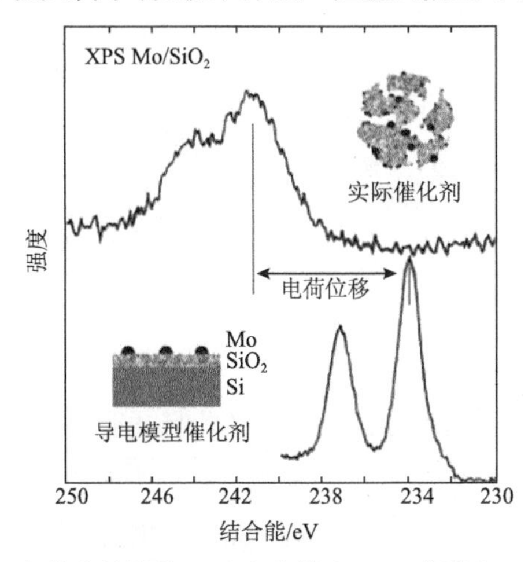

图 8.10　MoO_3 负载在绝缘的 SiO_2 上和导电 SiO_2 薄膜上 XPS 3d 峰的比较

3d 峰有明显的不均匀电荷宽化现象

对于导电样品，样品和谱仪同时接地，两者费米能级在同一位置(图 8.11)：

$$E_B^f = h\upsilon - KE - \phi_{sp} \tag{8.10}$$

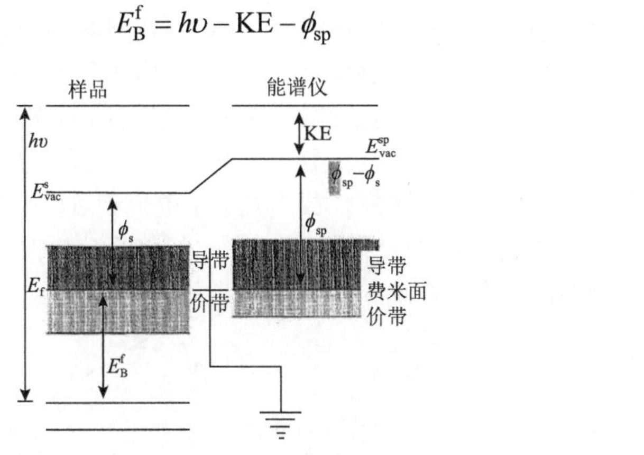

图 8.11　导电样品的能级图

这样，测量动能(KE)和 ϕ_{sp} 就知道 E_B^f。ϕ_{sp} 是谱仪的功函数，可以用标准 Au 来标定($4f_{7/2} = 83.98$ eV)。

样品和谱仪的费米能级是一致的，E_B 参照 E_f，依赖于谱仪的功函数(ϕ_{sp})。

对于绝缘体样品，需要用低能电子来补偿光电子的流失。这样，绝缘样品的结合能 E_B 与样品的功函数(ϕ_s)和补偿电子能量(ϕ_e)有关，如图 8.12 所示。

$$E_{\mathrm{B}}^{\mathrm{vac}} = E_{\mathrm{B}}^{\mathrm{f}} + \phi_{\mathrm{s}} = h\upsilon - \mathrm{KE} + \phi_{\mathrm{e}} \tag{8.11}$$

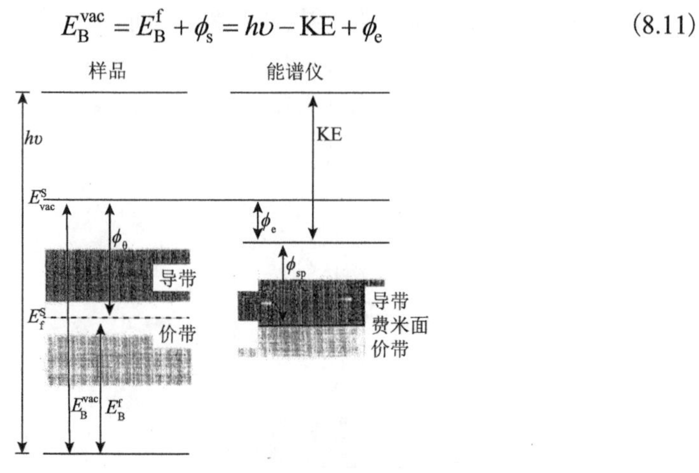

图 8.12　绝缘体样品的能级图
样品的真空能级和电荷完全补偿后能级一致

因此，绝缘体结合能 E_{B} 参照真空能级和补偿电子能量(ϕ_{e})。这样很难得到样品结合能的绝对数值。这种情况可以参考样品中已有元素，如碳氢化物中 C—C、C—H 键的 C 1s 峰位于 285.0 eV 处。

8.1.6　XPS 谱仪构成

XPS 谱仪包括 X 射线源[通常为 Mg K_{α} (1253.6 eV)或 Al K_{α} (1486.3 eV)]，电子能量分析器(多为半球设计)。半球分析器由两个同心半球构成，对应于能量通量(pass energy)内外半球加上负偏压和正偏压。能量通量越低，到达分析器的电子越少，但电子能量分析越准确。分析器按照能量不同分散电子，能量过滤器后面是探测器，由通道倍增器构成，放大光电子电流到可以测量电流。

XPS 装置组成：X 射线源、样品台、电子能量分析器、电子探测器和倍增器、数据处理与控制、真空系统，如图 8.13 所示。

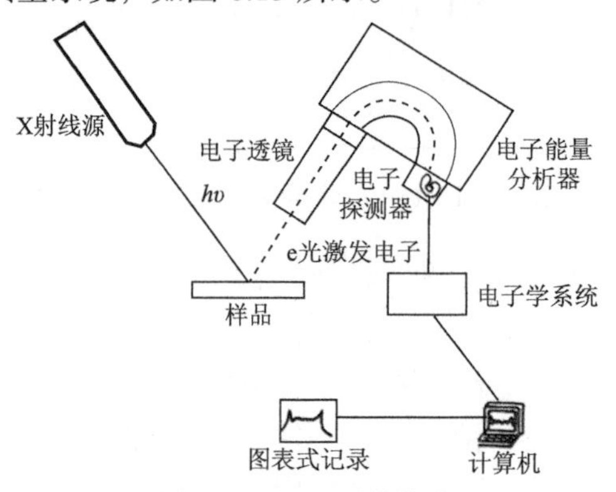

图 8.13　XPS 系统构成

8.2　紫外光电子能谱

XPS 使用 X 射线源，而 UPS 使用 UV 光，常用的光源有 He Ⅰ (21.2 eV) 和 He Ⅱ (40.8 eV)。在这些低激发能下，光电子发射局限于价电子。因此，UPS 尤其适合探测金属、分子和吸附基团的键合。

UPS 可以快速测定宏观功函数，最慢的损失电子构成谱的高结合能截止边，$E_k = 0$，费米面上的电子具有最高结合能，$E_K = h\upsilon - \varphi$。因此，UPS 谱的宽度 ($W$) 等于 $h\upsilon - \varphi$，功函数为

$$\varphi = h\upsilon - W \tag{8.12}$$

式中，φ 为样品功函数；$h\upsilon$ 为紫外光子能量 (21.2eV 或 40.8 eV)；W 为 UPS 谱的宽度，如图 8.14 所示。

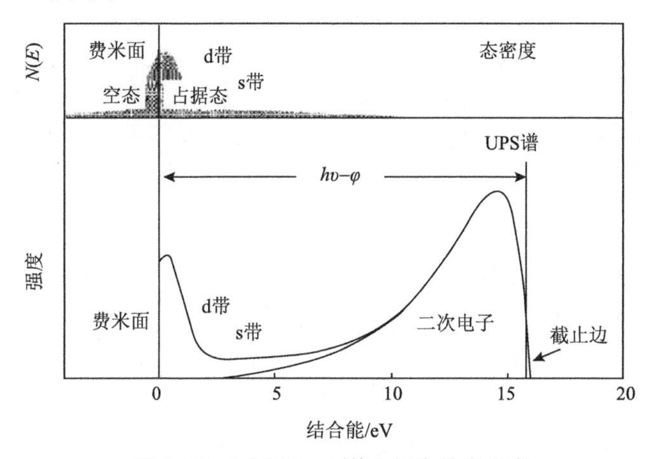

图 8.14　d 金属 UPS 谱和相应的态密度

UPS 和 XPS 都可以测量态密度，方式不完全相同。XPS 中从价带激发出的光电子动能超过 1 kV，而 UPS 电子动能低，介于 5～16 eV 之间。这意味着光电子结束态位于金属态密度的空态部分，UPS 谱代表空态和占据态的交错，有时称为联合态密度。

总之，UPS 提供价带态密度信息。相比于 XPS，由于窄的 UV 线，UPS 对表面更加敏感和分辨率更高。UPS 适合测量表面功函数和吸附分子占据态分子轨道。

TaON/Pt 和 Au 的 UPS 谱和各个能级之间 ($E_{V.B.}$，E_F，E_{vac}) 的关系如图 8.15 所示，Au 的费米能级结合能设定为 0 V。真空能级 (E_{vac}) 应该位于截止边以上 21.2 eV 处，这样 TaON 和 Au 的功函数分别为 4.4 eV 和 5.1 eV。图 8.16 给出

价带区域的 Ta_2O_5/Ta、TaON/Pt、Ta_3N_5/Ta 的 UPS 谱，以真空能级(E_{vac})为基准，标出每个样品的价带($E_{V.B.}$)。随着样品含氮量的增加，价带向低结合能位置位移。

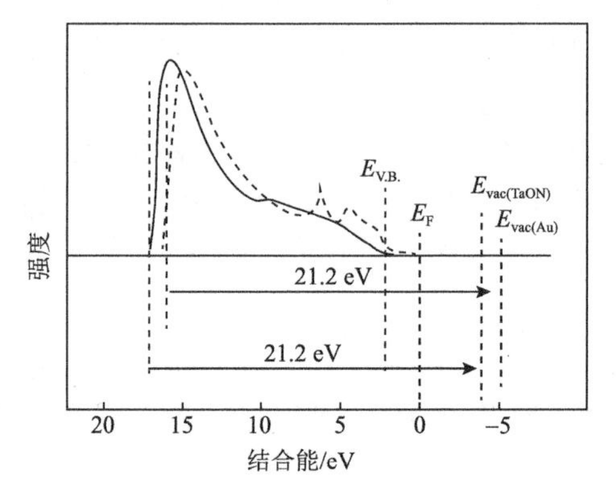

图 8.15　UPS 谱中 $E_{V.B.}$、E_F、E_{vac} 之间的关系

实线：TaON/Pt；短划线：TaON/Pt 上生长 Au

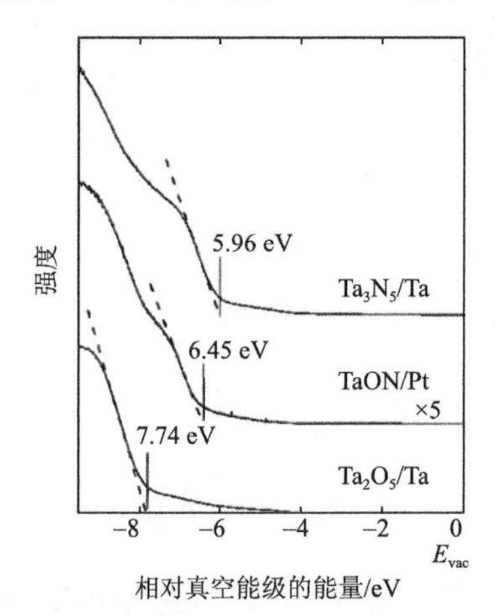

图 8.16　Ta_2O_5/Ta、TaON/Pt、Ta_3N_5/Ta 的 UPS 谱

图 8.17 给出 UPS 和电化学测量在 pH=0 时的能带位置，带隙(E_{BG})由紫外-可见吸收光谱(UV-vis)测得。两种方法测出的能带位置符合得很好。

图 8.18 显示少量 Ag 或 Au 蒸镀在 Ru(001)基底上的系列 UPS 谱，干净的 Ru(001)基底为 d 金属，费米面附近有高态密度，Ru 的 d 能带延展到费米面下约 5 eV。相比较，Ag 和 Au 为 s 金属，费米面附近态密度低，d 能带在费米面下 4～8 eV 范围。随着 Ag 或 Au 覆盖量的增加，Ru 基底的光电子很快变弱，而 Ag 的 d 能带逐渐变宽，在 4 ML 完全表现为 Ag 和 Au 的 d 态密度特征。Ag 的功函数(4.72 eV)比 Ru(5.52 eV)低，因此，谱宽从 Ru 的 15.7 eV 增加到 Ag

厚膜的 16.7 eV。Au 的功函数和 Ru 几乎相等，谱宽保持不变。

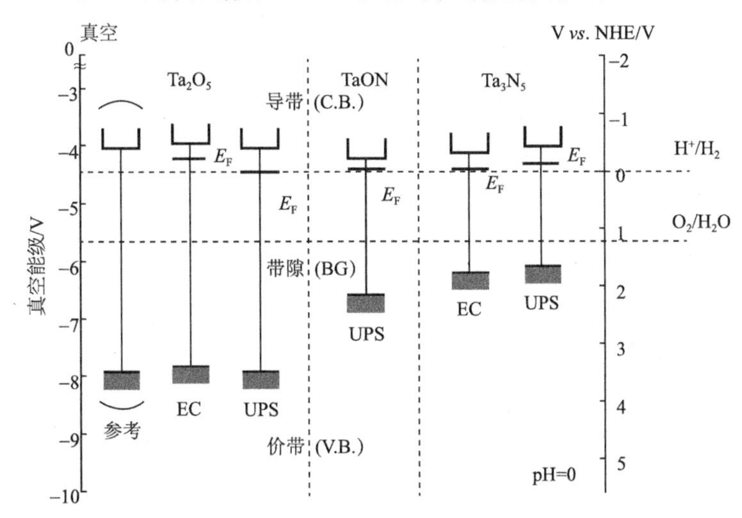

图 8.17　电化学(EC)分析和 UPS 测得的 Ta_2O_5、TaON、Ta_3N_5 能带位置

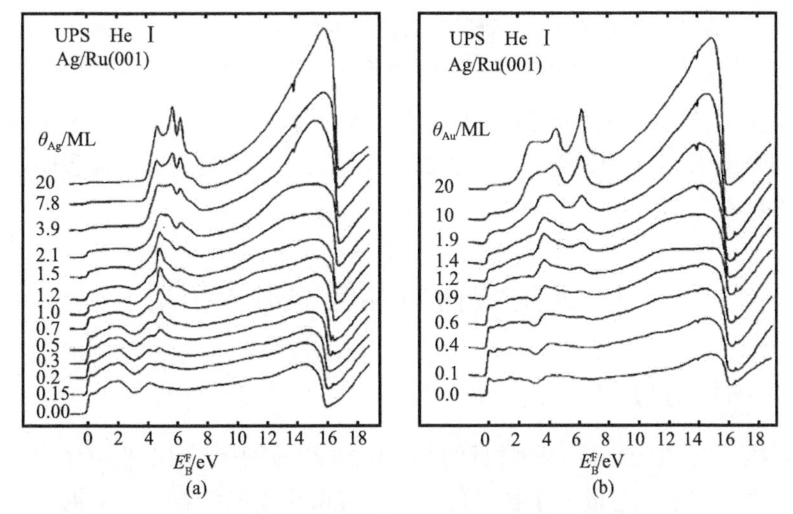

图 8.18　Ru(001)基底上沉积 Ag(a)和 Au(b)的 UPS 谱

逐渐显示 Ag 的 d 能带随 Ag 覆盖量的变化，注意 Ag 功函数的变化反映在谱宽的变化

Si(111)7×7 表面有三个表面态，分别位于 0.3 eV、0.9 eV 和 1.8 eV，如图 8.19 所示。当噻吩覆盖 Si(111)7×7 表面后，位于 0.9 eV 的表面态消失，这说明该表面态来自 Si(111)7×7 表面的静止原子，而 0.3 eV 表面态来自顶戴原子。当 Cu 原子沉积后，位于 3～5 eV 的峰来自 Cu 3d 电子。

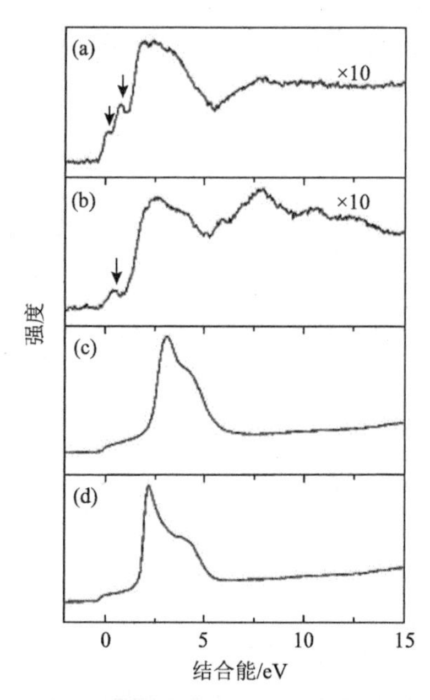

图 8.19　Si(111)7×7 表面(a)，噻吩覆盖的 Si(111)7×7 表面(b)，以及 0.01 ML Cu (c)、0.03ML Cu (d)沉积在噻吩覆盖的 Si(111)7×7 表面的价电子能谱

综上所述，UPS 提供价带态密度图像。由于窄的 He UV 线，UPS 能量分辨率高，更加表面敏感。UPS 用于研究表面功函数，尤其适合研究表面吸附的分子占据态轨道。

8.3　X 射线衍射和低能电子衍射

8.3.1　X 射线衍射

X 射线衍射(XRD)是一种常见的晶体结构表征手段，用于监控体相转变动力学和估算晶粒大小。它的一个显著优势在于能够用于原位观察。X 射线衍射是由于 X 射线光子被周期性晶格原子散射，图 8.20 显示晶格衍射的布拉格关系：

$$n\lambda = 2d\sin\theta, \quad n = 1, 2, \cdots \tag{8.13}$$

式中，λ为 X 射线波长；d 为晶面间距；θ为入射 X 射线与晶面法线之间的夹角；n 为反射级数，整数。产生衍射必须满足布拉格方程，但是有些方向上的原子由于位置和原子种类不同而引起衍射线消失，称为系统消光。衍射峰强度和晶面 (hkl) 对应的结构因子 $F(hkl)$ 相关，产生衍射的充要条件是满足布拉格方程且 $F(hkl) \neq 0$。

$$I(hkl) = \left|F(hkl)\right|^2 \tag{8.14}$$

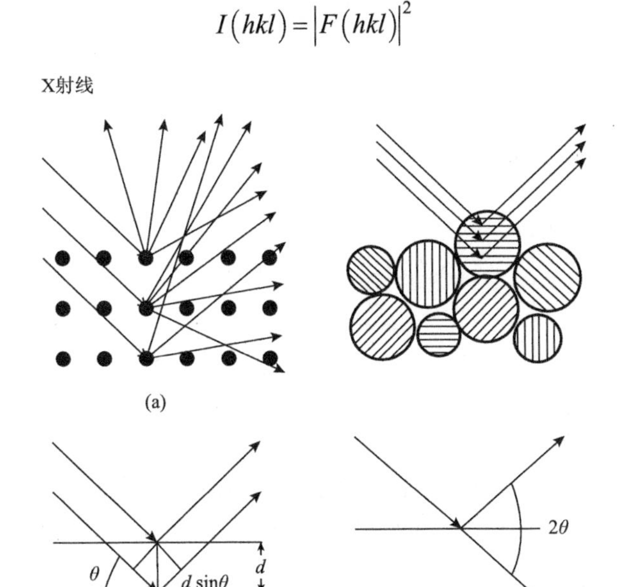

图 8.20　(a)有序晶面对 X 射线的散射；(b)布拉格定律；(c)测定的衍射图样是 2θ 的函数

对于立方晶格：

$$F(hkl) = \sum_p f_p \exp 2\pi \mathrm{i}\left(\mu h + \upsilon k + \omega l\right) \tag{8.15}$$

式中，f_p 为结构中 p 原子的散射因子；($\mu\upsilon\omega$)为原子在晶格中的位置。

系统消光使得有些衍射峰消失：

(1)面心立方晶格，(hkl)同时存在奇数和偶数不出现衍射峰。

(2)体心立方晶格，只有(h+k+l)为偶数时出现衍射峰。

(3)NaCl 结构，(hkl)全为偶数或全为奇数时出现衍射峰。

(4)金刚石结构，(hkl)全为偶数，(h+k+l)= 4n+2 时，$F(hkl)$=0；(h+k+l)= 4n 时，$F(hkl)$=8f；(hkl)全为奇数，(h+k+l)= 4n±1 时，$\left|F(hkl)\right|^2 = 32f^2$；出现的衍射峰有(111)、(220)、(311)、(400)、(331)。

一旦测定 2θ，布拉格关系给出相应的晶格间距，对特定化合物来说是特征值。

XRD 的一个局限在于只有样品足够长程有序才能得到清楚的衍射峰，衍射峰的宽度包含反射面尺度的信息。完美晶体的衍射峰窄，如图 8.21 中大颗粒 Pd 的(111)和(200)衍射峰。对于尺寸小于 100 nm 的颗粒，衍射峰展宽，图 8.21 显示两个 Pd 催化剂衍射图谱，衍射峰明显比参考样品的要宽。

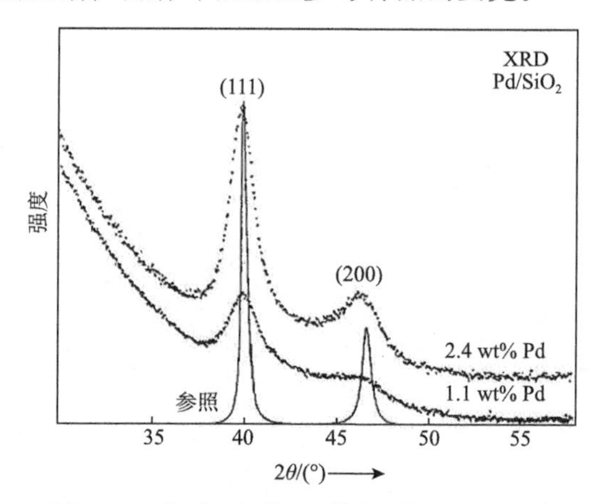

图 8.21　硅石上负载 Pd 催化剂的 XRD 图谱

Pd(111)和(200)面对应的 2θ角分别是 40.2°和 46.8°(Cu K_{α}，λ=0.154 nm)；wt%表示质量分数

晶粒大小的 Scherrer 公式为

$$\langle L\rangle=\frac{K\lambda}{\beta\cos\theta} \tag{8.16}$$

式中，$\langle L\rangle$为垂直于反射面的晶粒大小；λ为 X 射线波长；β为峰宽；θ为入射 X 射线与晶面法线之间的夹角；K 为常数，通常为 1。

应用 Scherrer 公式计算图 8.21 图谱，含有 2.4 wt%和 1.1 wt% Pd 催化剂的平均直径分别为 4.2nm 和 2.5 nm。

8.3.2　低能电子衍射

低能电子衍射(LEED)用于确定单晶表面的表面结构和有序的吸附层结构。LEED 的原理如图 8.22 所示，单一能量的低能电子束照射到表面上，电子被弹性散射。电子的波长

$$\lambda=\frac{h}{\sqrt{2m_{\mathrm{e}}E_{\mathrm{kin}}}} \tag{8.17}$$

式中，λ为电子波长；h 为普朗克常数；m_{e}为电子质量；E_{kin}为电子的动能。因此，散射的电子呈现干涉图案，在某些方向产生相长干涉。

$$\sin\alpha=\frac{n\lambda}{a}=\frac{nh}{a\sqrt{2m_{\mathrm{e}}E_{\mathrm{kin}}}} \tag{8.18}$$

式中，α 为散射原子和表面法线的夹角；n 为衍射级数；a 为表面原子间距。用一荧光屏收集散射的电子，得到衍射斑点的图案，每个斑点对应一个产生相长干涉的方向。由于原子间距和散射电子形成相长干涉方向呈相反关系，原子间距越小，LEED 斑点距离越大，反之亦然。LEED 衍射图案和“倒易晶格”有同样的形式，这对于理解衍射实验是很重要的。二维倒易晶格的构建比较简单，倒易晶格的主要性质如图 8.23 所示。

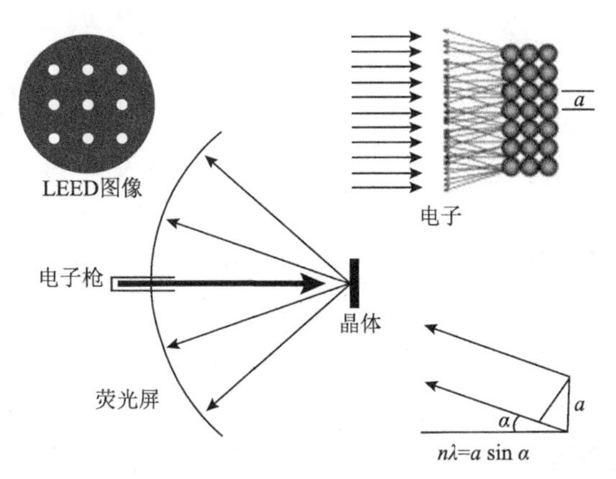

图 8.22　LEED 原理

定义：　$\vec{a}_i \cdot \vec{a}_j^* = \delta_{ij}$

方向：　$\vec{a}_1^* \perp \vec{a}_2$；$\vec{a}_2^* \perp \vec{a}_1$

长度：　$|\vec{a}_i^*| = \dfrac{1}{|\vec{a}_i| \cdot \sin\gamma}$

角度：　$\angle(\vec{a}_1^*, \vec{a}_2^*) = 180° - \gamma$

元胞面积：　$A^* = |\vec{a}_1^* \times \vec{a}_2^*| = \dfrac{1}{|\vec{a}_1 \times \vec{a}_2|} = \dfrac{1}{A}$

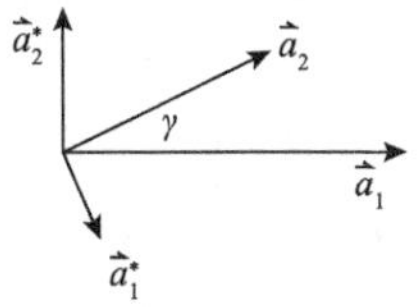

$\vec{a}_2^*$　$\vec{a}_2$　γ　$\vec{a}_1$　$\vec{a}_1^*$

图 8.23　二维倒易点阵定义

a_1 和 a_2 是表面晶格基矢，a_1^* 和 a_2^* 是倒易晶格基矢。后者等同于 LEED 图谱

图 8.24 显示正方 Rh(111) 面和吸附 0.25 ML NH_3 的 LEED 图谱，Rh(111) 2×2 层的元胞是 Rh(111) 的 2 倍，倒易元胞大小是基底元胞的一半，LEED 图样亮点数是基底的 4 倍。NH_3 分子吸附在 Rh 原子的顶上。N 吸附在 Rh(100) 表面形成 c(2×2) 结构，正确的表示应该是 $\left\{\mathrm{Rh}(100)-\left(\sqrt{2}\times\sqrt{2}\right)R45°\mathrm{N}\right\}$，N 原子占据 Rh 原子之间的四重空的位置。

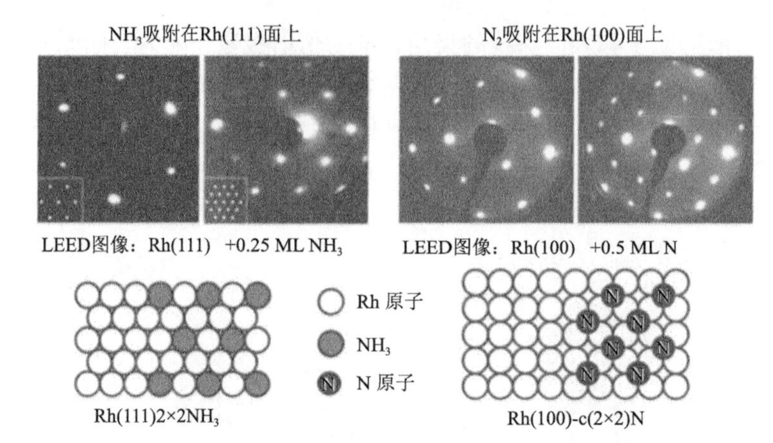

图 8.24 Rh(111)面吸附 NH_3 和 Rh(100)面吸附 N_2 的 LEED 图谱

NH_3 为简单(2×2)结构，吸附量为 0.25 ML；N_2 为 c(2×2)结构，吸附量为 0.5 ML

8.4 扫描隧道显微镜和原子力显微镜

8.4.1 扫描隧道显微镜

扫描隧道显微镜(STM)和原子力显微镜(AFM)可以在原子尺度表征表面结构，使得原子和分子操纵成为可能。扫描探针显微镜的发明，包括 STM、AFM，极大地推动了早期纳米科学和表面显微学的发展。实空间获得原子分辨有很重要的意义：

(1)在原子尺度实现表面结构的监控和控制；

(2)针尖可以在原子尺度准确定位在预定位置，进行局域操作；

(3)原子分辨和针尖准确定位，使得可以进行原子尺度的操纵构建原子器件。

扫描隧道显微镜的基本构成如图 8.25 所示，探针(W 或 Pt-Ir 合金)固定在压电陶瓷驱动器上，通过 x 和 y 压电陶瓷施加电压实现在 xy 面上扫描。针尖和样品接近到纳米范围，针尖和样品表面功函数相互交叠，产生一定的隧穿电导。针尖和样品之间施加偏压，产生隧穿电流。隧穿电流通过电流放大器转换成电压，和参考值比较，差值通过放大驱动压电陶瓷 z。锁相放大器提供负反馈，如果隧穿电流大于参考值，z 压电陶瓷使针尖驱离样品表面，反之亦然。

样品偏压为零时，电子可以在样品-针尖之间隧穿，净电流为零。样品和针尖之间施加偏压 V，样品费米面偏移$-eV$，产生净电流。样品偏压为正，电子从针尖占据态进入样品空态；样品偏压为负，电子从样品占据态进入针尖空态，如图 8.26 所示。

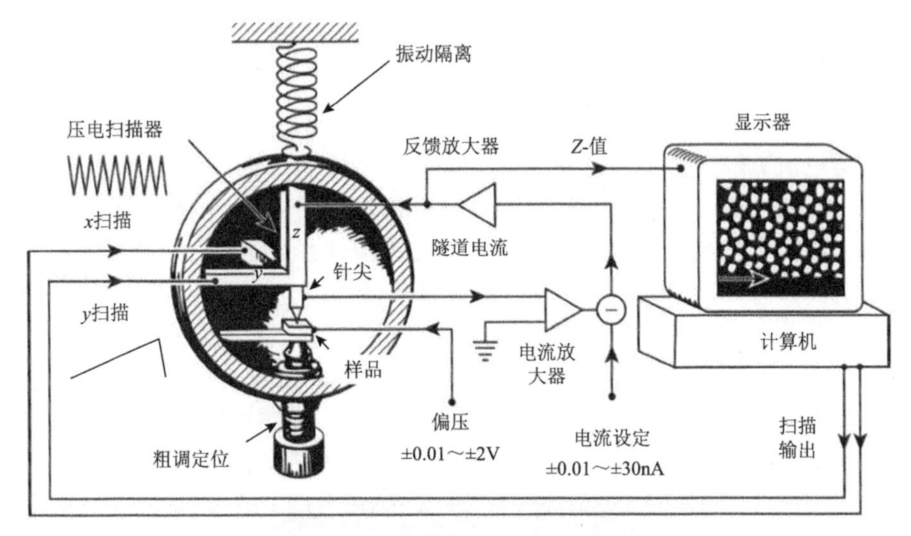

图8.25　扫描隧道显微镜示意图

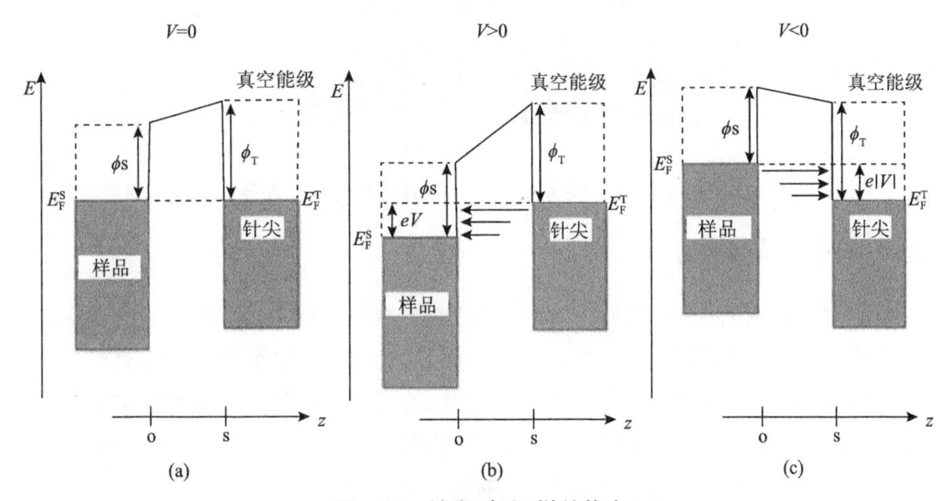

图8.26　针尖-真空-样品势垒

(a)针尖和样品电平衡；(b)样品正偏压，电子从针尖占据态到样品空态；
(c)样品负偏压，电子从样品占据态到针尖空态

隧穿电流：

$$I = \frac{4\pi e}{\hbar}\int_0^{eV} \rho_{\mathrm{T}}\left(E_{\mathrm{F}}^{\mathrm{T}} - eV + \epsilon\right)\rho_{\mathrm{S}}\left(E_{\mathrm{F}}^{\mathrm{S}} + \epsilon\right)\mathrm{e}^{-2ks}\mathrm{d}\epsilon \tag{8.19}$$

式中，V为样品-针尖之间的偏压；ρ_{T}和ρ_{S}分别为针尖和样品的态密度。隧穿电流I和针尖-样品之间的距离s呈指数关系；$E_{\mathrm{F}}^{\mathrm{T}}$和$E_{\mathrm{F}}^{\mathrm{S}}$分别针尖和样品的费米能级，$\epsilon$为费米能级附近的微小能量变化，$\hbar$为普朗克常数，$\kappa$为常数。

当偏压 V 不大，针尖态密度不变时，隧穿电流 I 近似为

$$I \propto \rho_{\mathrm{S}}\left(E_{\mathrm{F}}^{\mathrm{S}}\right)\mathrm{e}^{-2ks} \tag{8.20}$$

隧穿电流 I 和针尖-样品之间距离 s 呈指数关系。

Si(111)7×7 表面重构的两个半元胞，一边有堆垛层错，一边没有堆垛层错，周围有 9 个二聚体围成 2 个三角形。每个元胞共有 19 个悬挂键，其中 12 个顶戴原子，6 个静止原子和 1 个角空洞。不同偏压 STM 图像可以分辨两个三角形半元胞中顶戴原子的电子态。样品正偏压，隧穿电子进入样品空态，12 个顶戴原子没有区别，如图 8.27(a)所示。样品负偏压，隧穿电子来自样品占据态，有堆垛层错的半元胞中的顶戴原子要比没有堆垛层错的一半亮一些，另外，角上的 3 个顶戴原子比 3 个中心顶戴原子亮，如图 8.27(b)所示。STM 可以分辨顶戴原子电子态的差别。

图 8.27　Si(111)7×7 表面的 STM 图像

(a)样品正偏压+1.5 V，隧穿进入表面空态；(b)样品负偏压−1.5 V，隧穿来自表面占据态

8.4.2　原子力显微镜

原子力显微镜(AFM)探测针尖和样品表面之间的力，原理如图 8.28 所示。几微米长的针尖位于悬臂的自由端，针尖和样品表面之间的作用力引起悬臂弯曲，悬臂的位移由悬臂背面反射激光来测量。针尖在样品表面扫描过程中测量悬臂的位移，得到表面形貌像。AFM 应用于所有表面，包括导体、半导体、绝缘体。

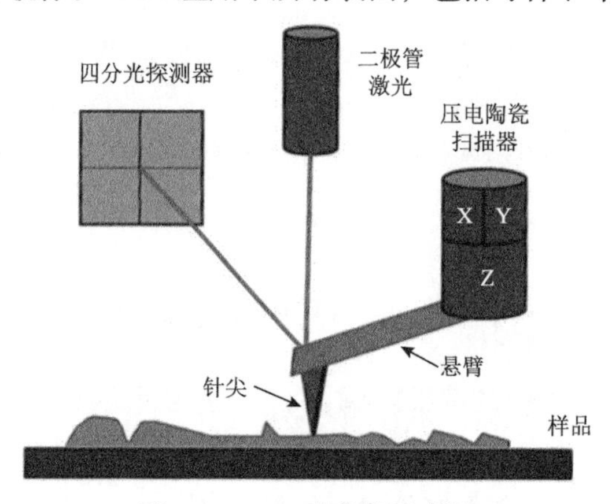

图 8.28　AFM 的原理示意图

针尖-样品表面之间的相互作用，参考原子间力和距离之间的关系曲线，如图 8.29 所示。当针尖和样品表面之间距离较远时，相互作用为吸引力，随着距离减小，吸引力逐渐增大。当距离小于平衡距离时，针尖和样品表面原子的电子云交叠，排斥力占主导地位。

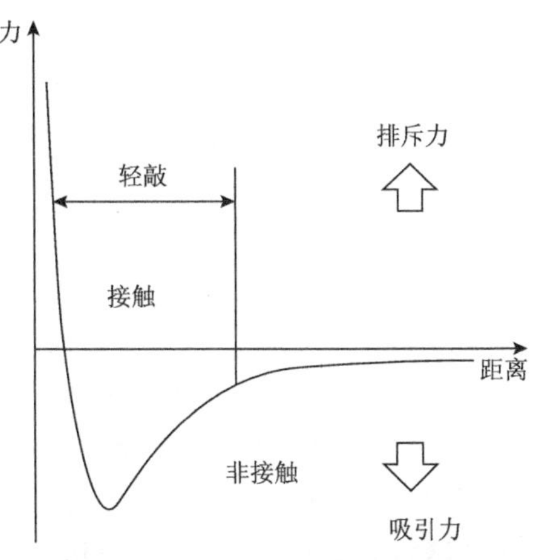

图 8.29　原子间力和距离的关系

图上标出了 AFM 工作的接触模式和轻敲模式区间

AFM 的工作模式包括接触模式和轻敲模式。接触模式时，针尖和样品表面轻微物理接触，针尖和样品表面之间的力为排斥力。扫描过程中针尖跟随表面形貌的变化，测量悬臂位置变化就可得到表面形貌。轻敲模式时，针尖和样品表面之间的距离在几十纳米，针尖和样品之间为弱的吸引力，悬臂于接近共振频率振动，振幅约几纳米。

8.5　振　动　谱

8.5.1　红外光谱

傅里叶变换红外光谱(FTIR)是最常见的振动谱，用于研究分子在表面的吸附方式。吸收光子激发分子或晶格振动是有选择性的。

分子具有分离的旋转和振动能级，吸收频率 υ 的光子发生振动能级之间的转变，如 C—O 伸缩振动在 2143 cm^{-1} 处。对于偏离平衡位置小的原子，势能 $V(r)$ 可以简化为谐振子：

$$V(r)=\frac{1}{2}k\left(r-r_{\mathrm{eq}}\right)^{2} \tag{8.21}$$

式中，$V(r)$为原子间势垒；r为振动原子间距；r_{eq}为原子间平衡距离；k为振动键的力常数。

相应的振动能级是等距的：

$$E_n = \left(n + \frac{1}{2}\right) h\upsilon \tag{8.22}$$

$$\upsilon = \frac{1}{2\pi}\sqrt{\frac{k}{\mu}} \tag{8.23}$$

$$\frac{1}{\mu} = \frac{1}{m_1} + \frac{1}{m_2} \tag{8.24}$$

式中，E_n为第n振动能级的能量；n为整数；h为普朗克常数；υ为振动频率；k为键的力常数；μ为有效质量；m_i为振动原子质量。因此，振动频率随着键强增加和振动原子质量减小而增加。简谐近似能级转变容许振动量子数改变 1，也就是说，吸收光波基础频率整倍数是不允许的。光子吸收选择原则是振动中分子偶极矩改变，而拉曼光谱的选择原则是振动中分子极化率的改变。

简单的分子谐振子图像非常有用，首先，知道振动频率可以计算出化学键力常数，红外频率可以看作键强度的指示。其次，同位素替代对指认化学键振动频率非常有帮助，这是由于同位素替代引起的频率位移是可知的。例如，$^{12}C^{16}O$ 的振动频率为 2143 cm^{-1}，而 $^{13}C^{16}O$ 的振动频率为 2096 cm^{-1}。

N 个原子构成的分子有 $3N$ 个自由度。分子平移自由度有 3 个，3 个分子沿三个主惯性轴旋转。线形分子只有 2 个旋转自由度，沿分子主轴旋转没有能量变化。因此，非线形分子基本振动模式有 $3N-6$ 个，线形分子有 $3N-5$ 个。

有四类振动类型，如图 8.30 所示，各有特征符号：

(1) 伸缩振动(υ)，键长改变。

(2) 面内弯曲振动(δ)，键角改变，键长不变(大分子进一步分成摇摆、翘曲、摆动)。

(3) 面外弯曲振动(γ)，原子振荡通过至少三个相邻原子构成的平面。

(4) 扭转振动(τ)，通过原子的两个面之间角度改变。

通常这些振动频率顺序：$\nu > \delta > \gamma > \tau$，振动进一步分成对称和不对称($\nu_s$和$\nu_{as}$)。

不是所有振动都可以观察到，只有当振动时偶极矩改变才能发生红外光子吸收。红外峰的强度和偶极矩变化成正比，极性键(如 CO、NO 和 OH)便显出强峰，而共价键(如 C—C 或 N═N)吸收峰较弱，分子 O_2 和 N_2 对吸收不敏感。

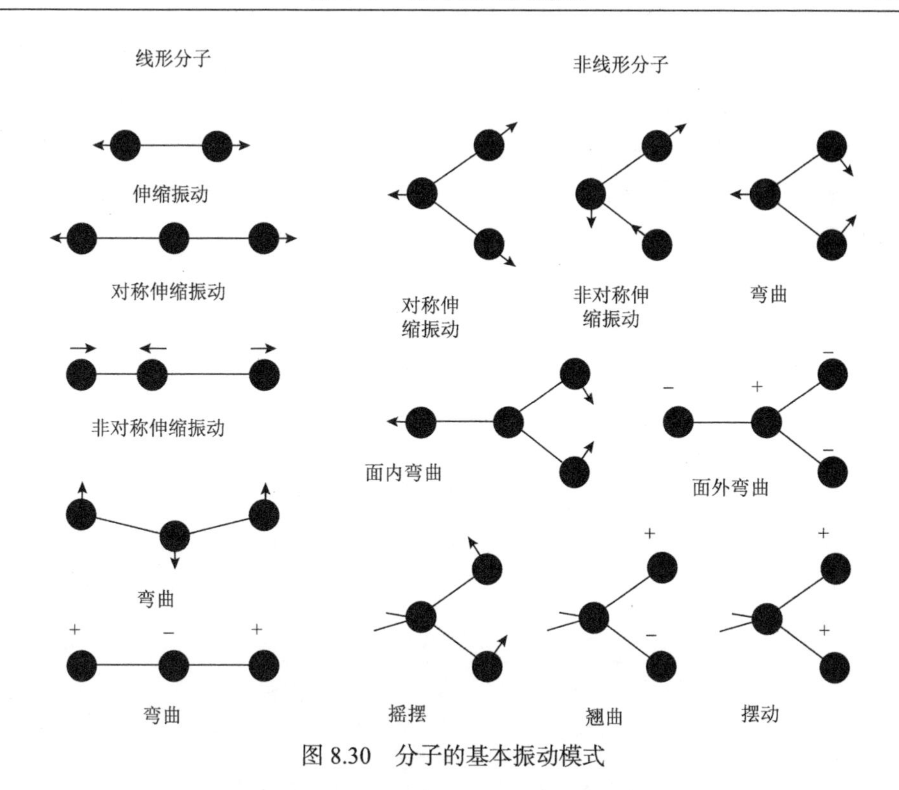

图 8.30 分子的基本振动模式

分子中的官能团可以看作独立的振动，和它属于的更大分子无关。例如，—CH═CH$_2$中的C═C双键和丙烯中C═C双键的1651 cm^{-1}相差不大。因此，红外频率对一些键是特定的，可以用于指认分子的一些基团。红外区域位于4000～200 cm^{-1}，大致分为以下五个区域：

(1) X—H 伸缩振动区(4000～2500 cm^{-1})，主要有O—H、N—H、C—H和S—H伸缩振动。

(2) 三键区(2500～2000 cm^{-1})，有气相CO(2143 cm^{-1})和直线吸附的CO(2200～2000 cm^{-1})。

(3) 双键区(2000～1500 cm^{-1})，有桥式吸附的CO和吸附分子的羰基(1700 cm^{-1})。

(4) 指纹区(1500～500 cm^{-1})，碳和氮、氧、硫及卤素原子形成的单键。

(5) M—X或金属-吸附物区(450～200 cm^{-1})，M—C、M—O、M—N伸缩振动。

8.5.2 拉曼光谱

拉曼光谱(Raman spectroscopy)是基于光子的非弹性散射，激发振动而失去能量。散射过程如图8.31所示，当频率υ_0的光到达样品，大部分光子进行Rayleigh散射，没有能量变化。分子从基态激发到能量$h\upsilon_0$的不稳定态，恢复到基态时没有能量变化。但是，当少数分子恢复到频率υ_{vib}的一级振动，振动带走的能量为$h\upsilon_{vib}$。散射的光子频率为$\upsilon_0-\upsilon_{vib}$，此拉曼峰称作 Stokes 带。拉曼散射是由于分子极化率的改变而产生的。拉曼位移取决于分子振动能级的变化，不同化学键或基团有特征的分子振动，因此与之对应的拉曼位移也是特征的，拉曼光谱可以作为分子结构定性分析的依据。

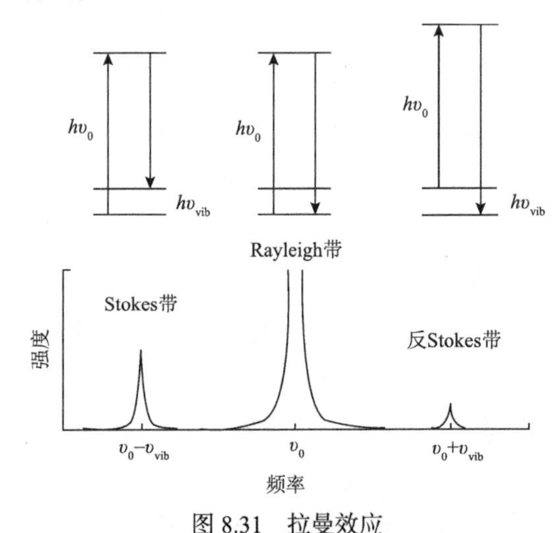

图 8.31　拉曼效应

样品散射频率υ_0的光子，没有能量变化的 Rayleigh 带，

非弹性散射的激发振动 Stokes 带，退激发的反 Stokes 带

就像红外光谱，不是所有的振动都可以观察到。分子极化率变化的振动拉曼光谱是敏感的，即分子形状的改变；分子偶极矩变化的振动红外光谱是敏感的。因此，对于H_2(4160.2 cm^{-1})、N_2(2330.7 cm^{-1})、O_2(1554.7 cm^{-1})的伸缩振动，拉曼光谱可以观察到，而红外光谱则观察不到。拉曼光谱和红外光谱是互补的，对高度对称的分子尤其如此。

8.5.3　高分辨电子能量损失谱

能量损失谱也称高分辨电子能量损失谱(HREELS)，低能电子激发基底晶格振动，吸附分子振动。散射电子的能谱显示激发振动电子损失的能量：

$$E = E_0 - h\upsilon \tag{8.25}$$

式中，E 为散射电子的能量；E_0为入射电子能量；h 为普朗克常数；υ 为激发振动的频率。

拉曼光谱和傅里叶变换红外光谱局限于极化率或偶极矩的变化，而能量损失谱可以探测所有的振动。HREELS 激发机制包括偶极矩散射和冲击散射。

偶极矩散射涉及电子波的特性，电子接近表面时形成电场，波动的场垂直于表面，激发垂直于表面的偶极矩变化的振动。反射电子失去能量等于 $h\upsilon$，方向为镜面反射方向。冲击散射涉及电子和分子的短程相互作用，简单地说就是碰撞，散射电子角度分布宽。冲击散射可以激发所有的振动，不只是与偶极矩的变化相关的振动。就像拉曼光谱一样，经分子散射的电子能量为 $E_0 - h\upsilon$。两种散射模式如图 8.32 所示，垂直于表面的原子的伸缩振动伴随着偶极矩的变化，冲击散射激发所有的振动。

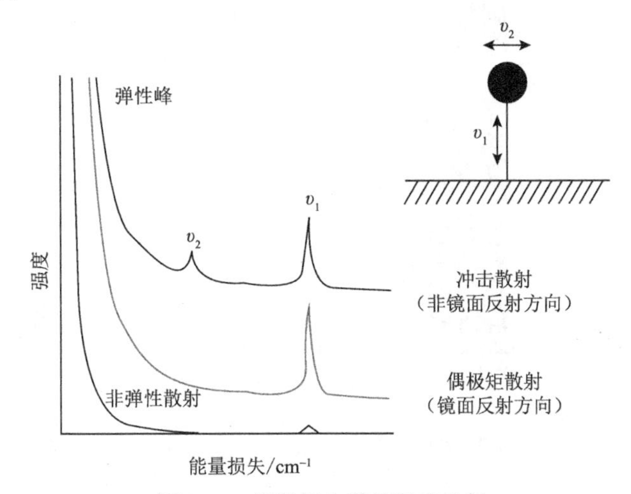

图 8.32　能量损失谱的激发机制

偶极矩散射激发垂直于表面的振动（υ_1），冲击散射还激发平行于表面的弯曲振动（υ_2）

HREELS 的工作环境只是超高真空，扫描范围覆盖整个振动区域(800～4000 cm^{-1})，分辨率高达 15 cm^{-1}。

图 8.33 显示 CO 吸附在 Rh(111)表面的 HREELS 和 LEED 图谱。最下面的 HREELS 图谱是 Rh(111)干净表面，只有弹性峰，半峰宽为 2 meV 或 16 cm^{-1}。LEED 图像显示六边形的图样，三个点比较亮，表明面心立方晶格 a-b-c 堆垛导致两种三度对称的空的位置。

吸附 0.05 ML 的 CO 出现 2015 cm^{-1} 的峰，对应顶上吸附分子的 C—O 伸缩振动，470 cm^{-1} 的峰对应金属与分子形成的键。增加 CO 覆盖量到 0.33 ML，HREELS 峰强增加，另外由于偶极子-偶极子的耦合，C—O 伸缩振动频率上移。LEED 图样对应 $\left(\sqrt{3}\times\sqrt{3}\right)R30°$ 吸附层重构。

CO 覆盖量为 0.75 ML，LEED 对应(2×2)重构，每个元胞有三个 CO 分子。HREELS 谱表明 CO 有两种吸附方式，线性(2070 cm^{-1})和三重(1861 cm^{-1})。

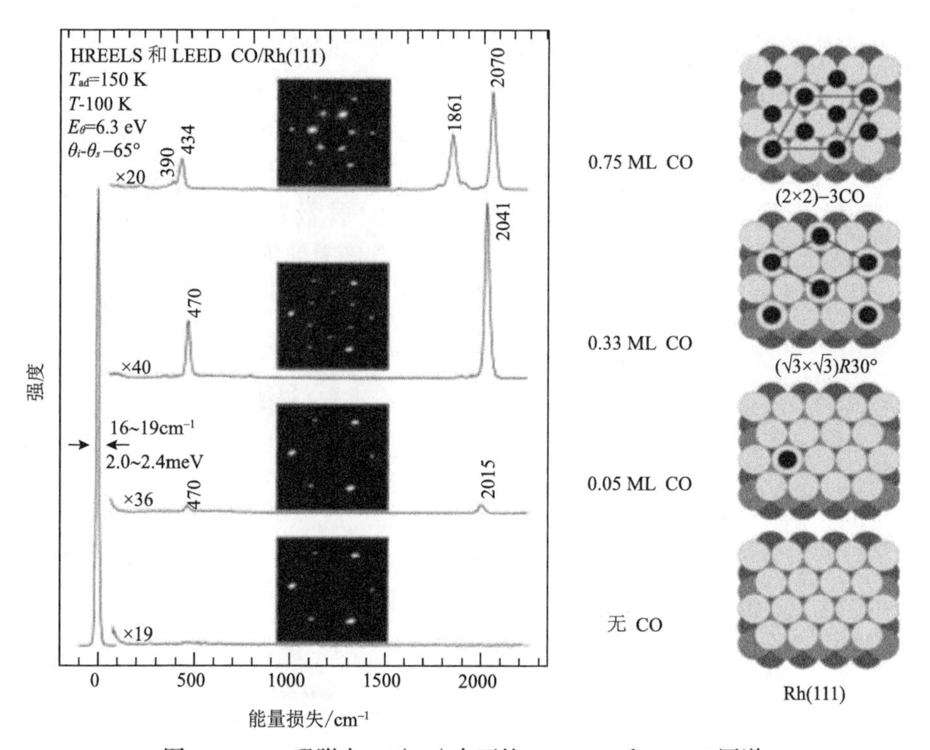

图 8.33　CO 吸附在 Rh(111)表面的 HREELS 和 LEED 图谱

8.6　本章小结

表面分析的发展加深了我们对表面现象的理解，本章简单介绍了常见的表面分析仪器的原理和应用。我们必须记住：①重要的是理解每种技术的能力范围和局限性；②没有一种技术可以解决所有的问题，综合利用多种技术提供的信息，对所研究问题有一个全面了解。表面结构表征技术有 XRD、LEED。表面形貌表征技术有 STM、AFM。表面化学成分表征技术有 XPS、UPS。样品表面晶格和吸附分子的振动表征技术有 IR、Raman 光谱和 HREELS。

习　题

1. 简述 XPS 的工作原理和应用范围。
2. 简述 UPS 的工作原理。
3. 简述 XRD 分析薄膜结构的原理。
4. 简述 STM 和 AFM 分析表面和薄膜形貌的原理和应用范围。
5. 简述红外光谱、拉曼光谱和高分辨电子能量损失谱的原理和应用范围。

参 考 文 献

Brocco G, Holst B. 2013. Surface Science Techniques. New York: Springer.

Niemantsverdriet J W. 2007. Spectroscopy in Catalysis. Weimheim: Wiley-VCH Verlag GmbH.

Oura K, Lifshits V G, Saranin A A, et al. 2003. Surface Science: An Introduction. New York: Springer.

第9章 薄膜材料

薄膜材料在微纳电子器件、磁性存储和表面涂层应用方面起到了很重要的作用。功能薄膜材料种类繁多，应用范围广泛，本章概括介绍几类已经获得广泛应用的功能薄膜材料，以及相应的制备技术和应用前景。

9.1 金刚石薄膜

9.1.1 金刚石薄膜简介

当今，金刚石的独特性和优势表现在两个方面：珠宝首饰的金刚石和工业上的金刚石。工业上的金刚石，出发点在于经济和效用，在工业革命之前金刚石就用作工具。这只是金刚石部分性质：珠宝首饰的金刚石的视觉效果，工业上应用金刚石的力学性质。

金刚石目前为止是最硬的材料，力学性质非常优越。除此之外，它的热学性质很好，导热性接近铜；良好的化学稳定性，抵抗极端 pH 环境；电子迁移和电子发射性质优越；可以和硅电子器件相容；金刚石薄膜制备简便。所有这些性质的研究必然会扩大金刚石的应用。

金刚石具有高的硬度、独特的光学和电学性质，传统的应用有磨削材料和电子材料。金刚石具有高的杨氏模量、低的热膨胀系数和表面特殊的化学性质，这些性质开辟了新的应用。杨氏模量、强度和热膨胀系数对于工程材料来说很重要；纳米金刚石的高比表面积和吸附行为对于吸附和生物材料来说很重要。图 9.1 列出金刚石的主要应用领域，包括磨削材料、电子材料和生物材料领域。

在亚稳相条件，不同的化学气相沉积(CVD)可以实现金刚石生长。原子氢在维持生长表面和调节生长速率方面有重要作用。生长金刚石需要一个能够使含碳化合物裂解形成活化含碳基团和使氢气离解成氢原子的等离子体或高温热源，同时还必须使基底保持适合金刚石气相生长的温度范围(800～1000℃)。活化源(等离子体或高温热源)的温度越高，金刚石薄膜的沉积速率越高；而太高或太低的基底温度都不利于金刚石薄膜的沉积；原子氢刻蚀石墨的速率远大于金刚石，有足够氢原子存在的情况下，在基底上沉积的最终是热力学不稳定的金刚石，而不是热力学稳定的石墨。氧原子同样对石墨有选择性刻蚀作用，因此能够在 CHO 三元系中实现金刚石薄膜的沉积，金刚石气相沉积相图如图 9.2 所示，金刚石只能在特定成分范围内沉积。

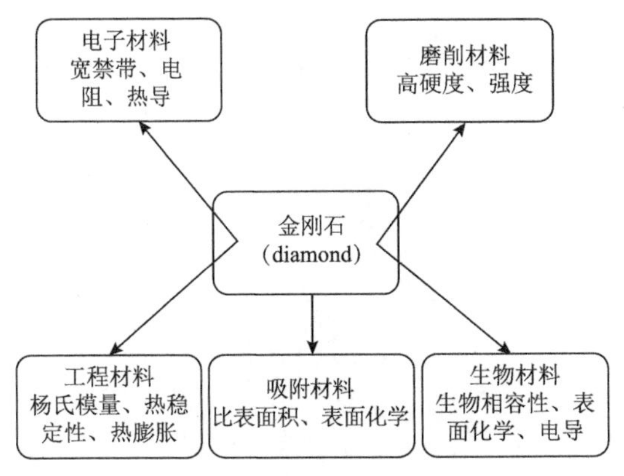

图 9.1 金刚石的应用领域

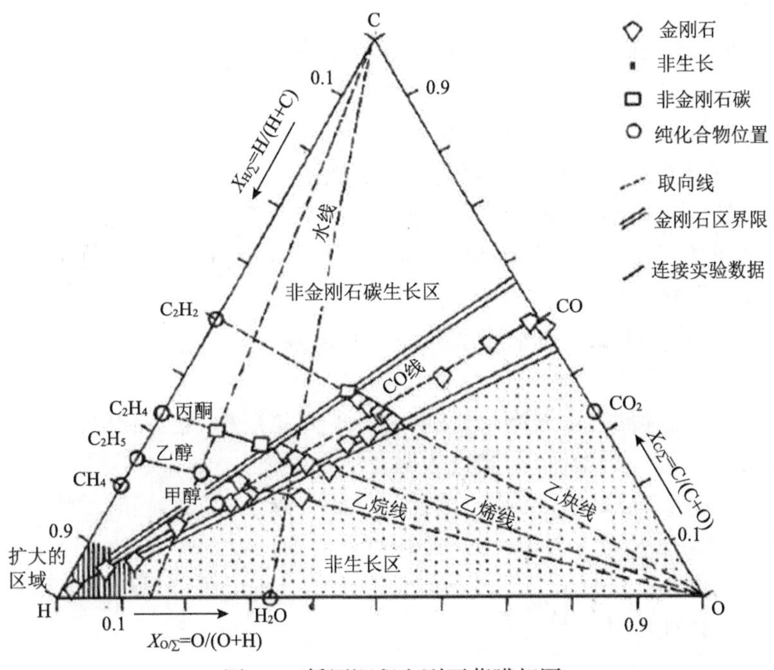

图 9.2 低压沉积金刚石薄膜相图

类金刚石(DLC)薄膜是非晶碳膜或氢化的非晶碳膜，含有高比例的 sp^3 碳键。图 9.3 是 DLC 三元相图，显示 C sp^3、C sp^2 和 H 在 DLC 中所占分数。相图包括三个主要区域，沿左边轴的不含 H 的非晶碳(a-C)，sp^2 非晶碳由碳氢多聚物热解而成，不是 DLC。溅射得到的 sp^3 含量高的非晶碳还含有 H，为 DLC。sp^3 含量更高的一类非晶碳称为四面体非晶碳（ta-C），一般由高能离子束沉积制得，包括离子束沉积、过滤阴极弧和脉冲激光剥离沉积。

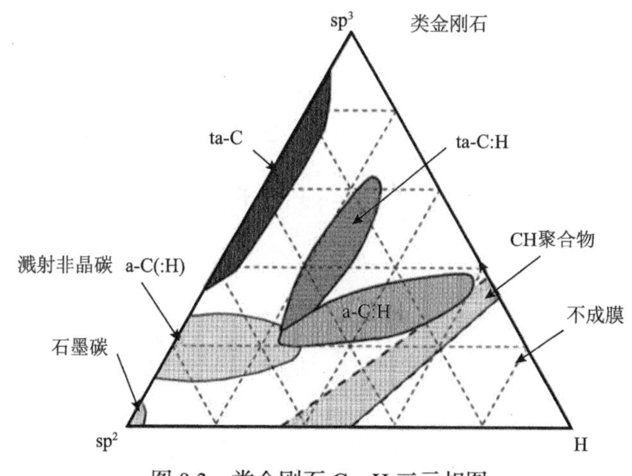

图 9.3　类金刚石 C、H 三元相图

第二个区域是相图右下部分，H 含量高，没有材料沉积。边界线为 sp^2-H 轴上的 C_2H_2 和 sp^3-H 轴上的 $(CH_2)_n$。两个区域之间有 a-C:H，由碳氢分子等离子体增强化学气相沉积（PECVD）或者石墨反应溅射，a-C:H 材料一般含有 20%～25% H。高密度等离子体可以制备四面体氢化的非晶碳膜 ta-C:H。

DLC 可以看作 C—C sp^3、C—C sp^2、C—H 构成的合金，随着 C—C sp^3 含量增多，DLC 的杨氏模量、硬度和类似金刚石的性质增强。

DLC 薄膜的应用：

（1）DLC 薄膜具有低的摩擦系数、高硬度及良好的抗磨损性能，适合工具涂层。

（2）随着硬盘存储密度增高，磁头和磁盘的间隙很小，磁头和磁盘会产生碰撞、磨损。在磁盘上镀一层 DLC 薄膜作为磁介质保护膜。

（3）无色透明 DLC 薄膜可以在保证光学组件光学性能的同时，明显改善其耐磨性和抗蚀性，作为光学透镜、光盘保护膜。

（4）DLC 薄膜有良好的生物兼容性，在人工心脏瓣膜金属环上沉积一层 DLC 薄膜，改善它的生物兼容性。

9.1.2　类金刚石薄膜制备

PECVD 是一种能在低温下沉积出高质量的 DLC 薄膜的技术。使用 ECR-MPCVD 系统，选用 CH_4 和 N_2 作为反应气体。在沉积过程中，N_2 和 CH_4 总流量固定为 100 sccm（标准状态 mL/min），通过调节 CH_4 流量从 5 sccm 到 20 sccm，在硅基底上制备 N 掺杂的纳米级 DLC 薄膜，获得膜层致密、覆盖良好的具有纳米级别晶粒的 DLC 薄膜。利用扫描电子显微镜、原子力显微镜和 X 射线光电子能谱等对薄膜晶粒尺寸、形貌特征和化学组成进行表征，对薄膜的体外成骨性能和其他生物医学性能进行了研究。

微波等离子体 CVD(MPCVD)制备的纳米级 DLC 薄膜的表面形貌如图 9.4 所示，CH_4 流量为 5 sccm 时，单晶硅表面生长了大量絮状覆盖物，其特征呈孤立的岛状结构，粒径大小在 100～200 nm 之间，且絮状物没有完全覆盖硅基底表面。当 CH_4 流量增加为 10 sccm 后，样品表面覆盖物的形貌发生变化，其特征呈颗粒状，同时更多的覆盖物出现在视场中。当 CH_4 流量继续提高至 15 sccm 后，样品表面被完全覆盖，几乎没有基底显露，DLC 在其上形成了完整的薄膜结构。从 SEM 照片观察，沉积的 DLC 薄膜由粒状金刚石组成，存在少量孔洞，致密度较低。当 CH_4 流量达到 20 sccm 时，样品表面的 DLC 薄膜致密度明显增加，其微观形貌特征为纳米颗粒团簇组成均匀致密分布的菜花状结构，尺度范围为 100～200 nm。随着 CH_4 流量的增加同时 N_2 流量减少，样品表面从絮状结构变化为颗粒状结构，最后形成典型的菜花状结构，且表面的覆盖率和致密性有显著的提高。这可能是 CH_4 在前驱体中的相对浓度增加，使更多的 CH_4 受到微波能量激发，导致 C—H

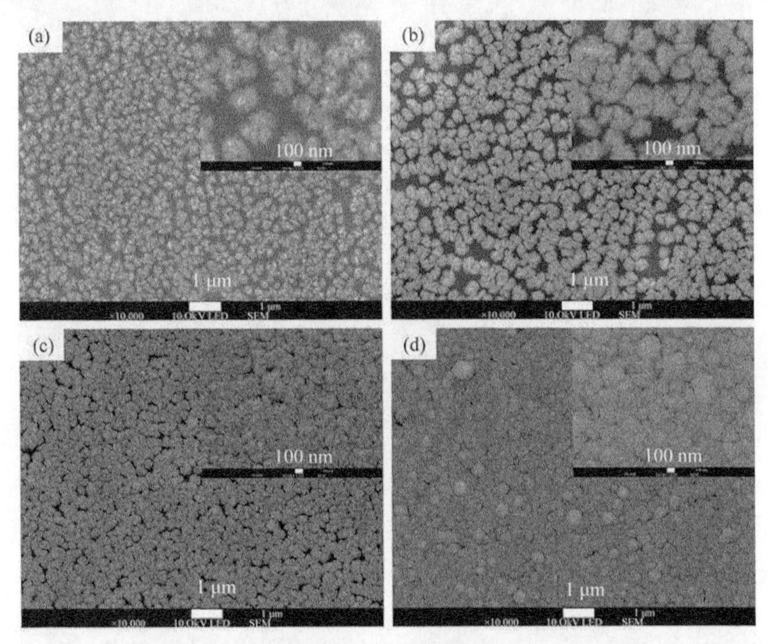

图 9.4 MPCVD 制备 DLC 薄膜的 SEM 微观形貌

(a) 5 sccm；(b) 10 sccm；(c) 15 sccm；(d) 20 sccm，其中插图为高分辨 SEM 图像

键断裂成为碳等离子体碎片，从而促进类金刚石体在基体表面形核及生长。SEM结果表明，CH_4流量达到 20 sccm 时，样品表面已被完全覆盖，没有孔洞存在，具有最好的覆盖率和致密性。

为定量测试不同CH_4和N_2流量作用下 DLC 薄膜表面的微观特征，使用 AFM 分别观察C_5、C_{10}、C_{15}、C_{20}样品的晶粒大小及粗糙度。图 9.5 为样品C_5、C_{10}、C_{15}、C_{20}的 AFM 形貌，能清晰地观察到球状的 DLC 薄膜晶粒，其中 DLC 晶粒的密度随着CH_4流量的增加(同时N_2流量减小)而增加，这与前述 SEM 结果相符。DLC 薄膜的粒径大小和表面粗糙度随着CH_4流量的增加都呈现减小的趋势。这可能是由于在微波能量一定的情况下，沉积过程中CH_4的流量增加会导致产生更多的离子化前驱体进而增加等离子体的密度，这些离子化的CH_4基团会直接或间接地参与到 DLC 薄膜的形核中，为 DLC 薄膜提供了更高的形核密度。此外，在一定的工艺范围内，提高碳源的相对浓度会导致 DLC 薄膜的晶粒粒径减小，这也是由于在生长过程中高浓度的离子化的CH_4基团阻止了最初形核点的晶核继续

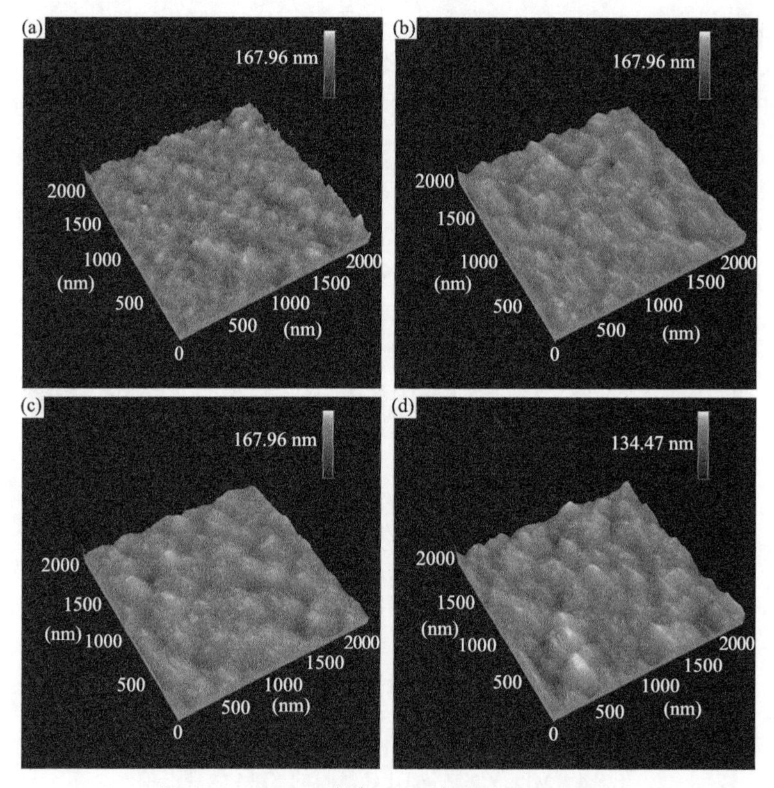

图 9.5　MPCVD 制备 DLC 薄膜的 AFM 形貌

CH_4流量为 (a) 5 sccm；(b) 10 sccm；(c) 15 sccm；(d) 20 sccm

长大，使得薄膜的粒径变小。薄膜表面粗糙度与薄膜的耐磨性、摩擦系数和腐蚀速率密切相关，所以对于人工关节及其他滑动生物医用器件具有较低的摩擦系数至关重要。有文献指出较小粒径的DLC薄膜具有较好的生物相容性，因此，推测在CH_4流量20 sccm、N_2流量80 sccm条件下沉积的覆盖率最好且晶粒最小的DLC薄膜应表现出较好的生物医学性能。

XPS全谱扫描如图9.6(a)所示，对比其他样品，C_5样品的谱线中出现了位于100.3 eV附近的Si 2p特征峰及比较强烈的位于399.2 eV附近的N 1s峰，Si元素的出现极有可能是由C_5样品表面较低的DLC覆盖率造成的，导致检测到来自Si基底的信号，强烈的N 1s峰是由Si基体表面与N形成了Si—N键导致。其余样品表面的XPS谱线中都出现了N 1s峰，其强度随着CH_4流量的增加逐渐减小，

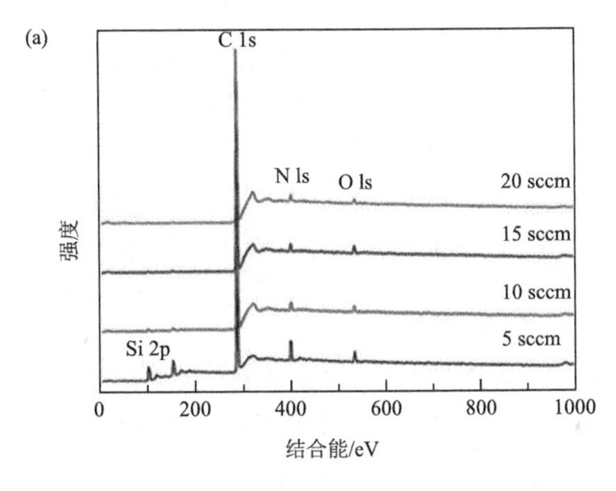

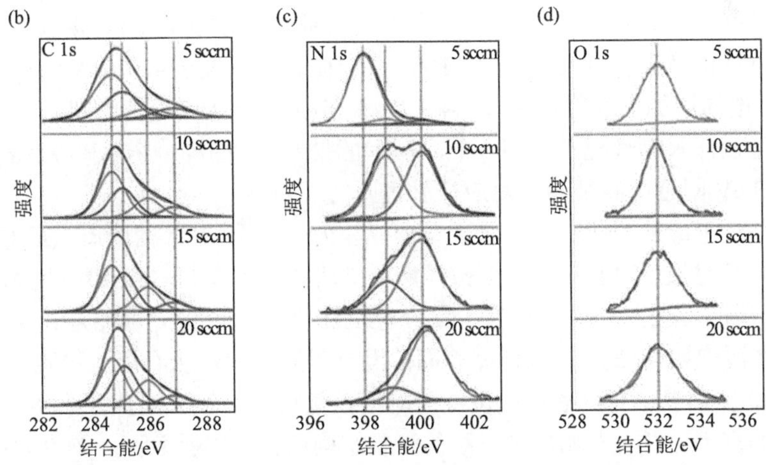

图9.6 MPCVD制备DLC薄膜的XPS全谱(a)及C 1s (b)、N 1s (c)和O 1s (d)的高分辨XPS图谱

掺杂到薄膜中的 N 元素含量逐渐减少可能导致粗糙度降低。有报道指出这是由于薄膜的 sp^2 含量减小。位于 532.0 eV 处的 O 1s 同样是样品表面吸附氧气造成的，因此每个样品的 XPS 谱线中都有强度相近的特征峰出现。当 CH_4 的流量从 5 sccm 变化到 20 sccm 时，薄膜中的碳含量从 73.05%增加到 94.65%，而 O 元素基本稳定在 3%左右。XPS 结果进一步证明了前述猜测：在微波能量一定，气体总流量不变的情况下，CH_4 流量的增加和 N_2 流量的减小导致了 CH_4 基团的增加，为薄膜生长提供了更多的碳源。

C_5、C_{10}、C_{15}、C_{20} 样品的 C 1s 高分辨 XPS 图谱如图 9.6(b)所示，位于 284.4 eV、285 eV 的峰位分别对应 DLC 薄膜中的 C—C sp^2 和 C—C sp^3 键，而位于 285.9 eV、286.9 eV 的峰对应 C═N/C—O, C—N 的键，分峰结果表明所沉积的薄膜是由 C—C sp^2 和 sp^3 杂化键组成。基于分峰数据计算得到上述化学键在 C 1s 中的百分比，sp^2/sp^3 的值随着 CH_4 流量的增加呈减小趋势。此外，薄膜中 C—C sp^3 键的百分比随着 CH_4 流量的增加而增大。有文献报道在基底温度的作用下 DLC 薄膜趋于形成 sp^3 键结构，本节研究的 MPCVD 系统始终使用 500℃对基底加热，这将有利于 sp^3 键的形成。同时，随着 CH_4 流量的增加，能运动到基底表面形核并生长成膜的碳等离子体数量增加，这最终导致可形成 C—C sp^3 键的碳源增多。实验结果指出，DLC 薄膜中低的 sp^2/sp^3 可使薄膜具有良好的生物医学性能，表明 C_{20} 薄膜具有巨大的生物医学应用前景。

图 9.6(c)所示的是 N 1s 的高分辨 XPS 图谱，拟合出的三个特征峰分别位于 398.0 eV，398.8 eV 和 400.1 eV 附近。其中结合能位于 398.0 eV 的峰对应 Si—N，398.8 eV 的峰对应 C—N，而位于 400.1 eV 的峰对应 C═N。上述结果与文献中掺氮 DLC 薄膜的 N 1s 分峰结果一致。Si—N 特征峰的强度随着 DLC 薄膜覆盖率的增加而急剧降低。结果表明，较高的 CH_4 流量会促进形成位于 400.1 eV 的 sp^2 C═N 键。C═N 键的增加引起薄膜中 sp^2 含量增加，这可能会导致薄膜中本征应力、摩擦系数降低及薄膜韧性提高。图 9.6(d)所示的是 O 1s 的高分辨 XPS 图谱，仅拟合位于 532 eV 附近的特征峰，对应样品表面的吸附氧。

为评估纳米级的金刚石薄膜骨诱导形成能力，选取 DLC 薄膜质量最好的 C_{20} 样品作为测试对象，对其进行了模拟体液浸泡研究。图 9.7(a)和(b)分别为浸泡 3 天和 7 天后的形貌，表面上仅有少量白色沉淀物质，这极有可能是无定形态的 Ca-P，而在浸泡初期(3～7 天)样品表面都没有明显出现磷灰石沉淀物质覆盖。延长浸泡时间至 14 天，样品表面的沉淀物的覆盖量得到了较大提升，开始出现大量沉淀物质的富集，并且开始出现连续的涂层结构覆盖在薄膜表面。图 9.7(d)为经过 28 天浸泡后的样品表面形貌，从图中可以看到 DLC 薄膜表面均匀覆盖了一层致密的磷灰石涂层。这是由于经过一段时间的沉淀物质生成以后，薄膜表面属性更多地受到已经形成涂层的沉淀物质特性的影响，这使得 28 天后磷灰石层在表面覆盖均匀。实验结果表明，纳米级 DLC 薄膜相比其他薄膜具有良好的诱导羟基磷灰石形成能力，可作为生物保护涂层应用于植入物表面。

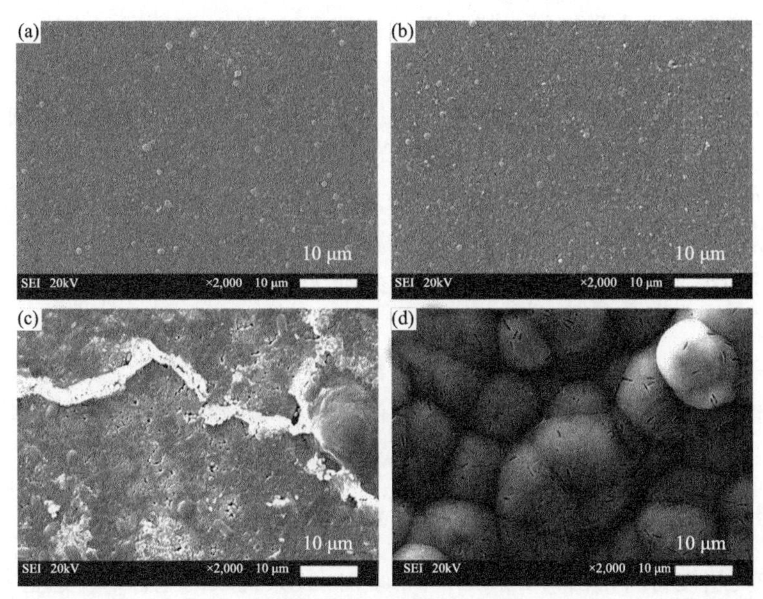

图 9.7　MPCVD 制备 C_{20} 样品在模拟体液中分别浸泡 3 天(a)、7 天(b)、14 天(c)和 28 天(d)后的表面形貌

9.2　超 硬 薄 膜

9.2.1　超硬材料

一般认为金刚石是自然界最硬和最不可压缩的物质。所有材料中多晶金刚石的切变模量和杨氏模量最高。长期以来人们在寻找弹性性质和硬度超过金刚石的新型超硬材料，最近其又成为研究热点。超硬材料合成是很重要的：理解原子间相互作用的微观特征和宏观性质之间的基本关联，以及技术应用两个方面。这个领域的研究有两条主线：实验合成新相或陶瓷材料，常用到高温高压实验；假想体弹性的理论计算。

最近压缩率和硬度的经验关系备受人们关注。比较不同结构理论计算的体弹性模量，然后将这些信息转换成硬度，从而预言超硬材料，这需要认真检验。对于实际应用，感兴趣的是弹性性质和宏观的力学性质，如硬度和强度。弹性性质(体弹性模量、剪切模量、杨氏模量和弹性刚度系数)由微观的原子间相互作用决定。力学性质(硬度、强度和屈服应力)也直接和原子间结合相关。强度和屈服应力定义为相应于材料失效和塑性变形的临界应力。而硬度或材料抵抗另一种材料压痕或刮擦的能力则没有明确的定义。硬度可能依赖于材料的弹性性质和塑性性质，依赖于压痕半径或刮擦点，依赖于压头的载荷和测试方法。因此，硬度和其他力学特征一样，不仅依赖于微观性质(原子间力)，还依赖于材料的宏观性质(缺陷、形貌、添加物、应力场、可能的不均匀性和超结构)。材料的硬度值往往和测量方法有关，尤其是在比较硬度值相近的物质时。

超硬材料可以分为三类，包括已经合成的和理论预言的相：

(1)元素周期表第 2 和第 3 周期的轻元素构成的共价和离子-共价化合物。

(2)特定的共价物质，包括各种晶体和无序碳材料。

(3)轻元素和过渡族金属构成的部分共价化合物，如硼化物、碳化物、氮化物和氧化物。

这些超硬相，如金刚石，在通常条件下是亚稳相。从化学角度来讲，大多数超硬材料本质上是共价键和离子键，过渡族金属的超硬化合物具有共价键和金属键。

1. 由原子序数(z)较小的元素形成的化合物

第一类超硬材料是由第 2 和第 3 周期中间元素构成的化合物，这些元素包括 Be、B、C、N、O、Al、Si 和 P。这些元素能够形成三维刚性晶格，具有短的共价键。典型的离子-共价化合物是氧化物，如刚玉(Al_2O_3)和超石英(SiO_2 的高温相)。超石英的高弹性模量和硬度值与 Si 原子的六度配位(八面体)相联系，这与普通石英(低压相)的四度配位(石英、方石英、磷石英和玻璃)相对照。氧化物 BeO 和 B_6O 具有高硬度。有报道称氧化硼($B_{22}O$)可以刮擦金刚石。值得注意的是，对高含硼量的氧化硼的很多性质还没有进行研究，这些材料有巨大的潜力。

寻找新的超硬氧化物要考虑高压相，这些相在常温常压下可能是热力学亚稳相。氧化物 $B_{1-x}O$、P_2O_5 和 Al-B-O 系中的相有可能成为新型超硬材料。Rh_2O_3-Ⅱ结构的 Al_2O_3 高压相、金刚石结构的 B_2O 高压相都有研究。

近年来碳氮化合物引起人们极大兴趣，大量的实验和理论研究集中在假想的 C_3N_4 超硬相。无序的石墨型 CN_x (x=0.2)具有 60 GPa 的高硬度值。CN_x 的氮含量变化范围很宽，随着氮含量从 11%增加到 17%，结构由最初的 sp^3 键合转变为 sp^2 键合，同时密度由 3.3 g/cm^3 减小到 2.1 g/cm^3。事实上，对各种低压缩率 C_3N_4 的预言，包括三维全 sp^2 结构，显示有大量潜在的 C-N 亚稳相。

闪锌矿和纤锌矿结构的氮化硼，类似于立方和六方金刚石二元等电子体系，具有高的硬度值和弹性模量。其他的共价材料，如硅的碳化物(SiC)、铍的碳化物(Be_2C)，硼和碳、磷、硅的化合物($B_{13}C_2$、B_4C、BP、B_4Si)，以及氮化硅(Si_3N_4)也具有硬度。B-C-N、B-C-O 和 B-C-Be 三元化合物也可能是超硬材料的候选。

2. 碳材料

碳材料可以看作一类特殊类型。由于碳原子之间存在不同类型的化学键，其存在大量碳同素异构体和无序相。立方 sp^3 金刚石碳，为已知最硬的材料。金刚石单晶的维氏硬度介于70～140 GPa，这与晶体类型和所选晶面、压头载荷(2～10 N)有关。载荷和测试方法的变化导致所报道的硬度值较为分散。金刚石单晶体具有高的c11c44弹性系数，以及异常低的泊松比(0.07)。金刚石的多晶剪切模量超过其他超硬材料剪切模量的2倍(BN除外)。另一具有 sp^3 杂化键碳材料——六方金刚石，具有和金刚石相似的力学性质。

近年来，制备了 sp^3 键含量高(80%)的非晶碳膜，纤维硬度达70 GPa，接近金刚石的硬度值。

富勒烯是一种 sp^2 碳原子构成的凝聚相，它的发现为寻找新的超硬材料开辟了新的路径。单个 C_{60} 分子的体弹性模量高达800～900 GPa，约是金刚石的2倍。虽然 C_{60} 构成的晶体是一种软分子晶体，但是体弹性模量较低。在50～70 GPa压力下，C_{60} 分子几乎互相接触，它会变得比金刚石更不可压缩，弹性模量达600～700 GPa。在高压下加热 C_{60} 合成大量聚合 sp^2-sp^3 非晶和纳米晶相，硬度接近金刚石，超过很多其他材料。

3. 过渡族金属化合物

从ⅣB族到ⅥB族过渡族金属(Ti、V、Cr、Zr、Nb、Mo、Hf、Ta、W)和B、C、N、O形成的化合物属于第三类型。相邻更高族金属Re和B化合物也显示出高硬度。这类材料尤以硼化钨最为典型(WB_4、WB_2、WB硬度介于36～40 GPa)，也不能排除其他过渡族金属高压相。过渡族金属硼化物构成一大类超硬材料，硬度值超过20 GPa。过渡族金属碳化物和氮化物在硬度上低于硼化物。TaN和ReC新相已经成功由高压法合成。从ⅦB族到ⅡB族中的元素具有最小的摩尔体积和高的体弹性模量(Ⅷ族元素值最小)。显然，在外壳层中电子数目较少的金属与BCN更适合形成硬的部分共价键化合物。Pt族(Re、Os、Ir)具有非常高的体弹性模量(约360 GPa)，但是硬度低(低于7 GPa)。过渡族金属氧化物和硅化物的硬度介于5～20 GPa之间。最近，成功合成了萤石结构的 RuO_2 高压相，静压下X射线衍射测得的体弹性模量为399 GPa。

一旦最佳成分组合确定，可以通过控制相关的纳米结构来提高材料的硬度。例如，阻碍位错移动可以增加硬度，这个现象出现在超细晶粒金刚石(黑钻石)。晶粒尺寸约10nm的纳米陶瓷也有类似现象。超晶格的周期介于6～8nm的TiN/AlN或 C_3N_4/TiN超晶格的硬度比相应组分的体材料硬度提高2～3倍。这些材料中纳米尺度组分之间的界面起到阻碍位错移动的作用。

超硬化合物类型和合成新型超硬材料方式如图 9.8 所示，表示寻找超硬材料的可能路线。第一条路线是平均价电子密度高于金刚石的材料，弹性模量和力学特征可能超过金刚石。但是，电子密度增加会增加体弹性模量，不一定增加剪切模量。超硬相具有低的泊松比(0～0.2)。第二条路线是合成过渡族金属的硼化物、碳化物、氮化物和氧化物。三组元和更复杂的共价化合物，如两个轻元素和一个过渡族金属组成的化合物，可能是超硬材料。第三条路线是制备纳米复合材料。这些复合材料可能是超硬的：BCN 系、金刚石+Al_2O_3、SiC+Al_2O_3、TiC+Al_2O_3、TiN+TiB_2、Si_3N_4+TiC。

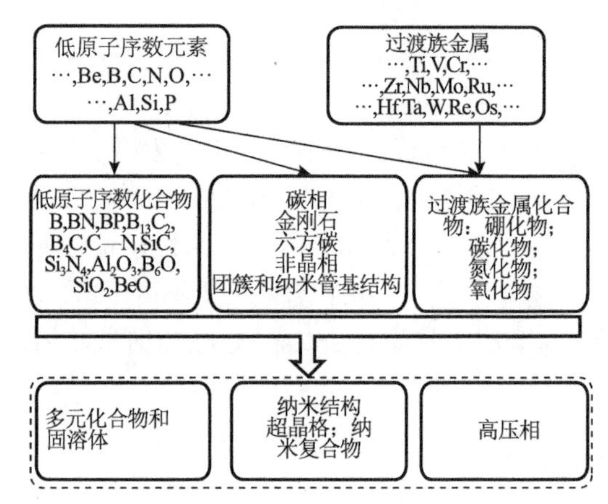

图 9.8　元素周期表、超硬材料类型和合成新超硬材料基本技术途径之间关系示意图

9.2.2　超硬材料β-C_3N_4的制备

超硬材料的制备和性能研究一直是材料科学研究的热点之一。20 世纪 80 年代，世界范围掀起了金刚石和类金刚石薄膜的研究热潮，使其应用范围不断扩大。同时理论预言，由碳和氮构成的材料有可能成为具有高弹性模量的候选者。由于 C—N 键的键长比 C—C 键短，预言 C_3N_4 的体弹性模量接近甚至超过金刚石。这是人类第一次从理论上预言一种超硬新材料。超硬材料有广泛的应用前景，耐磨无需赘言，同时它是宽禁带材料，可能是固体发蓝光的材料。另外，这是材料设计典型实例，理论在先，实验合成在后。

实验采用微波等离子体化学气相系统，如图 9.9 所示。反应气体采用高纯氮气和甲烷，N_2 流量 100 sccm，CH_4 流量 1 sccm，沉积温度 800℃。

在单晶硅基底上沉积 C_3N_4 薄膜，薄膜形貌如图 9.10(a)所示，由晶态的六棱棒组成，晶棒长度 2～3 μm，宽度约 0.7 μm。薄膜整体上连续、致密。利用 Nano Indentor 纳米压痕仪测定了薄膜的体弹性模量，典型的载荷曲线如图 9.10(b)所示，计算出体弹性模量 B 达到 220 GPa。

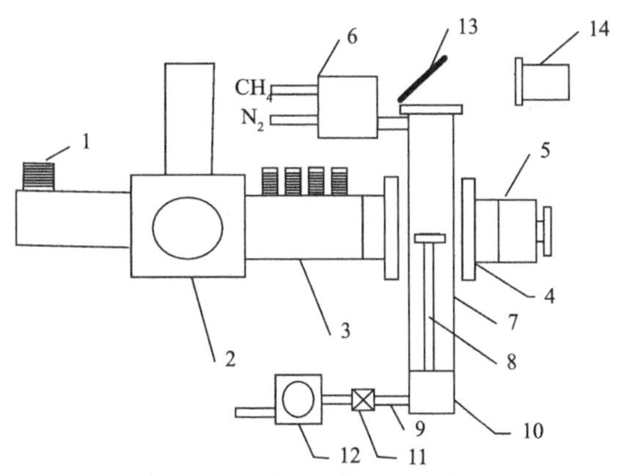

图 9.9　微波等离子体化学气相系统

1. 微波发生器；2. 波导环流器；3. 调配器；4. 微波反应区；5. 短路活塞；6. 流量计；7. 石英管；8. 样品架；9. 管路；10. 分子泵；11. 阀；12. 机械泵；13. 反射镜；14. 红外测温仪

图 9.10　C_3N_4薄膜的 SEM 图像(a)和纳米压痕载荷曲线(b)

样品下面的硅基底经过离子减薄去除后，剩下碳氮薄膜，薄膜基本上是连续的。可以观察到许多碳氮纳米棒，电子束聚焦在纳米棒上得到衍射斑点，确定的晶格常数和理论预言的 C_3N_4 结构接近。XRD 和 TEM 结果表明该薄膜主要由α-C_3N_4和β-C_3N_4相构成(图 9.11)。

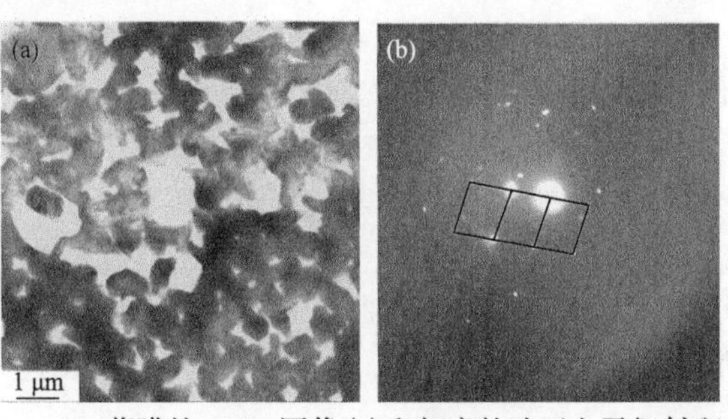

图 9.11　C_3N_4薄膜的 TEM 图像(a)和相应的选区电子衍射斑点(b)

9.3 半导体薄膜

9.3.1 半导体晶圆的制备

半导体器件技术的发展不仅依赖于器件设计的发展，而且依赖于材料的改进。例如，集成电路的实现是 20 世纪 50 年代生长高纯单晶硅技术突破的结果。器件级半导体晶体生长非常严格：需要生长大尺寸的单晶体，纯度要严格控制。

硅晶体的原材料是二氧化硅(SiO_2)，SiO_2 和 C(焦炭)在高温(约 1800℃)电弧炉中还原，形成冶金级硅：

$$SiO_2 + 2C \longrightarrow Si + 2CO \tag{9.1}$$

冶金级硅含有几百到几千 ppm(ppm 为 10^{-6})的 Fe、Al、重金属，不足以应用于电子业，还不是单晶。电子学级硅杂质含量要降低到 ppb(ppb 为 10^{-9})级别，这需要冶金级的硅和干 HCl 反应生成三氯硅烷($SiHCl_3$)：

$$Si + 3HCl \longrightarrow SiHCl_3 + H_2 \tag{9.2}$$

除了形成三氯硅烷，其他杂质形成氯化物，如 $FeCl_3$。$SiHCl_3$ 的沸点是 32℃，其他氯化物具有不同的沸点，利用逐步分馏技术分离出 $SiHCl_3$。$SiHCl_3$ 和 H_2 反应转变成高纯的电子学级硅。

$$SiHCl_3 + H_2 \longrightarrow Si + 3HCl \tag{9.3}$$

下一步，需要将高纯的还是多晶电子学级硅生长为单晶硅铸锭，常用的方法是 Czochralski 法。首先在石英衬里的石墨坩埚，电阻加热使多晶电子学级硅熔化(1412℃)。籽晶和液面接触，然后慢慢提升，使得硅晶体在籽晶上生长。生长过程中，晶体经缓慢旋转产生，稍微搅动使得温度均匀。这种方法广泛应用于生长硅、锗和一些化合物半导体。

Czochralski 法晶体生长，铸锭的形状由于晶体结构和表面张力的影响趋向于多边形结构，籽晶附近区域晶体小平面明显，大的铸锭横截面几乎是圆形的。大尺寸晶圆片有利于降低集成电路成本，可以同时制备多个 IC 芯片。

单晶铸锭生长完成后，首次经机械打磨成尺寸精确控制的圆柱体。然后，利用金刚石尖内孔刀片锯或线锯，将硅圆柱体切割成厚度约 775 μm 的单个晶圆片。接着，机械抛光得到平的表面，去除切割过程造成的损伤。最后，晶圆片经过精细 SiO_2 颗粒在碱性 NaOH 溶液中机械-化学抛光，达到镜面抛光。

气相外延可以用于生长高纯外延薄膜，器件中重要的半导体材料来源。用含硅的气相在硅基底上外延生长硅薄膜。一种方法是用四氯化硅和氢气反应提供硅原子和干 HCl：

$$SiCl_4 + 2H_2 \rightleftharpoons Si + 4HCl \tag{9.4}$$

反应发生在加热的晶体表面，硅原子外延生长。在反应温度下 HCl 为气态，不影响晶体生长。该反应是可逆的，这意味着改变工艺参数可以使反应反向进行，这就是刻蚀。Si 晶圆片放置在可以加热的石墨基座上，可以同时外延生长杂质严格控制的外延层。反应温度在 1150～1250℃。其他反应可以在稍微低的温度下进行，例如，硅烷分解温度为 1000℃：

$$SiH_4 \longrightarrow Si + 2H_2 \tag{9.5}$$

分子束外延(MBE)是一种广泛应用的生长外延层的技术，基底和原子或分子束源放置在高真空腔体里。例如，在 GaAs 基底上生长 AlGaAs 层，需要有独立加热的 Al、Ga、As 源。这些组元直接沉积在基底表面，沉积速率严格控制，生长高质量的晶体。分子束外延技术需要高真空和精确控制的蒸发源，如图 9.12 所示。

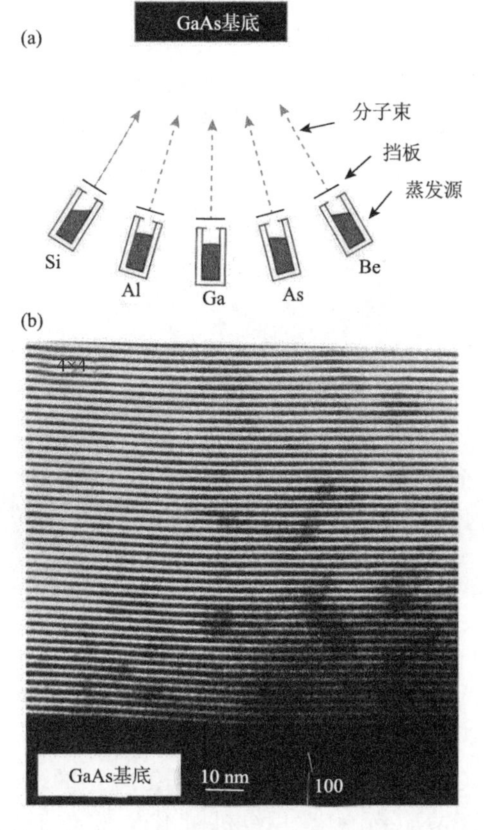

图 9.12 分子束外延生长晶体：(a) 面向 GaAs 基底的蒸发源；(b) GaAs(黑色线条) 和 AlGaAs(浅色线条) 晶体截面 SEM 图像

9.3.2　集成电路的工艺过程

集成电路使得由成千上万个三极管、二极管、电阻、电容构成的复杂电路集成在一块半导体芯片上，这意味着复杂电路小型化，可用于航天器和大规模计算机这些大量分离器件不易实现的领域。集成可以在晶圆片上同时制备出很多集成电路器件，降低成本，增加器件的可靠性。

集成电路经过晶圆片加工、薄膜沉积、离子注入、光刻、刻蚀、热处理、测试、封装这几个步骤完成。在现在工艺中，CMOS(互补金属氧化物半导体，complementary MOS)就是将 PMOS 和 NMOS 这两类晶体管构成一个单元，其结构将 PMOS 和 NMOS 同时集成在一个晶元上然后栅极相连、漏极相连，结构如图 9.13 所示。CMOS 工艺过程主要包括以下步骤。

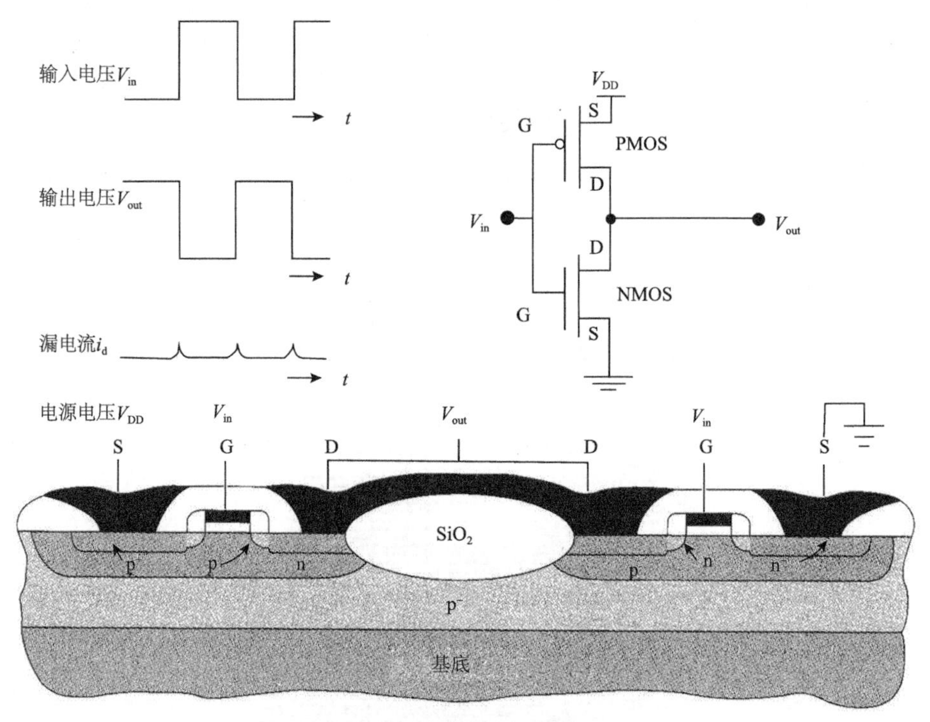

图 9.13　CMOS 结构

p 通道和 n 通道集成在一起

(1)在高掺杂 Si(p^+)晶圆片上外延生长低掺杂的 Si(p^-)。

(2)高温生长一 SiO_2 层(20 nm)，作为后续 Si_3N_4 层的缓冲层。

(3)化学气相沉积 Si_3N_4 层，作为后续机械-化学抛光的停止层。

(4)光刻胶涂敷、曝光和显影。

(5)反应离子刻蚀 Si_3N_4 和 SiO_2 层。

(6)离子注入分别形成 p 型区和 n 型区。

(7)沉积 SiO_2 层。

(8)沉积多晶硅层。

(9)沉积金属电极。

(10)沉积钝化层。

9.4 磁性存储薄膜

磁记录的发展已有 100 多年的历史。1898 年丹麦人 Polsen 发明了世界上第一台录音电话机，在圆柱上缠绕一根钢丝，钢丝在两极片之间移动。使用这个头记录，也可以放音，它能够通过传声器(话筒)记录电流并使所录的信息用耳机收听。它使用钢丝作为存储声音的磁性载体，用电磁铁作为录音磁头，采用直接录音方式。1941 年出现了粉末涂覆的磁带记录技术，磁记录技术进一步发展。1956 年 IBM 制造了第一个硬盘，容量为 5 MB，记录密度为 2 kbit/in^2 (1in^2=6.4516 cm^2)。此后，磁盘表面单位面积的字节数(面密度)增加了 2000 万倍，并且以每年翻两倍的速度增长(图 9.14)。随着磁盘小型化、轻量化和快速化，GB 量级的磁盘价格越来越低。图中 MR 代表磁阻，GMR 代表巨磁阻，AFC 代表反铁磁耦合，CGR 代表存储面密度增长率。

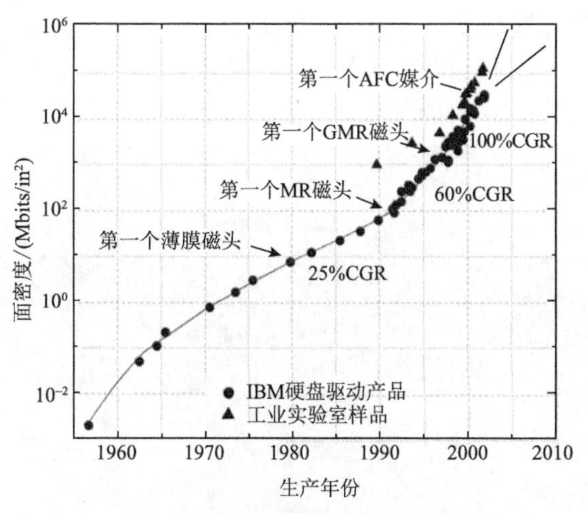

图 9.14 磁记录面密度的进展

磁记录介质是含有高矫顽力的磁性材料，可以是连续的薄膜，也可以是埋在胶黏剂中的磁性粒子。现在用的硬盘驱动器是纵向(水平)记录模式，利用磁头位于磁记录介质面内的磁场纵向矢量来写入信息。如图 9.15 所示，磁带以恒定的速度沿着与一个环形电磁铁相切的方向运动，工作缝隙对着介质。记录信号时，在磁头线圈中通入信号电流，就会在缝隙产生磁场溢出，如果磁带和磁头的相对速度保持恒定，则剩磁沿着介质长度方向上的变化规律完全反映信号变化规律，这就是记录信号的基本过程。记录磁头能够在介质中感生与馈入结构的电流呈比例的磁化强度，电流随时间的变化转化成磁化强度随距离的变化而被记录在磁带上。感应线圈以水平磁化记录数据，通过 GMR 读出元件感应剩余磁通，磁通大小与磁带中的磁化强度成正比。信号处理单元将读出的模拟信息转换成一系列数据点。

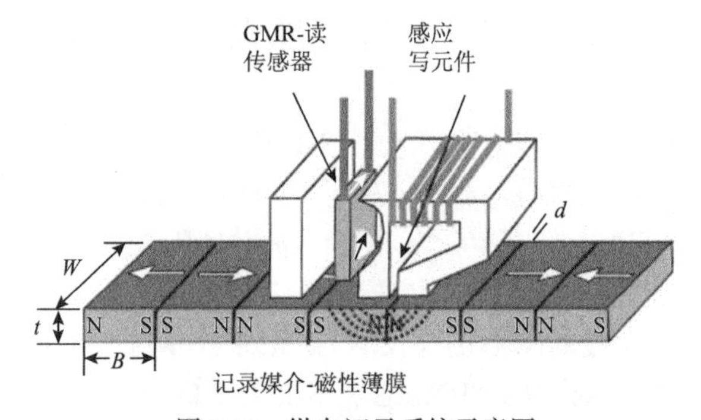

图 9.15　纵向记录系统示意图

B 为字节长度，W 为磁道宽度，t 为磁介质厚度，d 为磁头离开磁介质的高度

记录介质通常为单层磁记录层，由弱关联的磁性颗粒构成，如图 9.16 所示。介质为生长在复杂结构层上的 CoPtCrX(X=B，Ta)合金薄膜，具有特定结晶取向、颗粒大小和颗粒尺寸分布。最后，镀上一层碳膜和润滑层来保护磁性介质免于氧化和物理损伤。精细的微结构使得写入和保存在任何位置，颗粒大小决定最终的储存密度。如图 9.16 中插图所示，晶粒边界为磁化转变提供强大钉扎作用。

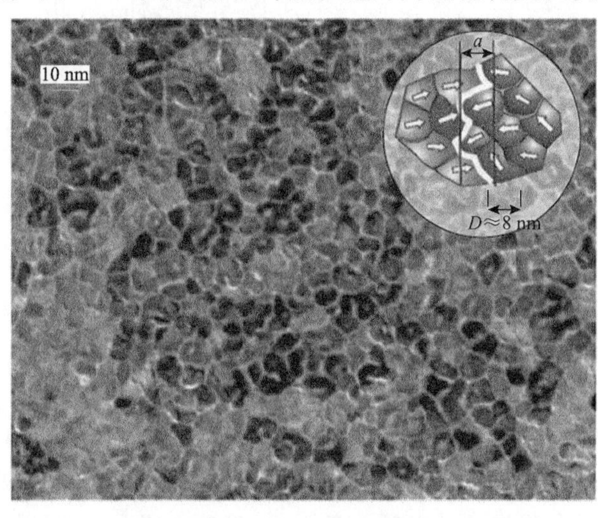

图 9.16　CoPtCrB 介质的 TEM 图像

非晶无磁性的富 Cr 边界将富 Co 的磁性颗粒分隔开，插图显示颗粒间蜿蜒的磁化转变

磁记录介质可以分为颗粒(磁粉)涂布型和连续型薄膜介质两大类。颗粒涂布型介质由高矫顽力的磁性粒子及适当的助溶剂、分散剂和黏结剂混合后涂布在带基或基板上而形成的，磁粉在磁浆中的体积仅占 30%～40%。磁性颗粒被非磁性物质稀释，从而制约了记录密度的提高。随着磁记录元器件研究和开发向着高密度、大容量、微型化的方向发展，磁记录介质由非连续颗粒厚膜向连续型薄膜发展。连续型薄膜介质具有高的矫顽力和高饱和磁感应强度，适当降低磁性层的厚度，从而提高磁记录密度。

颗粒涂布型记录介质包括：

(1) 氧化物磁粉：γ-Fe_2O_3 磁粉、Co-γ-Fe_2O_3 磁粉、CrO_2 磁粉和钡铁氧体磁粉等。

(2) 金属磁粉：微铁粉。

磁记录薄膜：

(1) γ-Fe_2O_3 薄膜：溅射 Fe 靶或 Fe_3O_4 靶。

(2) $Co_xFe_{3-x}O_4$ 薄膜：先在真空中沉积 Fe 膜到基底上，在 400℃左右将 Fe 膜氧化成α-Fe_2O_3 薄膜。然后在α-Fe_2O_3 薄膜上沉积 Co 膜，将其在真空中 250～400℃退火处理，Co 离子扩散进入α-Fe_2O_3 薄膜中生成 $Co_xFe_{3-x}O_4$ 铁氧体薄膜。

(3) $BaFe_{12}O_{19}$ 薄膜：溅射法制备。

(4) 金属薄膜：Ni-Co 薄膜、CoCrPt 薄膜。

垂直磁记录彻底消除了纵向磁记录方式随着记录波长λ缩小和膜厚t减薄产生的退磁场增大效应。垂直记录系统如图 9.17 所示，垂直记录无需高的矫顽力和薄的磁性膜。Co-Cr 薄膜最早作为磁记录介质。Co 是六方结构，易磁化轴为垂直于膜面的 c 轴。用高频溅射或电子束蒸发的 Co-Cr 薄膜，其柱状微粒垂直于基底表面长大，晶粒直径在 100nm 以下。加入 Cr 能使薄膜的 $4\pi M_s$ (M_s 表示饱和磁化强度)降低，对获得垂直于膜面的各向异性有利。Cr 在柱状晶表面偏析，形成易顺磁层，使晶粒之间不产生交换相互作用，从而提高矫顽力。

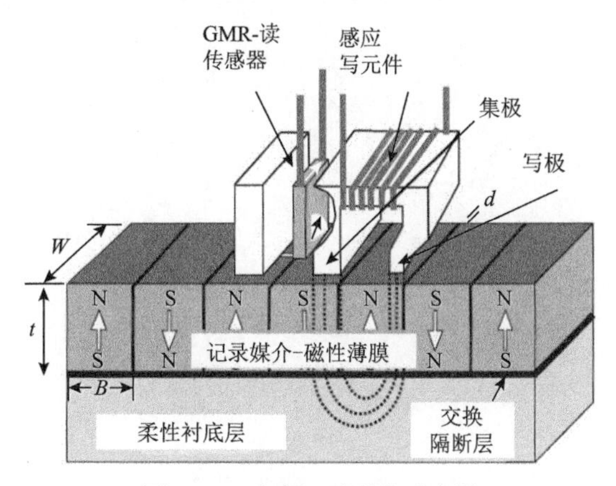

图 9.17 垂直记录系统示意图

习　题

1. 简述金刚石薄膜的特性及应用。
2. 简述超硬薄膜的选择原则。
3. 简述半导体薄膜的应用。
4. 简述纵向磁记录和垂直磁记录对磁记录薄膜的要求。

参 考 文 献

田民波，李正操. 2011. 薄膜技术与薄膜材料. 北京：清华大学出版社.

肖定国，朱建国，朱基亮，等. 2010. 薄膜物理与器件. 北京：国防工业出版社.

Brazhkin V V, Lyapin A G, Hemley R J. 2002. Harder than diamond: Dreams and reality. Philosphical Magzine A, 82:231-253.

Donnet C, Erdemir A. 2008. Tribology of Diamond-like Carbon Films. New York: Springer.

Ohring M. 2006. Materials Science of Thin Films. Singapore: Elsevier.